新时代资源循环科学与工程专业重点规划教材

聚合物循环利用科学基础与工程

主　编　钱庆荣

副主编　陈庆华　孙晓丽

中国建材工业出版社

图书在版编目（CIP）数据

聚合物循环利用科学基础与工程 / 钱庆荣主编 ；陈庆华，孙晓丽副主编. - 北京 ：中国建材工业出版社，2023.9

ISBN 978-7-5160-3702-7

Ⅰ. ①聚… Ⅱ. ①钱… ②陈… ③孙… Ⅲ. ①聚合物－废物综合利用－高等学校－教材 Ⅳ. ①X783.1

中国国家版本馆 CIP 数据核字(2023)第 008168 号

内 容 简 介

本书内容按照理论与应用两方面逐层展开，主要包括聚合物合成与加工基础（1～5 章）和废旧聚合物资源循环利用工程（6～9 章）两部分。其中聚合物合成与加工基础部分重点阐述了聚合物合成理论与方法、结构与性能、加工工艺及改性；废旧聚合物资源循环利用工程部分重点介绍了废旧聚合物分选与分离技术、废旧塑料循环利用技术、废旧橡胶循环利用技术和废旧纺织品循环利用技术。

本书主要用于资源循环科学与工程、高分子科学与工程等专业本科生教学使用，也可供材料工程、化学工程领域从事科研、设计、生产的技术人员阅读参考。

聚合物循环利用科学基础与工程
JUHEWU XUNHUAN LIYONG KEXUE JICHU YU GONGCHENG
主　编　钱庆荣
副主编　陈庆华　孙晓丽

出版发行：中国建材工业出版社
地　　址：北京市海淀区三里河路 11 号
邮　　编：100831
经　　销：全国各地新华书店
印　　刷：北京雁林吉兆印刷有限公司
开　　本：787mm×1092mm　1/16
印　　张：12.5
字　　数：300 千字
版　　次：2023 年 9 月第 1 版
印　　次：2023 年 9 月第 1 次
定　　价：58.00 元

本社网址：www.jccbs.com，微信公众号：zgjcgycbs
请选用正版图书，采购、销售盗版图书属违法行为

版权专有，盗版必究。 本社法律顾问：北京天驰君泰律师事务所，张杰律师
举报信箱：zhangjie@tiantailaw.com　　举报电话：(010)57811389
本书如有印装质量问题，由我社市场营销部负责调换，联系电话：(010)57811386

《新时代资源循环科学与工程专业重点规划教材》编审委员会

顾　　问： 金　涌（中国工程院院士）

余艾冰（中国工程院外籍院士）

主任委员： 李　辉（西安建筑科技大学材料科学与工程学院院长）

委　　员：（按姓氏笔画排序）

王栋民［中国矿业大学（北京）化学与环境工程学院教授］

田文杰（洛阳理工学院环境工程与化学学院院长）

仝玉萍（华北水利水电大学材料学院院长）

朱书景（湖北大学资源环境学院教授）

刘明宝（商洛学院化学工程与现代材料学院资源循环工程系主任）

刘晓明（北京科技大学冶金与生态工程学院副院长）

李　明（武汉纺织大学化学与化工学院教授）

李贞玉（长春工业大学化学工程学院副院长）

李灿华（安徽工业大学冶金工程学院教授）

张以河［俄罗斯工程院、俄罗斯自然科学院外籍院士，中国地质大学（北京）材料科学与工程学院二级教授］

林春香（福州大学环境与安全工程学院教授）

周文广（南昌大学资源与环境学院资源循环科学与工程系主任）

钱庆荣（福建师范大学环境与资源学院、碳中和现代产业学院院长）

《聚合物循环利用科学基础与工程》编写委员会

主　　编： 钱庆荣

副 主 编： 陈庆华　孙晓丽

参　　编： 曹长林　薛　珲　杨松伟　刘任嫔　曾令兴
罗永晋　黄宝铨　刘欣萍

参编院校： 福建师范大学
福州大学
南昌大学
武汉纺织大学

序一

“十四五”时期，我国进入新发展阶段。要实现更高质量、更有效率、更加公平、更可持续、更为安全的发展，离不开循环经济的支撑。循环经济要求物尽其用、综合利用、循环利用，“以少产多”，以更少的能源资源消耗和环境排放，获得更多、更高附加值和更具可持续性的产品和服务，其核心本质是提高资源利用效率。

发展循环经济，将循环经济理念贯彻到资源开采加工、产品生产制造、商品流通消费、废物循环处置的各环节，达到“节流”与“开源”并重，全面提高资源利用效率，是缓解经济增长与资源环境矛盾、破解资源硬约束的根本出路，是保障国家资源安全、助力“双碳”目标实现的重要选择。

当前我国制造业占世界的20%～30%，是世界上最大的工业制造国。即便到了2060年，我国仍然要保持全球制造业第一大国的地位。发展循环经济，提升资源利用效率是必须做而且必须做好的一件大事。因此，国家专门制定《“十四五”循环经济发展规划》，明确提出，到2025年资源循环型产业体系基本建立，覆盖全社会的资源循环利用体系基本建成，资源利用效率大幅提高，再生资源对原生资源的替代比例进一步提高，循环经济对资源安全的支撑保障作用进一步凸显。

实现这样的目标，关键在于人才培养，尤其需要高等院校技术人才。从2010年开始，教育部在一些重点院校批准设立了新兴交叉学科——资源循环科学与工程专业，以满足国家和社会对资源循环方面高素质人才的迫切需求。我们欣喜地看到，新专业开设10余年后，在业界各方的努力下，契合行业高等教育需求的《新时代资源循环科学与工程专业重点规划教材》即将面世。

教材创作团队牢牢掌握培养能在资源循环科学与工程领域从事科学研究、工程技术开发、工艺流程设计、产业经营管理和政策咨询等方面工作的创新型、应用型高级专门人才这一定位，实现了对材料科学、环境科学、经济、管理等诸多学科的交叉与融合，系统集成了资源循环科学与工程领域的基础理论和专业知识、发展动态和学科前沿；厘清了资源—产品—再生资源—产品的多向式资源循环与经济可持续发展规律，突出解决资源综合利用方面科学与工程实际问题的能力培养等。可以说，由中国建材工业出版社组织策划、西安建筑科技大学等多所高校参与编写的这套教材的出版是我国资源循环科学与工程领域的一项重大成果，具有十分积极的意义。

最后，我要重申，加强人才培养、提高科技水平的重要性怎么强调都不过分。破解我国经济发展面临的资源能源匮乏困扰，顺利推动我国从工业化时代转变为信息化时代，从化石燃料时代转变为可再生能源、资源循环利用时代，尤须加强资源循环领域的人才培养与技术创新。

中国工程院院士

序二

大力发展资源循环科学与技术，提高资源综合利用效率，解决资源短缺和环境污染突出问题，是可持续发展战略的重要内容，对于推进各类资源节约集约利用，加快构建废弃物循环利用体系，推动经济社会绿色低碳化发展，形成绿色低碳的生产、生活方式具有重要意义。

发展资源循环科学与技术，人才是关键。教育是培养相关科技人才，为资源循环事业源源不断提供高层次人才和后备力量的“百年大计”，必须给予足够的重视。我们欣喜地看到，经过10余年的建设与发展，目前国内已有30余所高校开设了资源循环科学与工程专业。为解决专业人才培养教材缺乏的问题，中国建材工业出版社与西安建筑科技大学等单位共同策划了《新时代资源循环科学与工程专业重点规划教材》系列丛书。丛书的出版将有效弥补行业专业教材不足的短板，可以更好地培养资源循环相关产业人才。

该丛书的编写基于资源循环与经济可持续发展规律，贯彻落实国家大政方针，聚焦培养具备科学研究、工程技术开发、工艺流程设计、产业经营管理和政策咨询方面能力的创新型、应用型高级专门人才这一目标，全面介绍了资源循环科学与工程领域的基础理论与技术，并跟踪学科发展动态与前沿，努力实现材料科学、环境科学、经济、管理等诸多学科内容的交叉与融合。

优质教材建设对于支撑人才培养、学科专业和行业发展、企业管理及科学技术进步都具有重要作用。资源循环科学与工程专业尚处于发展阶段，专业人才队伍急需壮大，相关产业发展方兴未艾，《新时代资源循环科学与工程专业重点规划教材》系列丛书的出版正当其时。期待该丛书早日出版，以更好助力资源循环科学与工程专业人才培养。

中国工程院外籍院士

余家

丛书前言

推进资源循环利用是生态文明建设的重要举措。2005年，国务院出台加快发展循环经济的若干意见，提出大力发展循环经济，建设资源节约型和环境友好型社会。2010年，为了满足国家节能环保产业对资源循环利用领域高素质人才的迫切需求，教育部专门设立资源循环科学与工程专业，并将其定位为战略性新兴产业专业。资源循环科学与工程专业涉及材料科学与工程、化学工程、环境科学与工程、经济、管理等诸多学科的交叉与融合。

2020年以来，随着“双碳”战略的实施，资源循环利用的重要作用更加凸显，推动资源循环利用对减少碳排放有重要作用已成为全球广泛共识。国家《“十四五”循环经济发展规划》指出，发展循环经济是我国经济社会发展的一项重大战略。大力发展循环经济，推进资源节约集约利用，构建资源循环型产业体系和废旧物资循环利用体系，对保障国家资源安全，推动实现碳达峰碳中和，促进生态文明建设具有重大意义。

经过10余年的发展，目前全国有30余所高校设立资源循环科学与工程专业，专业办学特色各不相同，总体可以分为三类：立足材料领域开展专业建设、立足化工领域开展专业建设和立足环境领域开展专业建设。办学特色不同，在满足专业建设标准的基础上，各高校对该专业教材的需求也必然存在一定的差异。

为适应这一重大需求变化，更好满足我国发展对相关专业人才的需求，中国建材工业出版社与西安建筑科技大学共同策划了以材料学科与环境学科交叉融合为特色的《新时代资源循环科学与工程专业重点规划教材》。丛书汇集了西安建筑科技大学、中国矿业大学（北京）、中国地质大学（北京）、北京科技大学、安徽工业大学、福建师范大学、华北水利水电大学、湖北大学、商洛学院、武汉纺织大学、南昌大学、福州大学、长春工业大学、洛阳理工学院等十多所院校的众多专家共同完成编写。

本丛书定位为高校专业教材，针对“双碳”目标实现和全面推行循环型生产方式、提升资源利用效率对资源综合利用专业人才的需求，服务于高校相关专业人才培养；旨在培养熟悉资源循环与经济可持续发展规律，充分掌握相关技术原理、工艺装备、环境理论，了解行业领域发展动态和学科前沿，具有创新意识和解决资源综合利用方面科学与工程实际问题能力的创新型、应用型高级专门人才；同时，为保障国家资源安全、推进“双碳”目标落实、构建多层次资源高效循环利用体系、促进生态文明建设提供智力支撑。

在教材编写过程中，我们力争紧贴时代发展步伐，及时体现学科和行业发展的新成果；教材内容聚焦重点、难点、热点问题，启发学生积极思考，培养学生自主学习能力；为适应传统教育和信息化教学融合，我们基于纸质教材，将相关视频资料、彩色图片、拓展知识以二维码形式体现在书中恰当位置，实现传统教材向立体化教学素材的转变；另外，书中每章后面还设置了思政小结，将课程思政元素有机融入教材中，以达到

“春风化雨，润物无声”的育人效果。

丛书出版之际，我谨代表丛书编委会向为此付出辛勤劳动的作者、编委会委员和出版社的同仁们表示感谢。

西安建筑科技大学
材料科学与工程学院院长
李辉

前言

聚合物自从发明以来，凭借其优异的性能和低廉的成本，被广泛应用于人类生产和生活的各个方面，给人们的日常生活带来极大的便利。随着人们对聚合物制品的依赖加深，聚合物的用量与日俱增。目前我国聚合物材料产量和消费量均居世界第一，2022年全国塑料制品行业产量7771.6万吨。大部分聚合物制品使用后被丢弃，导致我国塑料废弃物年产量超过6000万吨，给环境带来了巨大的压力。对废旧聚合物资源进行循环利用，可以节约能源、减少温室气体排放，具有重要意义。

我国高度重视塑料的污染治理，2020年1月，国家发展和改革委员会、生态环境部印发《关于进一步加强塑料污染治理的意见》，提出覆盖塑料制品生产、流通、消费、回收利用等各环节的治理措施；2021年9月，国家发展和改革委员会发布《“十四五”塑料污染治理行动方案》，提出加大塑料废弃物再生利用力度。

作为全国首批设立资源循环科学与工程专业的10所高校之一，福建师范大学的资源循环科学与工程专业自2011年设立至今，逐渐形成了以聚合物固废资源化、矿山资源高值化以及生物质能源资源转化和利用为特色的新兴交叉学科专业。其中聚合物作为现代社会使用量和废弃量最大的材料之一，其循环利用技术不但是资源循环利用领域的重要科研热点，也是本专业学生必须掌握的专业核心内容。“聚合物资源循环利用技术”一直是福建师范大学资源循环科学与工程专业的核心课程。经过十余年的建设、实践和改进，依托聚合物资源绿色循环利用教育部工程研究中心、福建省污染控制与资源循环利用重点实验室和福建省改性塑料技术开发基地等科研平台优势，课程内容与时俱进、逐年优化。本书是在该课程基础上整理编写而成的，可作为资源循环科学与工程、高分子科学与工程等专业本科生的学习用书，也可供材料工程、化学工程领域从事科研、设计、生产的技术人员阅读参考。

本书分为上、下两篇共9章，全书由钱庆荣统稿，上篇“聚合物合成与加工基础”主要由孙晓丽编写，下篇“废旧聚合物资源循环利用工程”主要由陈庆华编写，曹长林、薛珲、杨松伟、刘任嫔、曾令兴、罗永晋、黄宝铨、刘欣萍等参与了各章节编写工作。

由于编者水平有限，书中难免有疏漏之处，敬请读者批评指正。

编　者

2023年4月

前言

目录

上篇　聚合物合成与加工基础

下篇 废旧聚合物资源循环利用工程

上篇

聚合物合成与加工基础

1 绪　论

教学目标

教学要求：掌握聚合物资源循环利用科学与技术的内涵和知识框架；了解废旧聚合物材料的来源及环境问题；了解废旧聚合物材料的循环利用概况及发展趋势。

教学重点：废旧聚合物资源的来源和主要类型。

教学难点：聚合物资源循环利用科学知识框架的构建。

1.1　聚合物及其废旧资源

聚合物作为20世纪发展起来的材料，因其优越的综合性能、相对简便的成型工艺和十分广泛的应用领域而获得迅猛发展。但聚合物材料在给我们的生活带来便利的同时，也给环境和资源带来了压力。因此，废旧聚合物资源的循环利用，是实现聚合物材料可持续发展的必然途径。

1.1.1　聚合物及其发展现状

聚合物也称高分子化合物（macromolecule）或高聚物（polymer），是指由许多简单的结构单元通过共价键的方式重复键接而成的大分子或大分子的聚集体。聚合物因分子量巨大，其结构比一般小分子化合物复杂得多，性质也和小分子化合物大为不同。比如烷烃分子，随着烷烃分子碳原子个数的增多，分子量的增加，其性质发生了很大的变化，从甲烷到丁烷是气体，戊烷以上是液体，6～8个碳是石油醚等溶剂，18～22个碳是半固体状的凡士林，碳个数增加到20～30个成为了固体的石蜡，但强度很小，当碳原子个数增大到几百个，由于分子间的相互作用力大，成为了强韧的固体聚乙烯材料。聚合物因其分子量大，结构、性能完全有别于小分子，使聚合物科学作为一门独立科学发展起来。

在我们身边，聚合物无处不在。地球上有了天然高分子（蛋白质、多糖、核糖核酸等）才出现了生物。我国人民在远古时期就开始利用蚕丝、羊毛、棉花、木材和天然橡胶等天然聚合物，如利用纤维素造纸、改性大豆球蛋白制作豆腐等。随着社会发展和科学的进步，这类天然聚合物材料不再能满足人们的需要，出现了品种繁多、性能优异的人工合成聚合物材料。“赛璐珞”是人类历史上的第一种塑料。在19世纪，台球运动在美国非常盛行，最早的台球都是用象牙做的，数量有限且价格昂贵，于是有人悬赏1万美元征求制造台球的替代材料。1869年，美国的海阿特把硝化纤维、樟脑和乙醇的混合物在高压下进行共热，然后在常压下硬化成型制造出了廉价的台球。这种由纤维素制得的材料就是“赛璐珞”。它是一种坚韧的材料，具有很大的抗张强度，耐水、耐油、耐酸。从此，“赛璐珞”被用来制造各种物品，从儿童玩具到衬衫领子中都有“赛璐珞”。它还被用来做胶状银化合物的片基，这就是第一种实用的照相底片，柯达公司用它生产胶卷。但是，由于“赛璐珞”中含硝酸根，所以它有一个很大的缺点，即极易着火引起火灾。“赛璐珞”是第一种由天然纤维素改性而成的塑料，第一种人工合成塑料是酚醛树脂。1907 年，美籍比利时化学家贝克兰德发明了酚醛树脂，由甲醛和苯酚的缩合反应获得，属于热固性塑料。酚醛树脂具有良好的耐酸性能、力学性能、耐热性能，已广泛应用于电器、纽扣、棋子、计算机外壳等。其后，塑料制品迅速进入人们的日常生活中。

1839 年，美国人古德伊尔（Charles Goodyear）成功地将天然橡胶进行了硫化，使橡胶成为了有实用价值的材料。天然橡胶通过与硫黄一起加热进行硫化，实现了分子链的交联，拥有了良好的弹性。1845 年，英国工程师 R. W. 汤姆森在车轮周围套上了一个大小合适的充气橡胶管，并获得了这项设备的专利，到 1890 年，轮胎被正式用在自行车上，1895 年，轮胎被用在各种老式汽车上。在第一次世界大战期间，迫于橡胶匮乏，德国人采用了二甲基丁二烯聚合而成的甲基橡胶，这种橡胶可以大量生产，而且价格低廉。1930 年，德国和苏联用丁二烯作为单体，金属钠作为催化剂，合成了丁钠橡胶。丁二烯与苯乙烯共聚得到丁苯橡胶，它的性质与天然橡胶极其相似。美国在战后大力研究合成橡胶，率先合成了氯丁橡胶，氯原子使氯丁橡胶具有天然橡胶所不具备的抗腐蚀性能。1955 年，美国人利用齐格勒在聚合乙烯时使用的催化剂聚合异戊二烯，首次用人工方法合成了结构与天然橡胶基本一致的合成天然橡胶。之后，用乙烯、丙烯这两种最简单的单体制造的乙丙橡胶也开发成功，陆续出现了各种具有特殊性能的橡胶。目前合成橡胶的总产量已经大大超过了天然橡胶。

最早的纤维是 1984 年法国人夏尔多内将硝基纤维素溶液纺成的人造纤维，但是这种纤维极易着火燃烧。1935 年，卡罗瑟斯用己二胺和己二酸作为原料进行缩聚得到了聚酰胺，熔融后经注射针压出，在张力作用下拉伸成为纤维，即尼龙-66，其耐磨性和强度较好，是最早的具有实用价值的人造纤维。

自 20 世纪 20 年代施陶丁格创立高分子科学以来，高分子工业迅速发展，一大批实用的高分子材料相继问世，如聚氯乙烯、聚苯乙烯、聚甲基丙烯酸甲酯、丁基橡胶、聚氨酯、环氧树脂、聚丙烯、聚甲醛、顺丁橡胶、聚酰亚胺、聚砜、聚苯硫醚等。我国的高分子材料发展较为迅猛，合成纤维的产量已在世界上占第一位，塑料占第二位，橡胶占第三位。聚合物的发展和广泛使用给我们的日常生活提供了极大的便利，为社会发展带来了巨大的效益，但随之而来的废旧聚合物的污染也成为了严重的环境问题。

1.1.2 废旧聚合物材料的来源

废旧聚合物材料按其来源可分为生产性废料、商业性废料和生活性废料：

（1）生产性废料是指聚合物材料生产加工过程中产生的残次品、边角料等，其特点是干净，易于再循环利用；

（2）商业性废料是指用于包装物品、电器、机器等的包装材料，如泡沫塑料等；

（3）生活性废料是指聚合物在完成其功用之后被废弃形成的废料，这类废料比较复杂，其污染比较严重，污染程度与使用过程、场合等有关，回收和利用的技术难度高，是循环利用研究的主要对象。

不同来源的废旧聚合物资源的回收方式各不相同，循环利用的方式也有所差异。但所有聚合物材料及其制品的再生利用途径是相同的，如图 1-1 所示。

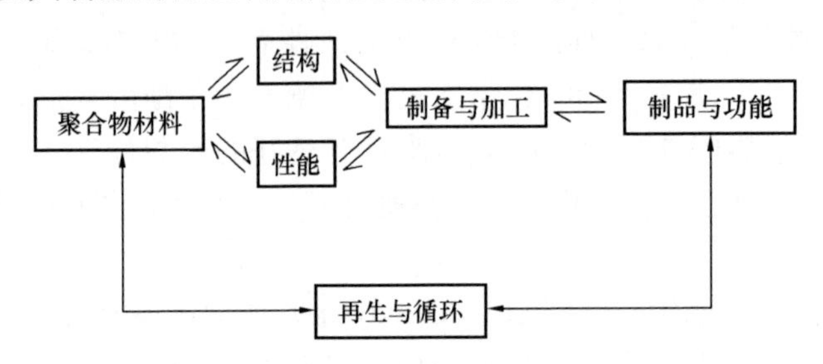

图 1-1　聚合物材料与制品的循环利用关系

1.1.3　废旧聚合物材料的环境问题

聚合物材料一方面是社会经济发展的物质基础，另一方面又是能源、资源消耗和污染排放的大户。聚合物的生产过程、加工过程、废弃和焚烧处置等环节，对环境均会造成一定的影响。

（1）聚合物生产过程中的资源与能源消耗问题：聚合物材料原料的 70%来源于石油，生产 1kg 的聚合物材料平均要消耗 3L 石油。2012 年，世界各国聚合物材料的消费量约 2.65 亿吨，共消耗石油约 450 亿升。石油作为一种不可再生资源，近年来有效开采储量急剧下降，价格攀升。因此，聚合物材料的基础原料供应面临着严峻挑战。

（2）聚合物生产和使用过程中的环境问题：聚合物生产和使用过程中，通常会产生废液、废气和废渣等有害物质，对环境和人类健康造成危害。

（3）聚合物废弃物的环境问题：填埋——占用大量耕地面积，处理费用大；焚烧——产生 CO_2、HCl、二噁英等，造成二次污染；废弃——影响土壤渗透性，阻碍农作物生长，水生生物误食或缠结后会大量死亡。

1.2　废旧聚合物材料的循环利用概况及发展趋势

1.2.1　国外聚合物资源循环利用概况

1. 美国

美国是聚合物生产大国。其中，美国每年产生的塑料废弃物总量居世界首位，20 世纪 80 年代末，美国的废旧塑料回收率约为 9%，到 20 世纪末上升到了 35%，而采用焚烧废旧塑料回收能源的处理率则从 80 年代的 3%上升到 18%，废旧塑料制品的填埋处理率则从 96%下降至 37%。2014 年，美国塑料垃圾回收率达到 10%的峰值，随后这一数值一直在下降。2021 年美国家庭产出 5100 万吨塑料垃圾，其中只有 240 万吨被回收利用，约占 5%，85%塑料的最终去向是垃圾掩埋场。美国每年橡胶制品的产量约 500 万吨，其中轮胎为 300 万吨，每年报废 2 亿条，工厂的废橡胶产生量每年约 45 万吨。目前美国有60%的废橡胶被堆存，只有20%的废橡胶被再生利用。1991年，美国废旧轮胎的回收率为十分之一。而到2017年，已有超过81%的废旧轮胎被回收，回收后主要制成辅助燃料、橡胶改性沥青等产品。根据美国环保署和橡胶制造商协会的数据，目前美国每年产生约2.9亿条废旧轮胎，加上历年尚未处理的库存废旧轮胎，每年都会有80%以上的废旧轮胎被回收或重复使用，其中超过1600万条废旧轮胎被翻新使用。

2. 欧洲

目前，欧洲处理废旧塑料最重要的发展趋势是回收和循环利用。欧盟每年产生的约2910万吨塑料废弃物中，只有32.5%被回收利用。欧洲塑料产量从2006年占全球的23%下降到2017年的19%，到2021年下降到15%。2021年，欧洲塑料产品使用了10.1%的回收成分，约550万吨，相比2018年增加了20%。这一数字包含欧洲所有市场使用的再生成分塑料，包括包装、住房、建筑和汽车等。荷兰、挪威、西班牙、德国的塑料回收率超过40%。

目前，欧洲国家对废旧轮胎的处理主要有三种不同的模式。以德国为代表的自由市场机制模式，主要通过立法对轮胎生产商、消费者和回收企业设定严格要求，参与者通过市场竞争合作来完成法律所要求的目标。丹麦等国家则建立了以税收为核心的体系，政府对轮胎生产商和进口商征税，成立基金对轮胎回收再利用产业进行补贴，消费者不用再负担费用。另外，还有很多欧洲国家采取“谁生产谁负责”的模式，由轮胎生产商承担废旧轮胎的回收任务，一般会组建全国性的废旧轮胎回收企业来专门处理。

3. 日本

日本是废旧塑料循环利用做得最好的国家之一，作为塑料生产的第二大国，日本对废旧塑料的收集、分类、处理和利用都已实现了系列化、工业化。20世纪80年代，日本塑料废弃量约占其生产量的46%，曾一度给日本的环境造成很大的压力。90年代初，日本废旧塑料的回收率也只有7%，焚烧热能回收处理量则占35%，其余则进行堆放或填埋。如1994年，日本产生的846万吨的废旧塑料，其中41%填埋、49%焚烧（其中13%用于焚烧发电），10%再生利用。2017年经济合作与发展组织的报告显示，日本的回收利用率仅为22%。日本每年产生近一亿条废旧轮胎，主要通过资源回收企业、加油站、汽车维护维修厂、报废车辆回收公司等渠道来回收废弃轮胎。日本废旧轮胎的再利用形式主要有翻新轮胎、生产再生胶、橡胶粉末、热能利用、热分解炼油以及用于铺路材料等。

4. 英国

据报道，2021年英国家庭产生了250万吨塑料垃圾。目前英国每年可回收超过37万吨塑料，虽然相比2000年仅有1.3万吨的回收量已有大幅增长，但大多数塑料最终被运往垃圾填埋场或焚化场。在英国家庭每年使用的300亿个塑料瓶中，目前仅回收了57%。英国每天约有70万个塑料瓶变成垃圾，这主要是由于瓶外的塑料包装不可回收。

5. 加拿大

据统计，每年加拿大人丢弃300万吨塑料废物，其中只有9%被回收利用，绝大多数塑料最终被填埋。2020年，加拿大宣布了塑料零废弃行动，计划到2030年实现塑料零废弃，提出了对回收和再利用塑料的改进措施，以便让这些材料依然存在于我们的经济之中，但不会废弃到环境里。

1.2.2 我国聚合物资源循环利用概况

我国聚合物合成与加工工业起步较晚，但发展迅速。20 世纪 80 年代初，我国的塑料年产量还不到 100 万吨，但到了 90 年代初，已超过了 300 万吨。在 80 年代废旧塑料的产生量约 60 万吨/年，回收利用率低于 5%。2021 年，全国塑料制品产量约 8000 万吨，废塑料回收量约 1900 万吨。

根据统计，2020 年中国的废旧轮胎的总量已经超过了 2000 万吨，并且每年都在增加。近年来，我国废旧轮胎综合利用行业快速发展，废旧轮胎回收利用率逐年提升。2019 年，轮胎综合利用企业约 1500 家，资源化回收利用废旧轮胎约 2 亿条，回收利用率约 60%。其中，轮胎翻新量约 500 万标准折算条，再生橡胶产量约 300 万吨，橡胶粉产量约 100 万吨，热裂解处理量约 100 万吨。

1.3 聚合物资源循环利用科学与工程

聚合物资源循环利用科学与工程，是以废旧聚合物材料为研究对象，以聚合物材料科学与工程为基础，以资源循环为指导，以清洁生产技术为手段，研究聚合物资源循环利用的基本原理、方法、工艺技术和设备的学科。该学科由聚合物材料化学、聚合物材料物理、聚合物材料工程和聚合物资源循环利用污染控制工程 4 个部分组成。其中，聚合物材料工程又包括废旧聚合物资源分离工程、回收聚合物改性技术与工程、改性聚合物材料成型工程三个重要分支。其关系如图 1-2 所示。

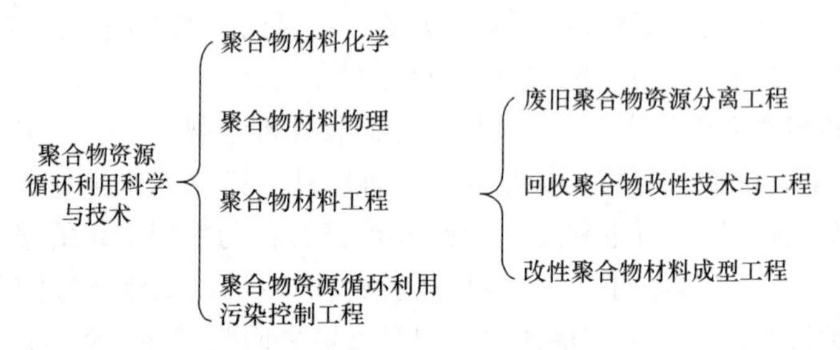

图 1-2 聚合物资源循环利用科学与工程学科分支

思政小结

习近平总书记在党的二十大报告中指出，推动绿色发展，促进人与自然和谐共生。尊重自然、顺应自然、保护自然，是全面建设社会主义现代化国家的内在要求。必须牢固树立和践行绿水青山就是金山银山的理念，站在人与自然和谐共生的高度谋划发展。发展循环经济是推动绿色增长、实现“双碳”目标的重要路径。循环经济的核心是全面提高资源利用率，减少一次资源消耗，提升资源循环利用率，这也是“双碳”的重要方面。截至 2021 年年底，我国废钢铁、废有色金属、废塑料、废纸、废轮胎、废弃电器电子产品、报废机动车、废旧纺织品、废玻璃、废电池 10 个主要品种再生资源回收总量约 3.81 亿吨，同比增长 2.4%，再生资源已经成为工业生产的重要原材料，对国家资源安全的支撑保障作用逐步增强。其中，废塑料、废轮胎、废旧纺织品都属于废旧聚合物资源。废旧聚合物产量大、化学结构稳定、不易降解，对其进行循环利用，具有重要的经济效益和环境效益。

思考题

（1）废旧聚合物材料的来源有哪些?

（2）谈谈聚合物资源循环利用在“双碳”目标实现中所起的作用。

2 聚合物合成理论与方法

教学目标

教学要求：理解聚合物相关的概念；掌握聚合物的命名；了解缩合聚合、加成聚合和开环聚合及其特点；掌握逐步聚合和连锁聚合的原理、过程及应用。

教学重点：聚合物的命名和常用聚合物种类。

教学难点：逐步聚合和连锁聚合的原理、过程及应用。

2.1 引　言

聚合物具有许多优良性能，聚合物材料产业是当今世界发展最迅速的产业之一，目前世界上合成聚合物材料的年产量已经超过 1.4 亿吨。研究聚合物的合成理论和方法，对丰富聚合物的种类、提高其性能具有重要意义。

2.1.1 聚合物基本概念

聚合物分子可用其重复单元和重复单元数来表示。如聚氯乙烯可用 $\left[\!\!-H_2C-\underset{\displaystyle Cl}{\underset{|}{CH}}-\!\!\right]_n$ 表示，而聚乙烯可用 $\left[\!\!-H_2C-CH_2-\!\!\right]_n$ 表示。其中，方括号表示重复连接，括号中的结构是重复单元，n 代表重复单元数。

合成聚合物的化合物称为单体，单体通过聚合反应转变为聚合物的结构单元。由许多结构单元连接构成大分子的结构，称为分子链，因此结构单元俗称链节。聚合物分子量 M 可由其结构单元数（可称为聚合度 DP）和结构单元分子量 M_0 的乘积计算得到，如式（2-1）所示：

$$M = DP \cdot M_0 \tag{2-1}$$

由一种单体聚合而成的聚合物称为均聚物，如聚乙烯、聚氯乙烯等。由两种或两种以上单体共聚而成的聚合物则称为共聚物，如丁二烯-苯乙烯共聚物、氯乙烯-醋酸乙烯酯共聚物等。

2.1.2 聚合物分类

聚合物可从来源、用途、热行为和结构等不同的角度进行分类，如图 2-1所示。

2.1.3　聚合物命名

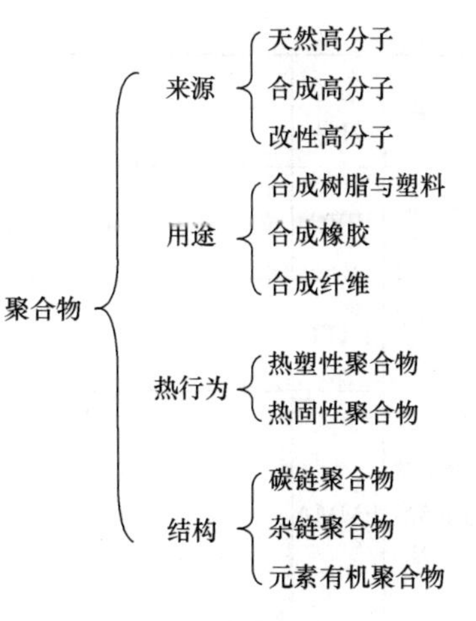

图 2-1　聚合物的分类

目前，聚合物的命名主要有两种方法，即单体命名法和系统命名法。

1. 单体命名法

单体命名法是一种习惯命名法，是以单体名为基础来命名聚合物，烯类聚合物以烯类单体名前冠以“聚”字来命名，如聚乙烯、聚氯乙烯等；共聚物则以各单体的简名后接“树脂”或“橡胶”来命名，如苯酚和甲醛的缩聚物称为酚醛树脂，丁二烯和苯乙烯共聚物则称为丁苯橡胶；杂链聚合物可以按其特征结构来命名，如聚酰胺、聚碳酸酯、聚酯、聚砜等，代表具有特定结构的一类聚合物。

有些聚合物的商品名则更为常用，如聚己二酰己二胺通常称为尼龙-66，聚己内酰胺通常称为尼龙-6 或锦纶；我国常用“纶”来命名合成纤维，如锦纶、涤纶、腈纶、维尼纶、丙纶和氯纶等，分别代表聚己内酰胺、聚对苯二甲酸乙二醇酯、聚丙烯腈、聚乙烯醇、聚丙烯和聚氯乙烯纤维。

2. 系统命名法

系统命名法是 1972 年由国际纯粹化学与应用化学联合会（IUPAC）提出的一种严格的科学系统命名方法。对于线形聚合物，可采用下列命名原则和程序进行命名：

先确定重复单元结构，而后排好其中次级单元次序，命名重复单元并在其名称前冠以“聚”字，作为聚合物的名称。如 $\left[H_2C-\underset{\mid \atop Cl}{CH} \right]_n$ 按系统命名应为聚 1-氯代亚乙基。

系统命名法虽然较为准确，但比较复杂，实际应用中常采用单体命名法。同时为方便起见，许多聚合物都有缩写符号，如聚乙烯缩写为 PE、聚丙烯写为 PP、聚氯乙烯写为 PVC、聚甲基丙烯酸甲酯写为 PMMA。一些常用的碳链聚合物的系统命名法名称、缩写符号、重复单元和单体结构列于表 2-1 中。

表 2-1　常用的碳链聚合物

名称	缩写符号	重复单元	单体结构
聚乙烯	PE	$-CH_2-CH_2-$	$H_2C=CH_2$
聚丙烯	PP	$-H_2C-\underset{\mid \atop CH_3}{CH}-$	$H_2C=\underset{\mid \atop CH_3}{CH}$
聚苯乙烯	PS	$-H_2C-\underset{\mid \atop C_6H_5}{CH}-$（苯环）	$H_2C=\underset{\mid \atop C_6H_5}{CH}$（苯环）

续表

名称	缩写符号	重复单元	单体结构
聚氯乙烯	PVC	$-H_2C-\underset{Cl}{\underset{\mid}{CH}}-$	$H_2C=\underset{Cl}{\underset{\mid}{CH}}$
聚四氟乙烯	PTFE	$-CF_2-CF_2-$	$F_2C=CF_2$
聚甲基丙烯酸甲酯	PMMA	$-H_2C-\overset{CH_3}{\overset{\mid}{\underset{\underset{\underset{OH}{\mid}}{C=O}}{\underset{\mid}{C}}}}-$	$H_2C=\overset{CH_3}{\overset{\mid}{\underset{\underset{\underset{OH}{\mid}}{C=O}}{\underset{\mid}{C}}}}$
聚丙烯腈	PAN	$-H_2C-\underset{CN}{\underset{\mid}{CH}}-$	$H_2C=\underset{CN}{\underset{\mid}{CH}}$
聚乙烯醇	PVA	$-H_2C-\underset{OH}{\underset{\mid}{CH}}-$	$H_2C=\underset{\underset{\underset{\underset{\underset{CH_3}{\mid}}{C=O}}{\mid}}{O}}{\underset{\mid}{CH}}$
尼龙-66	PA-66	$-HN(CH_2)_6NH\overset{O}{\overset{\|}{C}}(CH_2)_4\overset{O}{\overset{\|}{C}}-$	$H_2N(CH_2)_6NH_2+HO\overset{O}{\overset{\|}{C}}(CH_2)_4\overset{O}{\overset{\|}{C}}OH$
尼龙-6	PA-6	$-HN(CH_2)_5\overset{O}{\overset{\|}{C}}-$	$HN(CH_2)_5\overset{O}{\overset{\|}{C}}$
聚对苯二甲酸乙二醇酯	PET	$-HN(CH_2)_6NH\overset{O}{\overset{\|}{C}}-C_6H_4-\overset{O}{\overset{\|}{C}}-$	$H_2N(CH_2)_6NH+HO-\overset{O}{\overset{\|}{C}}-C_6H_4-\overset{O}{\overset{\|}{C}}-OH$
环氧树脂		$-O-C_6H_4-\overset{CH_3}{\underset{CH_3}{C}}-C_6H_4-O-CH_2\underset{OH}{\underset{\mid}{CH}}CH_2-$	$HO-C_6H_4-\overset{CH_3}{\underset{CH_3}{C}}-C_6H_4-OH+CH_2-CH-CH_2Cl$ (环氧 O)
酚醛树脂	PF	$-C_6H_3(OH)-CH_2-$	C_6H_5OH +HCHO
聚碳酸酯	PC	$-O-C_6H_4-\overset{CH_3}{\underset{CH_3}{C}}-C_6H_4-O-\overset{O}{\overset{\|}{C}}-$	$HO-C_6H_4-\overset{CH_3}{\underset{CH_3}{C}}-C_6H_4-OH+COCl_2$

续表

名称	缩写符号	重复单元	单体结构
聚氨酯	PU	$-O(CH)_2O-\overset{O}{\overset{\Vert}{C}}N(CH)_6N\overset{O}{\overset{\Vert}{C}}-$	$HO(CH_2)_2OH+OCN(CH)_6NCO$
聚乙烯基吡咯烷酮	PVP	$-H_2C-\underset{N}{\underset{\vert}{CH}}-$（N 与 C=O 所在五元环）	$H_2C=\underset{N}{\underset{\vert}{CH}}$（N 与 C=O 所在五元环）
丙烯腈-丁二烯-苯乙烯共聚物	ABS	$-H_2C-\underset{CN}{\underset{\vert}{CH}}-CO-H_2C-CH=CH-CH_2-CO-H_2C-\underset{C_6H_5}{\underset{\vert}{CH}}-$	$H_2C=\underset{CN}{\underset{\vert}{CH}}+H_2C=CH-HC=CH_2+H_2C=\underset{C_6H_5}{\underset{\vert}{CH}}$

2.1.4　聚合物的分子量和分子量分布

聚合物作为材料使用，其强度必须达到材料使用的要求。聚合物的分子量大小，是影响其强度的重要因素。

如图 2-2 所示，聚合物强度随分子量的增大而增大，A 点是聚合物初具强度所需达到的最低分子量，一般聚合度为几十。但非极性和极性聚合物的 A 点位置略微不同，如聚酰胺聚合度为 40，纤维素为 60，而烯类聚合物则在 100 以上。A 点以上聚合物的强度随分子量的增加迅速增强，直到临界点 B 后，强度随分子量增加趋缓。C 点以后，强度增加更缓。表 2-2 是一些常见聚合物材料的分子量。一般缩聚物的聚合度为 100～200，烯类加聚物的聚合度为 500～1000，而天然橡胶和纤维素的分子量在 30 万以上。在聚合物合成和成型加工过程中，分子量是评价聚合物的重要指标。

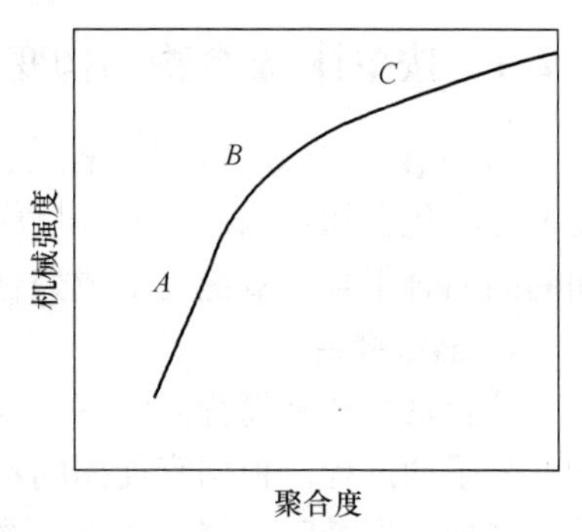

图 2-2　聚合物强度与聚合度的关系

表 2-2　常见聚合物材料的分子量

塑料	分子量/万	纤维	分子量/万	橡胶	分子量/万
高密度聚乙烯	6～30	涤纶	1.8～2.3	天然橡胶	20～40
聚氯乙烯	5～15	尼龙-66	1.2～1.8	丁苯橡胶	15～20
聚苯乙烯	10～30	维尼纶	6～7.5	顺丁橡胶	25～30
聚碳酸酯	2～6	纤维素	50～100	氯丁橡胶	10～12

1. 聚合物的分子量

和小分子不同，聚合物往往是混合物，是由结构相同但分子量大小不等的多个大分子组成，因此其分子量并不像小分子一样是一特定数值，而是存在一定的分布。通常所说的聚合物的分子量是指平均分子量。平均分子量有多种表示方法，常用的有数均分子量 M_n、重均分子量 M_w 和黏均分子量 M_v。数均分子量是体系的总质量被分子总数所平均，通常由渗透压、蒸汽压等方法测定。重均分子量可由光散射法测定。黏均分子量是指采用黏度法来测定的分子量。三种分子量的大小依次为 $M_w > M_v > M_n$。

2. 聚合物的分子量分布

聚合物存在一定的分子量分布，常称为多分散性。分子量分布的表示方法也有两种：分子量分布指数和分子量分布曲线。分子量分布指数是 M_w/M_n 的比值，常称为 *PDI*。对于分子量均一的体系，*PDI*=1。对于多分散性体系，分子量分布越宽，*PDI* 数值越大，分子量分布越窄，*PDI* 越接近 1。分子量分布曲线是以分子量为横坐标，以所含各种分子的质量百分数（或数量百分数）为纵坐标作图所得曲线，通过分子量分布曲线可以观察到聚合物的多分散性的情况。

2.2 聚合物合成方法

聚合物是由小分子单体通过聚合反应合成的。聚合反应按单体-聚合物结构变化分类，可分为缩合聚合、加成聚合和开环聚合三类；按聚合机理分类，可分为逐步聚合和连锁聚合两类。

2.2.1 按单体-聚合物结构变化分类

1930 年，Carothers 发表论文，将聚合反应分成缩合聚合和加成聚合两类。随后，发现环状化合物可以通过开环反应获得杂链聚合物，该分类方法增加到了三类，即官能团间的缩合聚合、双键的加成聚合和环状单体的开环聚合。

1. 缩合聚合

缩合聚合通常简称为缩聚，是单体所含官能团通过多次缩合聚合反应，形成缩聚物和低分子的过程。根据官能团的不同，生成的低分子副产物通常有水、醇、氨或氯化氢等。聚酯、聚酰胺、聚碳酸酯、酚醛树脂和脲醛树脂等大都是通过缩聚获得的，如下所示。

$$n\mathrm{H_2N(CH_2)_6NH_2} + n\mathrm{HOC(=O)(CH_2)_4C(=O)OH} \longrightarrow \left[\mathrm{HN(CH_2)_6NHC(=O)(CH_2)_4C(=O)}\right]_n + (2n-1)\mathrm{H_2O}$$

己二胺　　己二酸　　尼龙-66

$$n\mathrm{HO{-}C_6H_4{-}C(CH_3)_2{-}C_6H_4{-}OH} + n\mathrm{Cl{-}C(=O){-}Cl} \longrightarrow \left[\mathrm{O{-}C_6H_4{-}C(CH_3)_2{-}C_6H_4{-}O{-}C(=O)}\right]_n + (2n-1)\mathrm{HCl}$$

双酚A　　草酰氯　　聚碳酸酯

2. 加成聚合

加成聚合常简称为加聚，是含不饱和键单体（如烯类化合物）通过 π 键断裂，而后聚合成聚合物的过程。所获的聚合物称为加聚物，加聚物中结构单元的元素组成与其单体相同，仅仅是电子结构有所变化。因此，加聚物的分子量是其单体分子量的整数倍。碳链聚合物大多由其相应的烯类单体通过加聚获得。聚乙烯、聚氯乙烯和聚丙烯腈的加聚反应如下所示：

$$nH_2C{=}CH_2 \longrightarrow \left[CH_2{-}CH_2 \right]_n$$

$$nH_2C{=}\underset{\displaystyle Cl}{\underset{|}{CH}} \longrightarrow \left[CH_2{-}\underset{\displaystyle Cl}{\underset{|}{CH}} \right]_n$$

$$nH_2C{=}\underset{\displaystyle CN}{\underset{|}{CH}} \longrightarrow \left[CH_2{-}\underset{\displaystyle CN}{\underset{|}{CH}} \right]_n$$

3. 开环聚合

开环聚合是指环状单体中的 σ 键断裂而后聚合成线型聚合物的过程。一些杂链聚合物就是通过杂环单体开环聚合而成。开环聚合反应无低分子副产物产生，环氧乙烷开环聚合可制备聚氧乙烯。其反应如下所示：

$$nHC{=}CH\ (\text{环上经 O 相连}) \longrightarrow \left[CH_2{-}CH_2{-}O \right]_n$$

环氧乙烷　　　　聚乙二醇

2.2.2 按聚合机理分类

1950 年，Flory 根据聚合机理和聚合反应动力学，将聚合反应分为逐步聚合和连锁聚合两大类。

1. 逐步聚合

大多数缩合聚合属于逐步聚合，其特征是单体转变成聚合物是逐步进行的，每步反应速率和活化能大致相同。反应开始后，单体分子通过缩聚逐步形成二聚体、三聚体、四聚体，短期内单体转化率很高，但基团反应程度很低。这些低聚物常被称为齐聚物。低聚物之间相互缩聚，分子量增加，直至基团反应程度很高时，才能达到较高的分子量。

逐步聚合反应主要分为缩聚和逐步加成聚合两类，其中绝大部分属于缩聚。本节以缩聚作为逐步聚合的代表介绍其机理和规律。

1）缩聚反应

含有两个或两个以上反应性官能团的单体经缩合反应生成聚合物，同时生成小分子化合物的反应称为缩聚反应。参与缩聚反应的一个单体分子上反应活性中心的数目称为单体的官能度，在形成大分子的反应中，不参加反应的官能团不计算在官能度内。反应条件（如溶剂、温度、体系 pH 值等）不同时，同一单体可能表现出不同的官能度。缩聚反应中要求单体官能度大于或等于 2。

缩聚反应可依据不同的原则分类。按反应热力学的特征可分为平衡缩聚和不平衡缩聚；按参加反应单体的种类可分为均缩聚、异缩聚和共缩聚；按所生成产物的结构可分为线形缩聚和体形缩聚，前者发生缩聚反应的单体官能度为 2，合成的是热塑性树脂，后者有一部分单体的官能度大于 2，用于合成体形结构的热固性树脂。

（1）常见的缩聚物

常见的线形缩聚物有聚酯、聚酰胺、聚酰亚胺、聚砜、芳香族聚杂环等，见表 2-3。

表 2-3　二元缩聚单体所含官能团类型及反应产物

官能团		生成的低分子化合物	特征基团	缩聚物种类
A	B			
—OH	—COOH	H_2O	$-\overset{O}{\overset{\|}{C}}-O-$	聚酯
—OH	—COOR	ROH	$-\overset{O}{\overset{\|}{C}}-O-$	
—OH	$-\overset{O}{\overset{\|}{C}}-Cl-$	HCl	$-\overset{O}{\overset{\|}{C}}-O-$	
—OH	$C_6H_5-O-\overset{O}{\overset{\|}{C}}-O-C_6H_5$	C_6H_5-OH	$-O-\overset{O}{\overset{\|}{C}}-O-$	聚碳酸酯
$-NH_2$	—COOH	H_2O	$-\overset{O}{\overset{\|}{C}}-NH-$	聚酰胺
$-NH_2$	$-\overset{O}{\overset{\|}{C}}-Cl$	HCl	$-\overset{O}{\overset{\|}{C}}-NH-$	
—Na	$Cl-C_6H_4-SO_2-C_6H_4-Cl$	NaCl	$-O-C_6H_4-SO_2-C_6H_4-O-$	聚砜
$-NH_2$	苯环邻位酸酐结构 $-O\langle(C{=}O)_2\rangle C_6H_2-$	H_2O	酰亚胺结构 $-N\langle(C{=}O)_2\rangle C_6H_2-$	聚酰亚胺
$-NH_2$	苯环邻位酸酐结构 $-O\langle(C{=}O)_2\rangle C_6H_3-CONH$	H_2O	酰亚胺结构 $-N\langle(C{=}O)_2\rangle C_6H_3-CONH$	聚酰胺聚酰亚胺
$-C_6H_3(NH_2)_2$	$HOOC-C_6H_4-$	H_2O	苯并咪唑结构（$-C_6H_3\langle N{=}C(-C_6H_4-)-NH\rangle$）	聚苯并咪唑

续表

官能团		生成的低分子化合物	特征基团	缩聚物种类
A	B			
 NH_2 SH	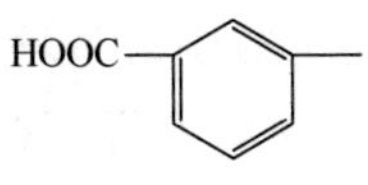 HOOC	H_2O	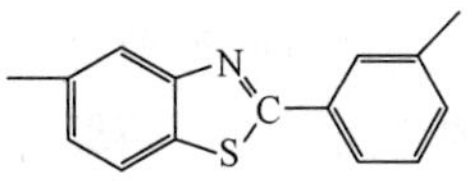 N C S	聚苯并噻唑

（2）缩聚反应机理

线形缩聚具有典型的逐步聚合的机理特征，并且大多是可逆平衡反应。

以二元酸和二元醇的缩聚为例，两者第一步缩聚形成二聚体，二聚体和单体反应生成三聚体，二聚体也可以自缩聚形成四聚体。含羟基的任何聚体和含羧基的任何聚体之间都可以相互缩聚，如此逐步进行下去，分子量逐渐增加，最后得到高分子量聚酯。

缩聚早期，单体很快消失，转变成低聚物，转化率很高，此后低聚物之间缩聚，使分子量逐渐增加，最后得到高分子量缩聚物。在此情况下，再用转化率评价聚合程度已无意义，而改用基团的反应程度来评价更合适。

反应程度 P 指参与反应的基团数占起始基团数的分数。则聚合度（大分子的结构单元数）$\overline{X}_n$ 和反应程度 P 之间可建立如式（2-2）所示的关系：

$$\overline{X}_n = \frac{1}{1-P} \tag{2-2}$$

因此，聚合度随反应程度的增加而增加，见表 2-4。要获得高分子量缩聚物，必须达到 99%以上的反应程度。如涤纶要求聚合度为 100～200，反应程度必须达到 99%～99.5%。缩聚反应的可逆程度由平衡常数来衡量。平衡常数越小，逆反应越明显。

表 2-4　缩聚物的聚合度 $\overline{X}_n$ 与反应程度 P 的关系

P	0.500	0.750	0.900	0.980	0.990	0.999
$\overline{X}_n$	2	4	10	50	100	1000

（3）缩聚的实施方法

目前工业上广泛采用的缩聚反应实施方法有熔融缩聚法、溶液缩聚法、界面缩聚法、固相缩聚法等。

熔融缩聚法是在无溶剂情况下，使反应温度高于原料和生成的缩聚物熔融温度，即反应器中的物料在始终保持熔融状态下进行缩聚反应的方法。熔融缩聚法是工业生产线型缩聚物的最主要方法，聚酯和聚酰胺大都是采用熔融缩聚方法制备。该法由于不需溶剂，降低了成本。生产工艺过程简单，可用连续法，适合大规模生产，例如连续法合成纤维时不必分离聚合物而直接纺丝。熔融缩聚法一般应用于室温下反应速率较小的可逆缩聚反应，但温度高会使副反应较多。

溶液缩聚法是将单体溶解在适当溶剂中进行缩聚反应，适用于耐高温材料（如聚砜、聚酰亚胺等）的合成。溶液缩聚法的应用规模仅次于熔融缩聚，特别是一些新型的耐高温材料，如聚砜、聚酰亚胺、聚苯硫醚、聚苯并咪唑等，大多采用溶液聚合方法制备。溶液缩聚法的特点是溶剂的存在，一方面，溶剂可以降低体系温度和黏度，有利于热量交换，使反应平稳；可将小分子副产物共沸除去；缩聚产物溶液可直接制成清漆、成膜材料、纺丝。另一方面，使用溶剂增加了成本，且工艺复杂，需要分离、精制、回收，溶剂大多有毒、易燃、污染环境。

界面缩聚法是将两种单体分别溶于两种不互溶的溶液中，再将这两种溶液倒在一起，在两相的界面上进行缩聚反应，聚合产物不溶于溶剂，在界面析出。反应可发生在气-液相、液-液相、液-固相界面之间，实际应用以液-液相界面反应为主。界面缩聚法适用于分别存在于两相中的两种反应活性高的单体之间的缩聚反应，主要用来生产聚碳酸酯、芳香族聚酰胺以及芳香族聚酯等。

固相缩聚法是反应温度在单体或预聚物熔融温度以下，单体或预聚体在固态条件下的缩聚反应。其优点为反应温度低，反应条件缓和；缺点为原料要达到一定细度，反应速度慢，小分子不易扩散。主要应用于结晶性单体缩聚或某些预聚物缩聚从而提高其分子量，常用于生产分子量非常高和高质量的涤纶（PET）树脂、聚对苯甲酸丁二酯（PBT）树脂、尼龙-6 和尼龙-66 树脂等。

2）逐步加成聚合反应

（1）定义

逐步加成聚合反应（Step-Growth Addition Polymerization）简称聚加成反应，某些单体分子的官能团可按逐步反应的机理相互加成而获得聚合物，但又不析出小分子副产物。大分子链逐步增长，每步反应后均能得到稳定的中间加成产物，聚合物分子量随反应时间增长而增加。

聚加成反应兼有缩聚和加聚的特征。聚加成反应中大分子链逐步增长，每步反应后均能得到稳定的中间加成产物；聚合物分子量随反应时间增长而增加；单体的等摩尔比是获得高分子量聚合物的必要条件；加入单官能团化合物可控制聚合物分子量；生成聚合物的大分子链是由 C、O、N、S 等原子组成的杂链，这符合缩聚的规律。另一方面，聚加成反应中没有小分子副产物析出，高聚物的化学组成与单体的化学组成相同，这和加聚反应的性质类似。

（2）常见的聚加成反应和产物

常见的逐步加成聚合反应有如下几种。

二异氰酸酯与二元胺反应生成聚脲（反应如下），但是线形聚脲由于熔化温度高且热稳定性差，没有被广泛使用。

$$nR\begin{matrix}\diagup NCO\\ \diagdown NCO\end{matrix} + nH_2NR'NH_2 \longrightarrow \left[\underset{\underset{O}{\|}}{C}-NH-R-NH-\underset{\underset{O}{\|}}{C}-NH-R'-NH \right]_n$$

某些烯类化合物的逐步加成聚合反应，如双烯烃和二硫醇，产物为聚硫橡胶（反应如下），它对有机物稳定，用于耐油套管和化工设备。

$$nH_2C{=}CH-R-HC{=}CH_2+nSH-R'-HS \longrightarrow \left[H_2C-CH_2-R-H_2C-CH_2-S-R'-S \right]_n$$

通过双键间的第尔斯-阿德尔（Diels-Alder）反应进行逐步加成聚合，可制取耐高温材料，如以下两种反应产物都是梯形高聚物，有独特的耐高温与耐氧化性能。

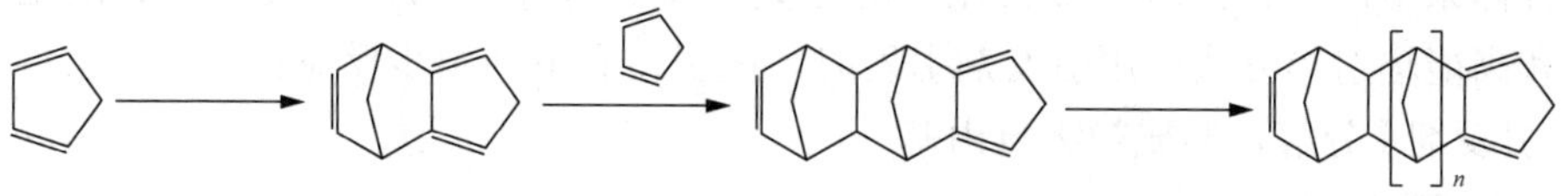

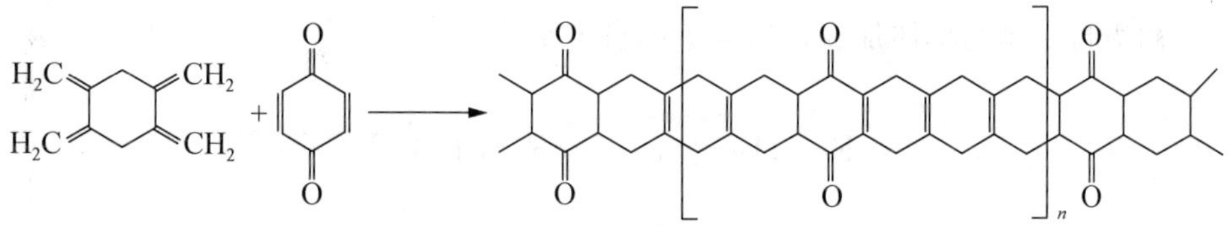

另外，二元异氰酸酯和二元醇反应生成聚氨酯（反应如下），是最主要的聚加成产物。聚氨酯种类繁多，性能优异，产量大，用途广。

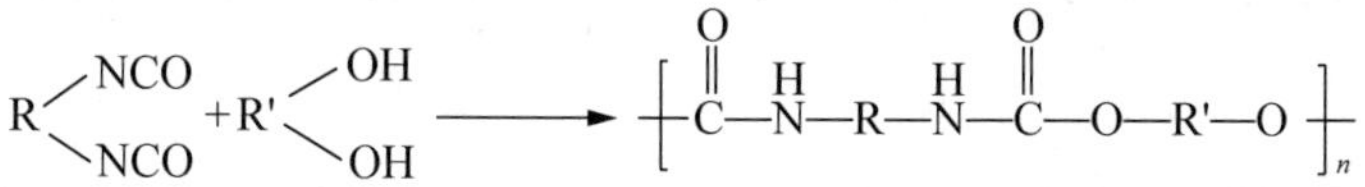

$$R(NCO)_2 + R'(OH)_2 \longrightarrow \left[\overset{O}{\overset{\|}{C}}-\overset{H}{N}-R-\overset{H}{N}-\overset{O}{\overset{\|}{C}}-O-R'-O \right]_n$$

2. 连锁聚合

大多数烯类单体的加成聚合属于连锁聚合。连锁聚合的过程包括：链引发、链增长、链终止等反应基元，各基元反应的速率和活化能差别很大。链引发是活性种的形成过程；链增长是活性种与单体加成的过程，而链终止是活性种的破坏过程。连锁聚合中，自由基、阳离子和阴离子都可能成为活性种，打开烯烃的 π 键，引发聚合，分别称为自由基聚合反应、阳离子聚合反应和阴离子聚合反应。

1）自由基聚合反应

自由基聚合反应（radical polymerization）是烯烃和共轭二烯烃聚合的一种重要方法。自由基聚合反应中需要活性中心（reactive center）——自由基，它的产生及活性对聚合反应起决定性作用。自由基聚合反应是连锁聚合反应的一种，遵循连锁反应机理，通过三个基元反应，即链引发、链增长和链终止，使小分子聚合成高分子。在聚合过程中也可能存在另一个基元反应——链转移反应（chain transfer reaction），链转移反应对聚合物的分子量、结构和聚合速率产生影响。

（1）自由基聚合反应的特征

① 自由基聚合反应由链的引发、增长、终止、转移等基元反应组成，其中引发速率最小，是控制总聚合速率的关键。自由基聚合反应可概括为慢引发、快增长、速终止。

② 只有链增长反应才能使聚合度增加，自由基聚合时间短，反应混合物中仅由单体和聚合物组成；在聚合过程中，聚合度变化小。

③ 在聚合过程中，单体浓度逐步降低，聚合物浓度相应提高。延长聚合时间主要是提高转化率，对分子量影响较小。凝胶效应将使分子量增大。

④ 少量（0.01%～0.1%）阻聚剂足以使自由基聚合反应终止。

（2）自由基聚合的过程

自由基聚合的基元反应包括链引发、链增长、链终止和链转移反应。

链引发反应是形成单体自由基活性种的反应。实现自由基聚合反应的首要条件是要求在聚合体系中产生自由基，最常用的方法是在聚合体系中引入引发剂，其次是采用热、光和高能辐射等方法。用引发剂引发时，链引发有下列两步反应：

① 引发剂I分解，形成初级自由基。

$$I \longrightarrow R\cdot + \cdot R$$

② 初级自由基与单体加成，形成单体自由基。

$$R\cdot + H_2C{=}\underset{\substack{|\\X}}{CH} \longrightarrow R{-}CH_2\underset{\substack{|\\X}}{\dot{C}H}$$

链增长反应是单体活性种反复与单体加成，促使链不断增长，如下式所示。链增长是放热反应，烯类单体聚合热为55～95kJ/mol；增长活化能低为20～34kJ/mol，增长速率极高，增长速率常数约10^2～10^4，在0.01至几秒钟内就可以使聚合度达到数千，甚至上万。

$$R{-}H_2C{-}\underset{\substack{|\\X}}{\dot{C}H} + H_2C{=}\underset{\substack{|\\X}}{CH} \longrightarrow R{-}CH_2{-}\underset{\substack{|\\X}}{CH}{-}CH_2{-}\underset{\substack{|\\X}}{\dot{C}H}$$

$$R{-}CH_2{-}\underset{\substack{|\\X}}{CH}{-}CH_2{-}\underset{\substack{|\\X}}{\dot{C}H_2} \xrightarrow{CH_2CHX} R{-}CH_2{-}\underset{\substack{|\\X}}{CH}{-}CH_2{-}\underset{\substack{|\\X}}{CH}{-}CH_2{-}\underset{\substack{|\\X}}{\dot{C}H}$$

链终止反应是在一定条件下，增长链自由基失去活性形成稳定聚合物分子的反应。终止反应有偶合终止和歧化终止两种方式。

偶合终止是两个链自由基的独电子相互作用结合成共价键的终止反应（反应如下）。偶合终止所得大分子的聚合度为链自由基重复单元数的两倍；若有引发剂引发聚合，大分子两端均为引发剂残基。

$$\sim\sim CH_2{-}\underset{\substack{|\\X}}{\dot{C}H} + \underset{\substack{|\\X}}{\dot{C}}{-}CH_2\sim\sim \longrightarrow \sim\sim CH_2{-}\underset{\substack{|\\X}}{CH}{-}\underset{\substack{|\\X}}{CH}{-}CH_2\sim\sim$$

歧化终止是某链自由基夺取另一链自由基相邻碳原子上的氢原子或其他原子的终止反应（反应如下）。歧化终止所得大分子的聚合度与链自由基中单元数相同；每个大分子只有一端为引发剂残基。其中，一个大分子的另一端为饱和键，而另一个大分子的另一端为不饱和键。

$$\sim\sim CH_2{-}\underset{\substack{|\\X}}{\dot{C}H} + \underset{\substack{|\\X}}{\dot{C}}{-}CH_2\sim\sim \longrightarrow \sim\sim CH_2{-}\underset{\substack{|\\X}}{CH_2} + \underset{\substack{|\\X}}{CH_2}{=}CH\sim\sim$$

链转移反应是在自由基聚合过程中，增长链自由基从其他分子上夺取一个原子而终止成为稳定的大分子，并使失去原子的分子又成为一个新的自由基，再引发单体继续新的链增长，使聚合反应继续下去（反应如下）。其他分子可以是单体、引发剂、溶剂或大分子。

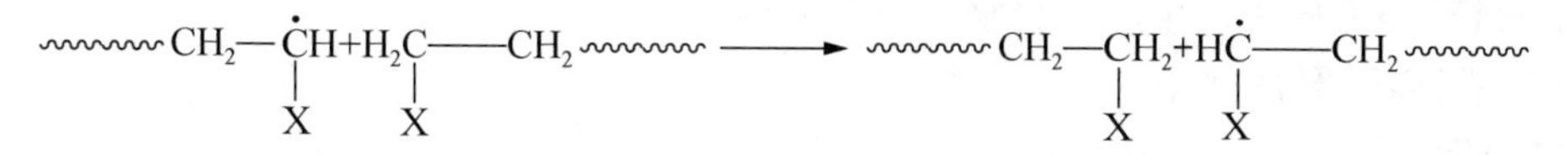

(3) 自由基聚合的实施方法

自由基聚合可以采用本体聚合、溶液聚合、悬浮聚合和乳液聚合四种方法来实施。

本体聚合，又称块状聚合，是在不用其他反应介质情况下，单体中加有少量或不加引发剂发生聚合的方法，包括均相本体聚合物和非均相本体聚合。均相本体聚合指生成的聚合物溶于单体（如苯乙烯、甲基丙烯酸甲酯）。非均相本体聚合指生成的聚合物不溶解在单体中，沉淀出来成为新的一相（如氯乙烯）。

溶液聚合是将单体和引发剂溶于适当溶剂（水或有机溶剂）中进行聚合的方法。根据聚合物溶解于溶剂的情况分为均相溶液聚合和非均相溶液聚合（如淤浆聚合、沉淀聚合），用于生产聚丙烯腈、聚醋酸乙烯酯、丙烯酸酯类共聚物等。

悬浮聚合是将单体在强烈机械搅拌及分散剂的作用下分散、悬浮于水相中，同时经引发剂引发进行自由基聚合的方法。悬浮聚合体系中单体为分散相，水为连续相。不溶于水的油状单体在过量水中经剧烈搅拌生成油滴状分散相。悬浮聚合是不稳定的动态平衡体系，油珠逐渐变黏稠有凝结成块的倾向，为了防止黏结，水相中必须加有分散剂，又叫悬浮剂。

乳液聚合是单体和水在乳化剂的作用下配制成的乳状液中进行的聚合，体系主要由单体、水、乳化剂及水溶性引发剂四种成分组成。乳液聚合的聚合速度快，分子量高，以水为介质，成本低。反应体系黏度小，稳定性优良，反应热易导出，可连续操作。乳液制品可以直接作为涂料和黏合剂，粉料颗粒小，适合于某些特殊使用场合，但是由于使用乳化剂，聚合物不纯，且后处理复杂。

2）阳离子聚合反应

单体在阳离子或阴离子作用下，活化为带正电荷或带负电荷的活性离子，再与单体连锁聚合形成高聚物的化学反应，统称为离子聚合反应（ionic polymerization）。20 世纪初已有人进行了离子聚合的研究。1956 年发现活性阴离子聚合以后，使离子聚合真正发展，几十年来阴离子聚合的研究发展很快，而比较而言，阳离子聚合因碳阳离子活性高，即使在零下七八十度进行聚合速度仍很快，难以得到高分子量聚合物，因此发展比较缓慢。

(1) 阳离子聚合的单体和引发剂

具有推电子基的烯类单体原则上可进行阳离子聚合。推电子基团使双键电子云密度增加，有利于阳离子活性种进攻；碳阳离子形成后，推电子基团的存在，使碳上电子云稀少的情况有所改变，体系能量有所降低，碳阳离子的稳定性增加。能否聚合成高聚物，还要求质子对碳碳双键有较强的亲合力；增长反应比其他副反应快，即生成的碳阳离子有适当的稳定性。如异丁烯、苯乙烯、环醚、甲醛、异戊二烯等都可以进行阳离子聚合。

阳离子聚合所用的引发剂为“亲电试剂”，提供氢质子或碳阳离子与单体作用完成链引发过程。常用的引发剂有质子酸，如 HCl、H_2SO_4、HI、H_3PO_4、HF、CH_3COOH 等，应用得最广的是 Lewis 酸，它没有质子，须加入微量的物质如 H_2O、

ROH、HX、ROR 等，生成络合物，而释放出 H^+ 或 C^+ 引发。

（2）阳离子聚合过程

链引发：

$$A^{\oplus}B^{\ominus} + nH_2C{=}\underset{\displaystyle R}{\underset{|}{CH}} \longrightarrow A{-}H_2C{-}\underset{\displaystyle R}{\underset{|}{\overset{\oplus}{C}}} \sim\sim\sim \overset{\ominus}{B}H_3$$

链增长：

$$A{-}CH_2\underset{\displaystyle R}{\underset{|}{\overset{\oplus}{C}}} \sim\sim\sim \overset{\ominus}{B} + nH_2C{=}\underset{\displaystyle R}{\underset{|}{CH}} \longrightarrow \sim\sim\sim\sim CH_2\underset{\displaystyle R}{\underset{|}{\overset{\oplus}{C}}} \sim\sim\sim \overset{\ominus}{B}$$

链转移与终止：

$$\sim\sim\sim\sim CH_2\underset{\displaystyle R}{\underset{|}{\overset{\oplus}{C}}} \sim\sim\sim \overset{\ominus}{B} + H_2C{=}\underset{\displaystyle R}{\underset{|}{CH}} \longrightarrow \sim\sim\sim\sim CH_2{=}\underset{\displaystyle R}{\underset{|}{CH}} + H_2C{-}\underset{\displaystyle R}{\underset{|}{\overset{\oplus}{CH}}} \sim\sim\sim$$

（3）阳离子聚合产品

聚异丁烯是在阳离子引发剂 $AlCl_3$、BF_3 等作用下聚合得到的，可改变反应条件得到不同分子量的产品。聚甲醛是三聚甲醛与少量二氧五环经阳离子引发剂 $AlCl_3$、BF_3 等引发聚合得到的，可以作为热熔黏合剂、橡胶配合剂等。聚乙烯亚胺是环乙胺、环丙胺等阳离子聚合的产物，常作为絮凝剂、黏合剂、涂料以及表面活性剂。丁基橡胶是由异丁烯和异戊二烯在 Friedel-Craft 引发剂作用下进行阳离子聚合反应的产物，丁基橡胶具有优良的气密性和良好的耐热、耐老化、耐臭氧、耐溶剂、电绝缘、减震及低吸水等性能。

3）阴离子聚合反应

（1）阴离子聚合的单体和引发剂

以负离子为增长中心而进行的链式加成聚合反应称为阴离子聚合。聚合包括链引发、链增长、链转移和链终止，特点是快引发、慢增长、无终止。单体可以用单烯烃类、丙烯酸酯类、共轭双烯烃类、环氧化物、环硫化物、内酯等。溶剂广泛采用非极性的烃类（烷烃和芳烃）溶剂如正己烷、环己烷、苯、甲苯等。但也常采用极性溶剂如四氢呋喃、乙二醇甲醚、吡啶等。

阴离子聚合的活性中心是阴离子，阴离子活性中心可以是自由离子、离子对或者它们的缔合状态。引发剂可以是碱金属及其烷基化合物，如 K、Na、Li、C_2H_5Na 和 C_4H_9Li 等；可以是碱土金属烷基化合物，如 R_2Ca、R_2Sr 等；可以是碱金属氢氧化物，如 KOH、NaOH 等；可以是碱金属烷氧基化合物，如 RONa、ROLi 等；可以是 Lewis 碱及弱碱性化合物，如 NH_3、NR_3、ROR 等。

（2）阴离子聚合过程

阴离子聚合的链增长反应是通过单体插入到离子对中间完成的，因此离子对的存在形式对聚合速率、聚合度和结构均有影响。阴离子聚合的活性链带有相同电荷，不能偶合，也不能歧化；即使活性中心向单体转移或异构化产生终止也难以发生。因此在无杂质的聚合体系中进行阴离子聚合极难发生终止反应，活性链寿命很长。

阴离子聚合在适当条件下（体系非常纯净且单体为非极性共轭双烯），可以不发生链终止或链转移反应，活性链直到单体完全耗尽仍可保持聚合活性。这种单体完全耗尽仍可保持聚合活性的聚合物链阴离子称为“活性高分子”（Living Polymer）。

活性聚合物保持有聚合活性，可利用先后加入不同种类单体进行阴离子聚合的方法合成 AB 型、多嵌段、星形、梳形等不同形式的嵌段共聚物；可以加入特殊试剂合成链端具有—OH、—COOH、—SH 等功能基团的聚合物。活性聚合物的分子量分布较窄，还可作为凝胶渗透色谱分级的标准试样。

（3）阴离子聚合产品

热塑性弹性体 SBS 是聚苯乙烯-聚丁二烯-聚苯乙烯的线形三嵌段共聚物，其中聚苯乙烯链段分子量为 1 万～1.5 万，聚丁二烯链段分子量为 5 万～10 万。常温下，SBS 反映出 B 段弹性体的性质，S 段处于玻璃态微区，起到物理交联的作用。温度升到聚苯乙烯玻璃化温度（约 100℃）以上，SBS 具流动性，可以模塑。

工业上利用阴离子聚合，通过三步加料法、两步混合单体加料法或两步偶联法制备 SBS。例如，图 2-3 所示是用双官能团的引发剂 1，1，4，4-四苯基丁基二锂作为引发剂，引发丁二烯制备活性聚合物种子，然后再用该活性聚合物种子引发单体苯乙烯，得到 SBS。

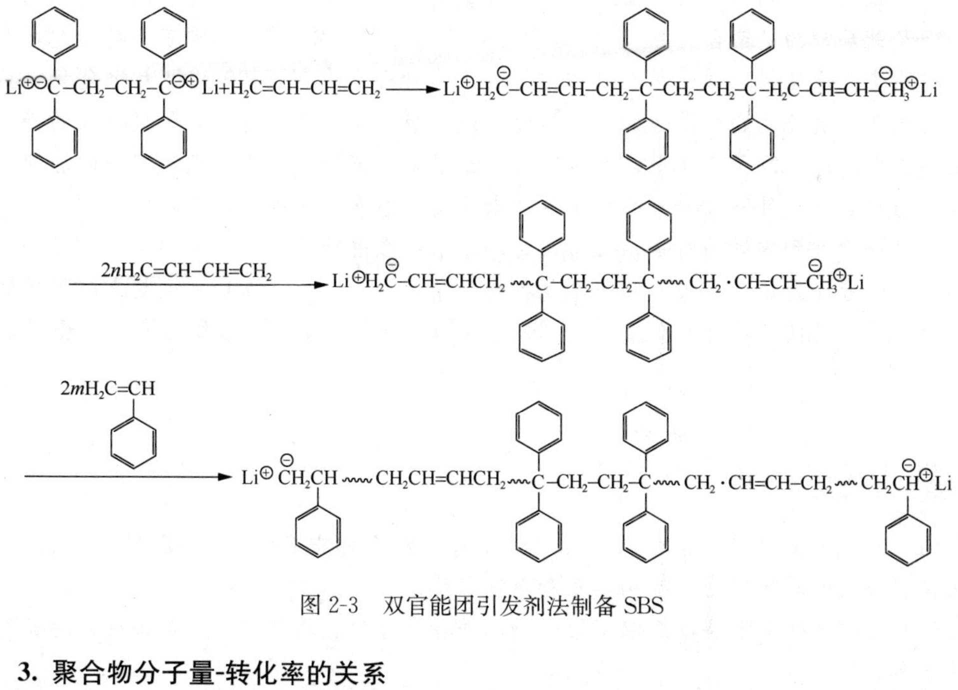

$$Li^{\oplus\ominus}C(C_6H_5)_2–CH_2–CH_2–C(C_6H_5)_2^{\ominus\oplus}Li + H_2C{=}CH–CH{=}CH_2 \longrightarrow Li^{\oplus}H_2\overset{\ominus}{C}–CH{=}CH–CH_2–C(C_6H_5)_2–CH_2–CH_2–C(C_6H_5)_2–H_2C–CH{=}CH–\overset{\ominus}{C}H_2{}^{\oplus}Li$$

$$\xrightarrow{2nH_2C=CH–CH=CH_2} Li^{\oplus}H_2\overset{\ominus}{C}–CH{=}CHCH_2\sim\sim C(C_6H_5)_2–CH_2–CH_2–C(C_6H_5)_2\sim\sim CH_2\cdot CH{=}CH–\overset{\ominus}{C}H_2{}^{\oplus}Li$$

$$\xrightarrow{2mH_2C=CH(C_6H_5)} Li^{\oplus}\overset{\ominus}{C}H_2CH(C_6H_5)\sim\sim CH_2CH{=}CHCH_2\sim\sim C(C_6H_5)_2–CH_2–CH_2–C(C_6H_5)_2\sim\sim CH_2\cdot CH{=}CH–CH_2\sim\sim CH_2\overset{\ominus}{C}H(C_6H_5){}^{\oplus}Li$$

图 2-3　双官能团引发剂法制备 SBS

3. 聚合物分子量-转化率的关系

如图 2-4 所示，自由基聚合过程中分子量变化不大，体系始终由单体和高分子量的聚合物组成，没有分子量递增的中间产物，单体转化率随时间增大；而活性阴离子聚合的特征是，分子量随单体转化率的增大呈线性增加；逐步聚合的特征则是短期内单体的转化率很高，但反应基团的反应程度却很低，随后低聚物间开始发生缩聚，分子量缓慢增加，直至基团反应程度达到 98%以上，分子量才达到较高的值。

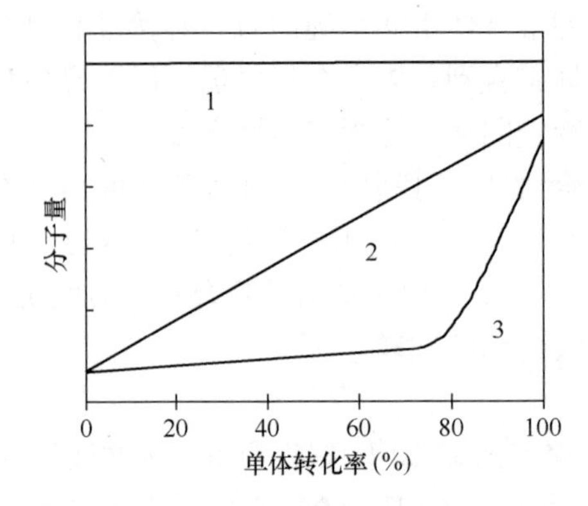

图 2-4 聚合过程中聚合物分子量-转化率关系图

1—自由基聚合；2—活性阴离子聚合；3—缩聚反应

思政小结

赫尔曼·施陶丁格被称为高分子之父，最早提出了高分子的概念，但这个概念的提出并不是一帆风顺的。1920 年，任教苏黎世联邦理工学院有机化学系教授的施陶丁格发表了一篇论文，列举了几类反应，通过大量小分子的键接以形成具有高分子量的大分子，他称此反应为“聚合反应”，把这种大分子称为“高分子”。施陶丁格的猜想，在他的同行看来荒谬至极，学术界难以相信真的存在分子量超过 5000 的极大化合物。施陶丁格继承了求真务实的科学精神，利用大量试验事实，作为支持大分子聚合物的强有力论据。在 20 世纪 20 年代末期，施陶丁格提出了又一证据，基于黏度测定法的原理，证实了在氢化反应条件下大分子的分子量并未改变。尽管事实胜于雄辩，但施陶丁格的观点一次又一次遭到学界的打击，他与当时的学术权威进行了旷日持久的论战，施陶丁格始终坚信高分子是区别于胶体的一类独特的化学物质。这个观点后来被越来越多的试验结果所证实，施陶丁格最终促成了高分子学科的诞生，他本人也因此获得了诺贝尔化学奖。

思考题

（1）尼龙-610 是什么聚合物？其单体是什么？名称中 6 和 10 分别代表什么含义？写出该聚合物的单体单元、结构单元和重复单元。

（2）按照单体来源法命名以下聚合物，并指出各聚合物是用逐步聚合还是连锁聚合方法制备。

① $\text{-}[\text{NH(CH}_2)_6\text{NHCO(CH}_2)_4\text{CO}]_n\text{-}$　　② $\text{-}[\text{OCH}_2\text{CH}_2]_n\text{-}$

③ $\text{-}[\text{CH}_2\text{CH}_2(\text{CH}_3)(\text{COOCH}_3)]_n\text{-}$　　④ $\text{-}[\text{CH}_2\text{CH(OH)}]_n\text{-}$

⑤ $\text{-}[\text{CH}_2\text{CCl}{=}\text{CHCH}_2]_n\text{-}$　　⑥ $\text{-}[\text{CH}_2\text{CH}(\text{C}_6\text{H}_5)]_n\text{-}$

⑦ $\text{-}[\text{NH(CH}_2)_5\text{CO}]_n\text{-}$

⑧ $\text{H-}[\text{O(CH}_2)_2\text{OOC-C}_6\text{H}_4\text{-CO}]_n\text{O (CH}_2)_2\text{OH}$

3 聚合物结构与性能

教学目标

教学要求：掌握聚合物的链结构；掌握聚合物的聚集态结构；掌握聚合物的分子运动和转变；掌握聚合物的黏弹性、屈服与断裂。

教学重点：聚合物的多重结构和性质。

教学难点：从聚合物的分子运动的角度理解聚合物的转变。

聚合物的结构决定聚合物性能。一般认为，聚合物的结构可分为如表 3-1 所示的两个相互关联、相辅相成的结构层次，一是大分子链结构，含有近程和远程两级结构，是决定聚合物性能的基础，链结构中的一级结构不受聚合物加工条件的影响，其二级结构中的平均分子量随加工条件的不同将发生变化；二是聚合物分子的聚集态结构，聚合物的分子聚集态结构是在加工成型中形成的，是影响聚合物材料性能和制品性能的主要因素。例如，高取向纤维的力学性能比未取向的纤维高出百倍，取向态的光电高分子性能会有数量级的提高。

表 3-1　聚合物的结构

结构层次	结构等级	结构程序	内容
大分子链结构	一级	近程	结构单元组成 结构单元键接方式、序列 结构单元的立体构型 支化、交联 端基
	二级	远程	相对平均分子质量、分子量分布 大分子链的柔顺性（形态） 大分子间的作用力
聚集态结构	三级	许多大分子链聚集在一起的状态	晶态结构 非晶态结构 取向结构 织态结构（高分子合金中）

大分子链结构决定聚合物的基本性能，而聚集态结构是实现材料的性能和功能的基础。通过研究聚合物的分子运动，阐明结构与性能之间的内在联系和基本规律，可以为聚合物的合成、成型加工和测试提供理论依据。聚合物结构与性能之间的关系是聚合物材料分子设计的基础，也是确定聚合物材料加工工艺的依据。

3.1 聚合物的链结构

3.1.1 一级结构

聚合物的一级结构是指单个高分子内与基本结构单元有关的结构，一级结构是组成高分子最基本的微观结构，它对聚合物的基本性能起到决定性的作用。聚合物的一级结构包括结构单元的化学组成、键接方式、构型、支化交联、端基。

1. 结构单元的化学组成

形成高分子主链的元素一般都在元素周期表的ⅣB～ⅥB主族，如C、O、Si、N、S等，其中以C为主。根据高分子主链上原子的类型及排列情况，可分为碳链高分子、杂链高分子和元素有机高分子。碳链高分子的主链完全由C原子组成。杂链高分子的主链原子除C外，还含O、N、S等杂原子。元素有机高分子的主链原子完全由Si、B、Al、O、N、S、P等杂原子组成。

2. 结构单元的键接方式

在缩聚和开环聚合中结构单元的键接方式一般都是明确的，但是在加聚过程中，单体的键接方式有所不同。例如，单烯类单体（$CH_2=CHR$）聚合时可能出现两种键接方式（反应如下）：头-尾键接和头-头键接（或尾-尾键接），两种键接方式也会同时出现。

$$H_2C=CHR \longrightarrow -CH_2\underset{\displaystyle R}{\underset{|}{C}H}-CH_2\underset{\displaystyle R}{\underset{|}{C}H}- \text{ 或 } -CH_2\underset{\displaystyle R}{\underset{|}{C}H}-\underset{\displaystyle R}{\underset{|}{C}H}CH_2-$$

头-尾键接　　　　头-头键接

3. 结构单元的构型

分子链上原子和原子团在空间的几何排列方式称为构型（configuration）。这种排列是由化学键所固定的，只有破坏化学键才能使之改变。高分子存在旋光异构、几何异构和键接异构。

（1）旋光异构

旋光异构是由于分子链上不对称碳原子C^*所带基团的排列方式不同形成的。结构单元为—CH_2—CHR—的聚合物链，每个结构单元中都有一个手性碳原子C^*，这样，每一个链节就有D型和L型两种旋光异构体，它们在聚合物链中有三种键接方式，形成旋光异构体。当大分子链上所有结构单元都是同一种旋光异构体时，称为全同立构（Isotactic）；当大分子链由两种旋光异构单元交替组成时，称为间同立构（Syndiotactic）；当大分子链由两种旋光异构单元无规键接时，称为无规立构（Atactic），如图3-1所示。其中，全同立构体和间同立构体统称为等规高分子（Tactic polymer），由于它们规整性好，能够满足三维有序排列的条件，所以等规聚合物可以结晶。无规聚合物一般不会结晶。所以同一种聚合物，立体构型不同，性能会有很大差距。

对于小分子来说，不同空间构型有不同的旋光性。但是高分子链虽然有很多手性碳原子，但由于内消旋或外消旋作用，一般来说即使等规高分子也并无旋光性。

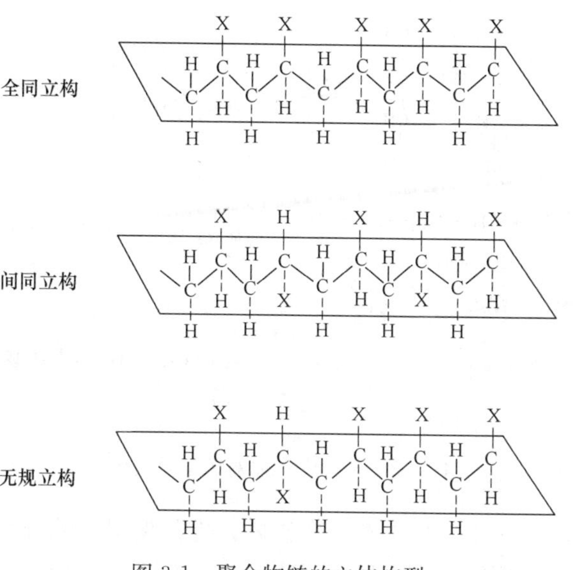

图 3-1 聚合物链的立体构型

（2）几何异构

几何异构是由大分子链中双键两侧的基团排列方式不同引起，有顺式构型和反式构型两种。一般共轭双烯烃聚合时均有形成顺、反两种构型的可能性。如丁二烯进行 1,4 加成时可以形成顺式和反式两种构型，如图 3-2 所示。顺、反构型不同的聚合物性能会有很大的差异，顺式 1,4 聚丁二烯分子间距离较大，在室温下是弹性很好的橡胶，而反式 1,4 聚丁二烯由于分子结构比较规整，容易结晶，所以在室温下只能作为塑料使用。

（3）键接异构

聚合物大分子链是由结构单元通过共价键重复连接而成，但键接的方式可以有所不同。对于单烯烃（$CH_2=CH-R$），键接方式主要有头-尾相连和头-头相连两种。试验证明，大多数乙烯类单体在聚合时以头-尾顺序相连，但有时也会混杂有少量的头-头键接结构。对于双烯烃（$CH_2=CX-CH=CH_2$），键接方式会更复杂一些，除了“头-头”“头-尾”键接方式外，还存在双键的开启位置不同，可以 1,2-加成，3,4-加成或者 1,4-加成。图 3-3 为聚异戊二烯的键接异构体。

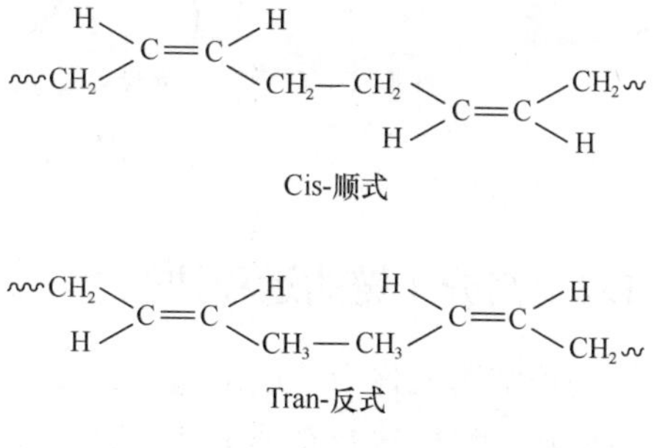

Cis-顺式

Tran-反式

图 3-2 聚丁二烯的顺反式结构示意图

结构单元的键接方式对聚合物的性能有重要的影响，如聚乙烯醇中只有头尾结构才能与甲醛缩合。作为纤维的聚合物都要求结构单元排列规整，使聚合物的结晶度高，强度高。

4. 共聚物的序列结构

只由一种单体反应而成的聚合物称为均聚物，由两种或两种以上单体聚合形成的聚合物称为共聚物。我们把同类单体单元直接相连形成的链段称为序列。共聚物可以有不同的序列结构，如交替共聚、无规共聚、嵌段共聚和接枝共聚。共聚对聚合物的性能的

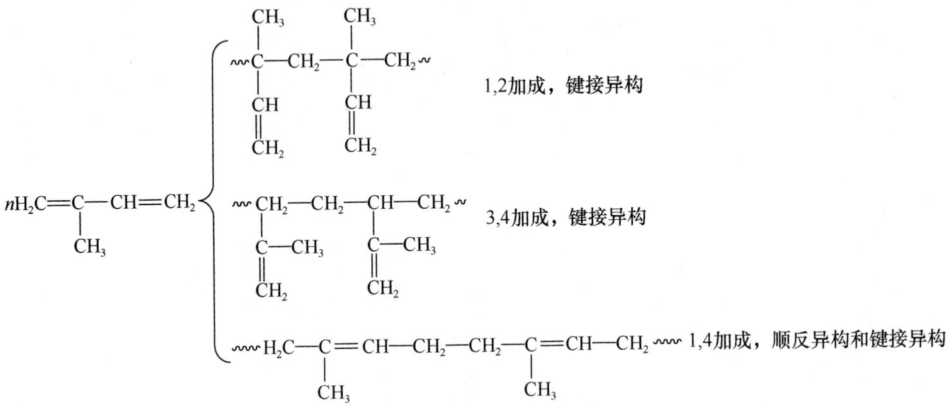

$nH_2C{=}C(CH_3){-}CH{=}CH_2$ →

$\sim C(CH_3)(CH{=}CH_2){-}CH_2{-}C(CH_3)(CH{=}CH_2){-}CH_2\sim$ 1,2加成，键接异构

$\sim CH_2{-}CH_2{-}CH(C(CH_3){=}CH_2){-}CH_2\sim$（含 $C(CH_3){=}CH_2$ 侧基）3,4加成，键接异构

$\sim H_2C{-}C(CH_3){=}CH{-}CH_2{-}CH_2{-}C(CH_3){=}CH{-}CH_2\sim$ 1,4加成，顺反异构和键接异构

图 3-3　聚异戊二烯的键接异构体

影响是显著的。例如 75%丁二烯+25%苯乙烯无规共聚得丁苯橡胶（SBR）；20%丁二烯和 80%苯乙烯接枝共聚得韧性很好的高抗冲聚苯乙烯（HIPS）。

5. 聚合物的分子构造

构造（Architecture）是指聚合物链的几何形状。一般有线形高分子、支化高分子、接枝梳形高分子、星形高分子、交联网络高分子、树枝状高分子、“梯形”高分子、双螺旋形高分子等，如图 3-4 所示。

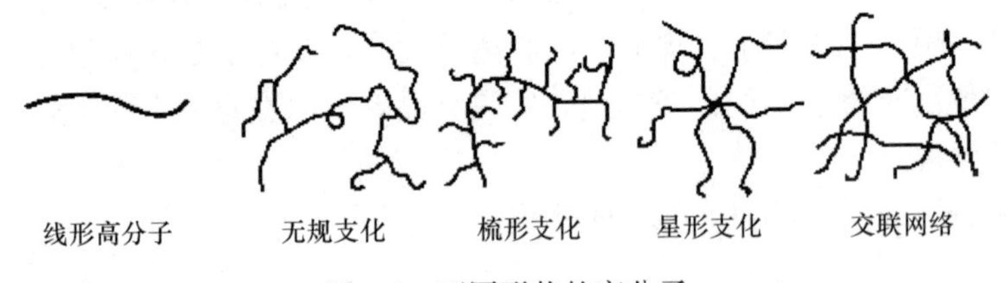

图 3-4　不同形状的高分子

3.1.2　高分子链的远程结构

远程结构又称为二级结构，二级结构指的是若干链节组成的一段链或整根分子链的排列形状。主要涉及高分子链的大小（分子量大小和分布）和分子链的形态。

1. 聚合物的构象和柔顺性

高分子链通常蜷曲成不规则的无规线团状，比如高聚物在溶液中和在非晶聚集态中都是呈无规线团状态。使高分子链处于蜷曲状态的原因主要是高分子的长链结构和高分子链中单键的内旋转，如图 3-5 所示。

大多数聚合物的主链是由 C—C 单键组成的，C—C 单键是 σ 键，电子云是轴向对称分布的，所以 C—C 单键可以围绕键轴旋转。高分子是由成千上万的化学键组成（有许多 C—C 单键），当这些单键发生内旋转时，高分子在空间的形态可以有无数个。由于单键的内旋转而产生的分子在空间的不同几何形态叫构象（Conformation）。由于分子的热运动，这些形态时时刻刻处于不断变化之中，分子的构象在时刻改变着。高分子能够改变其构象的性质称为柔顺性，内旋转越容易，高分子越柔顺。实际上，内旋转完全自由的碳碳单键是不存在的，因为碳键总是要带有其他的原子或基团，当这些原子或基团充分接近时，原子的外层电子云之间将产生排斥力，使之难以接近。这时，单键的内旋转需要消耗一定的能量，以克服内旋转所受的阻力。

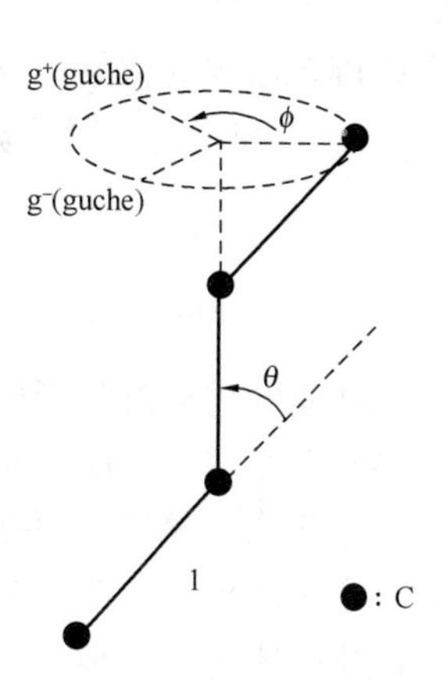

图 3-5　高分子链的内旋转构象

2. 影响链柔顺性的因素

柔性是聚合物性能区别于小分子物质的主要原因。链柔顺性来源于链构象的转化，而链构象的转化又来源于单键内旋转，所以链柔顺性的大小主要取决于单键内旋转时遇到的阻碍程度。

（1）主链结构

① 主链全由单键组成的，一般柔顺性较好，如 PE、PP、乙丙橡胶等。柔顺性的大小—Si—O—>—C—O—>—C—C—，原因是氧原子周围无原子，内旋转容易；Si—O 键长较长，键角大，内旋转容易，如硅橡胶。

② 主链含有孤立双键的高分子柔顺性较好，因为双键邻近的单键的内旋转位垒减小，内旋转容易，所以可作为橡胶；但是带有共轭双键的高分子链不能内旋转，像聚苯、聚乙炔，都是刚性分子。

③ 由于芳杂环不能内旋转，所以主链中含有芳杂环结构的高分子链柔顺性较差。

（2）取代基（侧基）

① 取代基极性强，作用力大，则内旋转困难，柔顺性差。

② 取代基体积越大，空间位阻越大，柔顺性差；取代基所占的比例大，数量多，柔顺性差；取代基分布对称，分子偶极矩小，内旋转容易，则柔性较好，如聚偏氯乙烯的柔顺性优于聚氯乙烯（PVC）。

（3）支化、交联

① 高分子支链长，柔顺性下降。

② 高分子交联度较低时对柔顺性影响不大，如含硫 2%～3%的橡胶，但含硫 30%以上影响链柔顺性。

（4）链的长短

分子链越长，分子构象数目越多，链的柔顺性越好。

（5）分子间作用力

分子间作用力大，柔顺性差。含有氢键的高分子是刚性链，柔顺性最差，其次是极性高分子链，非极性高分子链的柔顺性最好。如聚异丁烯的柔顺性优于 PE。

（6）分子链的规整性

分子链的规整性影响聚合物的柔顺性。如 PE，易结晶，柔性表现不出来，因此呈现刚性。

（7）外界因素

① 温度：温度升高，内旋转容易，柔顺性增加。如 PS 室温是塑料，加热至 100℃以上呈柔性。顺式聚 1,4 丁二烯室温是橡胶，－120℃下变得刚硬。

② 外加作用速度：速度缓慢时高分子显示柔性，速度作用快，高分子链来不及通

过内旋转而改变构象，分子链显得僵硬。

③ 溶剂：溶剂影响高分子的形态从而影响其柔顺性。

3.2 聚合物的聚集态结构

物质的聚集态是指由大量原子或分子以某种方式（结合力）聚集在一起，能够在自然界相对稳定存在的物质形态。聚合物的聚集态是指高分子链之间的几何排列和堆砌状态。聚合物的聚集态包括液体、固体、液晶态、取向态等，固体又包括晶态和非晶态。高分子链结构是单个高分子的结构，聚合物聚集态是聚合物本体的结构，即许多的高分子链排列成为一个整体结构的状态。

高分子链结构决定聚合物的基本性能特点，而聚集态结构与材料性能有着直接的关系。研究聚合物的聚集结构特征、形成条件及其材料性能之间的关系，对于控制成型加工条件以获得预定结构和性能的材料，对材料的物理特性和材料设计都具有十分重要的意义。

分子间作用力的大小决定聚合物所处的聚集态。聚合物分子间的作用力有范德华力和氢键。范德华力包括静电力、诱导力和色散力。聚合物分子间作用力的大小可以用内聚能或内聚能密度（CED）来表示，聚合物内聚能是指克服分子间作用力，1mol 的凝聚体汽化时所需要的能量ΔE，聚合物内聚能密度是指单位体积凝聚体汽化时所需要的能量。聚合物没有气态，无法直接测定其内聚能和内聚能密度，可根据聚合物在不同溶剂中的溶解能力，通过最大溶胀比法或最大特性黏数法估算。CED$<300J/cm^3$的高聚物都是非极性高聚物，可作为橡胶；CED$>400J/cm^3$的高聚物由于分子链上有强极性基团，或者分子链间能形成氢键，分子间作用力大，可做纤维材料或工程塑料；CED 在 $300\sim400J/cm^3$之间的高聚物分子间作用力适中，适合做塑料使用。

3.2.1 晶态结构

1. 结晶形态

1957 年 A. J. Keller 首先发现浓度 0.01%的聚乙烯溶液中，极缓慢冷却时可生成菱形片状的、电镜下可观察到的片晶，如图 3-6 所示，呈现出单晶特有典型的电子衍射图。随后陆续发现聚甲醛、尼龙、聚酯等单晶。聚合物单晶的横向尺寸为几微米（μm）到几十微米，厚度 10nm 左右。单晶中高分子链规则地近邻折叠，形成片晶。

如果聚合物链本身具有必要的规整结构，在适宜的温度、外力等条件下，高分子会发生结晶，形成晶体。结晶高分子是部分结晶或半结晶的多晶体，既有结晶部分又有非晶部分。因此，其 X 射线衍射图中既有德拜环又有弥散环，在衍射曲线中既出现尖锐的衍射峰，又有平坦的衍射峰。

晶态聚合物通常由许多晶粒组成，每一晶粒内部都具有三维远程有序的结构。由于高分子是长链分子，呈周期性排列的质点是大分子链中的结构单元链节。由微观结构堆砌而成聚合物的晶体形态，尺寸可达几十微米。随着结晶条件的不同，聚合物可以形成形态不相同的晶体，如单晶、球晶、树枝状晶等。球晶是聚合结晶的一种常见形式。聚合物从浓溶液析出，或从熔体冷结晶时，在不存在应力或流动的情况下形成球晶。球晶

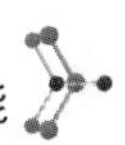

图 3-6 PE单晶和球晶

的外形呈圆球形，直径 0.5～100μm，在正交偏光显微镜下可呈现特有的黑十字消光图像和消光同心环现象，如图 3-6 所示。黑十字消光图像是聚合物球晶的双折射性质，是对称性反映。消光同心环是由于片晶的协同扭曲造成的。聚合物低温或高浓度下从溶液中析出，分子量大时生成树枝状晶；存在流动场，分子链伸展并沿流动方向平行排列会形成纤维状晶；聚合物溶液低温，并且边结晶边搅拌时可以形成串晶；聚合物熔体在应力作用下冷却结晶，常形成柱晶；聚合物在高压下熔融结晶，或熔体结晶加压热处理会生成伸直链晶。

2. 晶态聚合物的结构模型

对于小分子晶体，分子、原子或离子三维有序周期性排列，聚合物长链大分子在晶体中如何排列，不同人在不同时期提出了不同的模型。如 20 世纪 40 年代 Bryant 提出的缨状胶束模型（Fringed-micelle model)、50 年代 Keller 提出的折叠链结构模型（Folded Chain model ）和 60 年代初 Flory 提出的插线板模型（Switchboard model）等。

缨状胶束模型提出结晶高聚物中，晶区与非晶区互相穿插，同时存在，在晶区中分子链互相平行排列形成规整的结构，通常情况是无规取向的；非晶区中，分子链的堆砌是完全无序的，如图 3-7 所示。这是一个两相结构模型，即具有规则堆砌的微晶（或胶束）分布在无序的非晶区基体内。模型解释了聚合物性能中的许多特点，如晶区部分具有较高的强度，而非晶部分降低了聚合物的密度，提供了形变的自由度。

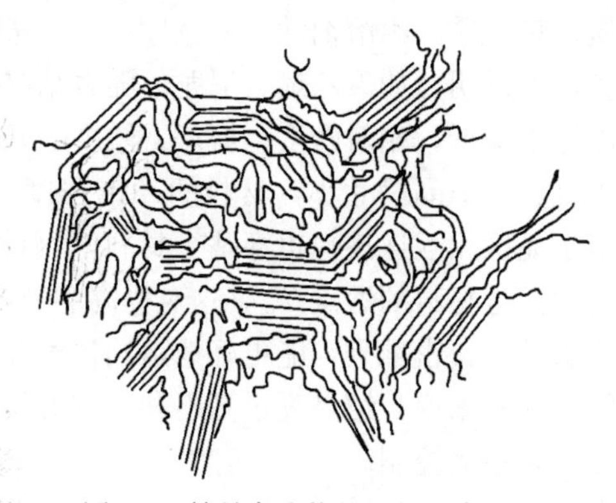

图 3-7 结晶高聚物的缨状胶束模型

1957 年，Keller 制得了聚乙烯的单晶片，据此提出了折叠链结构模型。模型提出晶区中分子链在片晶内呈规则近邻折叠，夹在片晶之间的不规则排列链段形成非晶区。随后，Fischer 提出邻近松散折叠模型对其进行修正，高分子链可能存在的三种折叠方式有规整折叠、无规折叠和松散环近邻折叠，如图 3-8 所示。

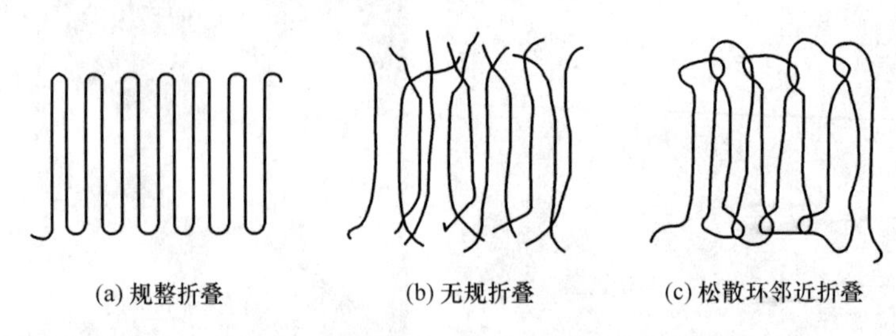

图 3-8　折叠链模型中的三种折叠方式

Flory 的插线板模型认为组成片晶的杆是无规连接的，如图 3-9 所示，即从一个片晶出来的分子链并不在其邻位处回折到同一片晶，而是在进入非晶区后在非邻位以无规方式再回到同一片晶或者进入另一个片晶。非晶区中，分子链段或无规地排列或相互有所缠绕。

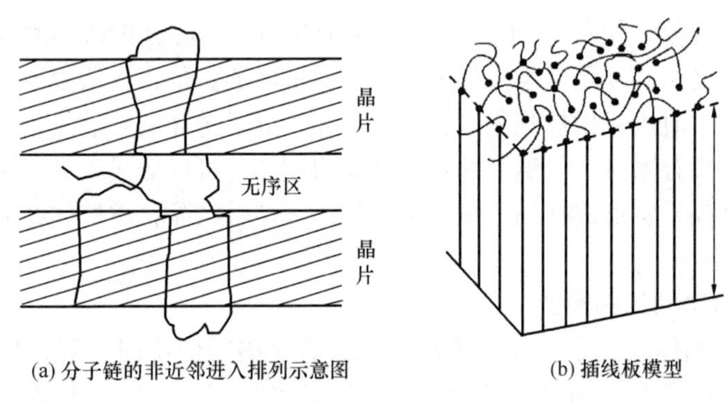

图 3-9　插线板模型

3. 结晶度对聚合物性能的影响

结晶聚合物是晶区和非晶区同时存在的，结晶度即结晶部分所占的质量分数或体积分数，可通过密度法、X 射线衍射法、差式扫描量热法或红外光谱法测量。由于聚合物中晶区和非晶区的界限并不明确，高分子结晶度的数值随测定方法不同而有差异。

聚合物的结晶度是一个重要的结构参数，它对聚合物的力学性能、密度、光学性质、热性质、耐溶剂性、染色性以及气透性等均有明显的影响。结晶聚合物通常呈乳白色，不透明，如聚乙烯、尼龙。随着结晶度的提高，拉伸强度增加，而伸长率及冲击强度趋于降低，相对密度、熔点、硬度等物理性能也有提高。冲击强度还与球晶的尺寸大小有关，球晶尺寸小，材料的冲击强度要高一些。聚合物的结晶度高达 40%以上时，由于晶区相互连接，贯穿整个材料，因此它在 T_g 以上仍不软化，其最高使用温度可提高到接近材料的熔点 T_m，这对提高塑料的热形变温度是有重要意义的。另外，晶体中分子链的紧密堆砌，能更好地阻挡各种试剂的渗入，提高材料的耐溶剂性；但是，对于纤维材料来说，结晶度过高不利于它的染色性。因此，结晶度的高低要根据材料使用的要求来适当控制。

3.2.2 非晶态结构

非晶态聚合物通常指完全不结晶的聚合物，包括玻璃体、高弹体和熔体。从分子结构上讲，非晶态聚合物包括：

(1) 链结构规整性差的高分子，如 α-PP、PS 等，其熔体冷却时，仅能形成玻璃体；

(2) 链结构具有一定的规整性，但结晶速率极慢，呈现玻璃体结构，如 PC 等；

(3) 链结构虽然具有规整性，常温下呈现高弹态，低温时才形成结晶，如 PB 等。晶态聚合物也包含非晶态部分，如过冷液体和晶区间的非晶区。

非晶态结构中高分子链如何排列一直是科学家们争论的热点。20 世纪 50 年代，Flory提出无规线团模型，认为在非晶态聚合物中，高分子链无论在 θ 溶剂或者本体中，均具有相同的旋转半径，呈现无扰的高斯线团状态，如图 3-10 所示。70 年代，小角中子散射技术证明，链 PS 在 T_g 以下的非晶态中的均方旋转半径与在 θ 溶剂中测得的数值相同，具有无规线团结构，为无规线团模型提供了直接的试验证据。1972 年，Yeh 通过 TEM 观察非晶聚合物的形态结构时发现了球粒结构，提出了两相球粒模型，认为非晶聚合物中具有 3～10nm 范围的局部有序性。球粒由粒子相和粒间相两部分组成，粒子相分为有序区和粒界区。该模型可以合理解释非晶聚合物的密度比完全无序模型计算的要高，可解释许多高聚物结晶速度很快的事实。

总之，聚合物结晶体的有序性小于低分子结晶体；聚合物非晶态的结构有序性大于低分子非晶态。

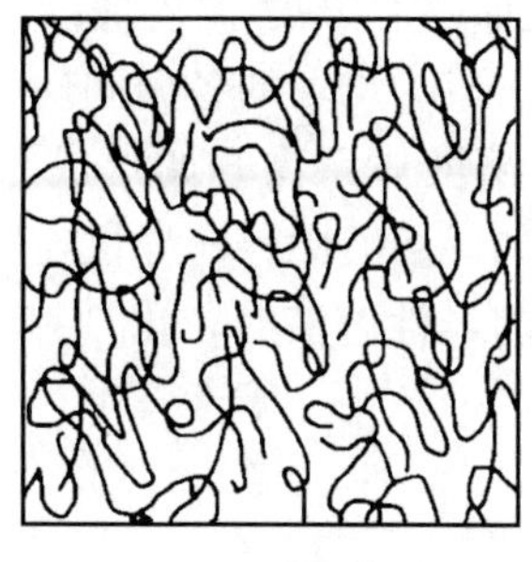
(a) 无规线团模型

(b) 两相球粒模型

图 3-10 非晶态聚合物的无规线团模型

3.2.3 液晶态结构

某些物质的结晶受热熔融或被溶剂溶解之后，虽然失去了固态物质的刚性，而获得液态物质的流动性，却仍然部分地保存着晶态物质分子的有序排列，从而在物理性质上呈现各向异性，形成一种兼有晶体和液体部分性质的过渡状态，这种中间状态称为液晶态，处在此状态下的物质称为液晶。液晶同时具有流动性和光学各向异性。

1. 液晶的结构和分类

低分子物质和高分子物质都可以形成液晶。对各种液晶物质的分子结构研究表明：

(1) 形成液晶的物质通常具有刚性的分子结构（如分子中含有对位苯撑），而且轴比大于 1，整个分子呈棒状或近似棒状的构象，我们把这样的结构部分称为“液晶基元”；

（2）分子间具有强大的分子间力，在液态下仍能维持分子的某种有序排列，所以液晶分子结构中含有强极性基团和高度可极化基团或者能够形成氢键的基团；

（3）分子结构中必须具有一定的柔性部分（如烷烃链），以利于液晶的流动，例如 4,4′- 二甲氧基氧化偶氮苯，它在 116～134℃范围内处于液晶态。

按照液晶态形成的条件，可以把液晶分为热致型液晶、溶致型液晶、感应液晶和流致液晶四类。热致型液晶是指通过升高温度使结晶物质熔融后在某一温度范围内形成液晶态的物质。溶致型液晶是通过加入溶剂使结晶物质在溶剂中溶解，在一定的浓度范围内形成液晶态的物质。感应液晶是在外场（电、磁、光等）作用下进入液晶态的物质。流致液晶是指通过施加流动场而形成液晶态的物质，如聚对苯二甲酰对氨基苯甲酰肼。

2. 液晶的应用

液晶在液晶显示、液晶纺丝和高分子材料改性等领域具有广泛的应用。

利用向列式液晶的电响应特性和光学特性，可以将液晶用于显示。把透明的向列型液晶薄膜夹在两块导电玻璃板之间，再施加适当的电压，液晶薄膜迅速变成不透明。如果把电压以图形的方式加到液晶薄膜上，就会有图象显示出来。目前，液晶显示已广泛应用于数码显示、电视屏幕、广告牌等。

高分子液晶态溶液与一般高分子溶液有明显不同的性质，其中最为突出的是流动特性。一般的高分子溶液体系，黏度总是随溶液浓度的增加而单调增大的，但是在液晶溶液体系中，溶液的黏度随浓度的增加先增加并出现一个极大值，再出现一个极小值。图 3-11是聚对苯二甲酰对苯二胺溶液的黏度-浓度曲线和黏度-温度曲线。当溶液浓度较低时，刚性高分子在溶液中均匀分散、无规取向，成为均匀的各向同性溶液，体系的黏度随浓度而增加；当达到某一临界浓度 $C_1{}^*$ 时，溶液体系内开始形成一定的有序结构（即液晶），使黏度开始下降，以后随着浓度的增加，溶液中各向异性相所占比例也随之增大，黏度迅速下降，当溶液体系成为均匀的各向异性溶液时，出现一极小值（$C_2{}^*$）；最后黏度又随浓度的增加而迅速增加。

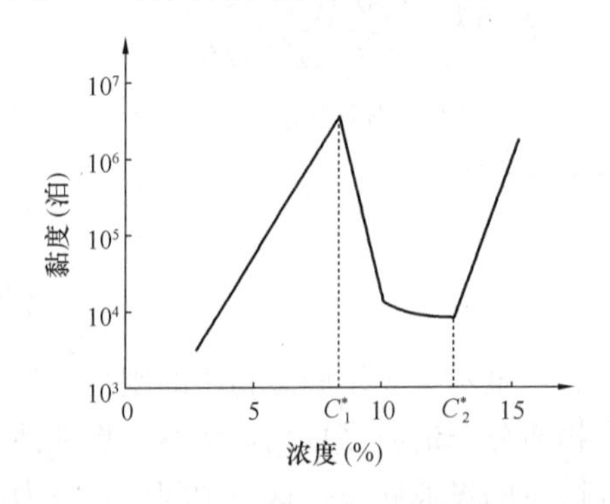

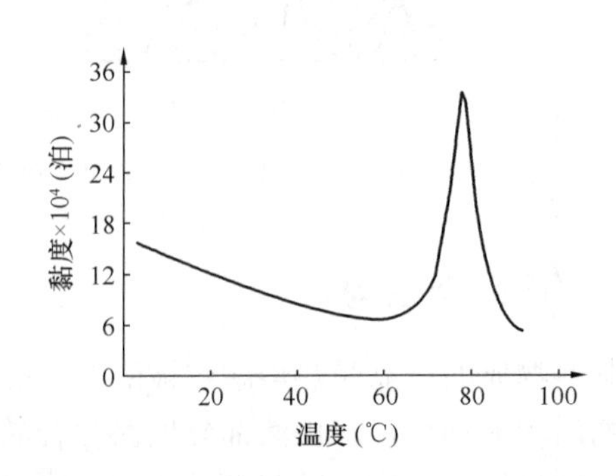

图 3-11　聚对苯二甲酰对苯二胺浓硫酸溶液的黏度-浓度曲线和黏度-温度曲线（20℃，M=29700）

显然，刚性高分子溶液形成的液晶体系具有在高浓度下的低黏度和在低剪切速率下的高取向度特征。所以用液晶高分子进行纺丝可以解决通常情况下高浓度带来的高黏度问题，可以采用较低的牵伸倍数取得较高的取向度，从而避免在高倍牵伸时纤维产生的应力和受到的损伤。

基于液晶高分子低黏度、流动中易取向的特性，还可以利用液晶改进聚合物的加工流动性，还可以提高聚合物材料轻度和耐热性。例如 PC 是一种性能优异的工程塑料，但由于大分子链的刚性很大，熔体黏度相当高，加工流动性很差。如果用少量的高分子液晶与 PC 进行共混改性，可以大大降低熔体黏度，明显地改善其成型加工性能。在改善加工流动性的同时，由于刚性的高分子液晶大分子在流动过程中很容易取向，取向后它们以棒状的形态分散在聚合物基体中，从而提高了制品的强度和耐热性。

3.2.4 取向结构

聚合物的取向结构是指在某种外力作用下，分子链或其他结构单元沿着外力作用方向择优排列的结构。线形高分子充分伸展时，长度与宽度相差极大（几百、几千、几万倍）。这种结构上悬殊的不对称性使它们在某些情况下很容易沿某个特定方向呈优势平行排列，这种现象称为取向。取向和结晶都与高分子有序性相关，但取向态是一维或二维在一定程度上的有序，而结晶态则是三维有序的。

对于没有取向的高分子材料，由于分子链和链段的排列是无规的，朝任何方向上排列的机会均等，所以未取向高分子材料是各向同性的。而取向后由于分子链和链段沿某些方向上择优排列，材料因此表现出各向异性，尤其在取向方向和垂直于取向方向上性能差别特别明显。一般说来，力学性能（拉伸强度、弯曲强度）在取向方向上显著增强，而在与取向垂直的方向上则明显下降；在光学性能上，由于折光指数在取向方向和垂直方向上有差别，导致取向材料出现双折射现象；取向还会使材料的 T_g 升高。另外，对于结晶聚合物，取向后密度和结晶度将增加。

1. 取向单元

高分子有两种运动单元，为链段和整链，因此聚合物取向有链段和分子链两种取向单元。取向的过程是在外力作用下运动单元运动的过程，必须克服聚合物内部的黏滞阻力，因而完成取向过程需要一定的时间。链段较短，受到的阻力比分子链小，所以外力作用时，首先是链段的取向，然后是整个分子链的取向。在高弹态下，一般只发生链段的取向，分子链可能仍然杂乱无章。黏流态时，分子链沿外力方向平行排列，但链段未必取向，取向结果是各向异性的，如图 3-12 所示。

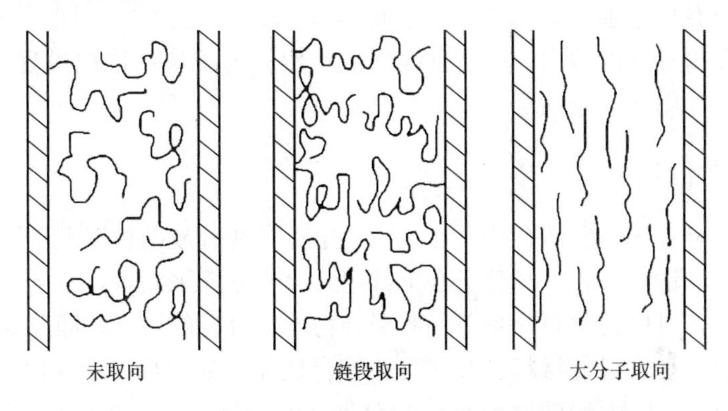

图 3-12 高分子的链段取向和大分子取向示意图

2. 取向方式

聚合物取向可以是单轴取向或双轴取向。单轴取向指在一个轴向上施以外力，使分子链沿一个方向取向。例如合成纤维牵伸是最常见的单轴取向的例子。纺丝时，从喷丝孔喷出的丝已有一定的取向（分子链取向），再牵伸若干倍，则分子链取向程度进一步提高。薄膜也可单轴取向。目前广泛使用的包扎绳用的全同聚丙烯膜，是单轴拉伸薄膜，拉伸方向十分结实（原子间化学键），垂直拉伸方向上十分容易撕开（范氏力）。

双轴取向一般指在两个垂直方向施加外力，使分子链取向平行薄膜平面的任意方向。如薄膜双轴拉伸，在薄膜平面的各方向的性能相近，但薄膜平面与平面之间易剥离。生产过程中，使薄膜在其软化点以上，熔点以下的温度范围内急剧进行拉伸，分子产生取向排列，当薄膜急剧冷却时，分子被“冻结”，当薄膜重新加热到被拉伸时的温度，已取向的分子发生解取向，使薄膜产生收缩，取向程度大则收缩率大，取向程度小则收缩率小。双轴取向后薄膜不存在薄弱方向，可全面提高强度和耐褶性，而且由于薄膜平面上不存在各向异性，存放时不发生不均匀收缩，这对于做摄影胶片的薄膜材料很重要，这样不会造成影像失真。生产电影胶片的片基，录音、录像的带基，会应用双轴拉伸工艺，将熔化挤出的片状在适当的温度下沿相互垂直的两个方向同时拉伸。吹塑生产 PE、PVC 薄膜，将熔化的物料挤出成管状，同时压缩空气由管芯吹入，使管状物料迅速胀大，厚度减小而成薄膜。

3. 取向与解取向

有序化不是自发的，所以取向过程是热力学不平衡态，取向态的聚合物在一定的外界条件下会解取向。解取向过程是热力学平衡态。在高弹态下，拉伸可使链段取向，但外力去除后，链段就自发解取向，恢复原状。在黏流态下，外力可使分子链取向，但外力去除，分子链就自发解取向。为了维持取向状态，获得取向材料，必须在取向后迅速使温度降低到玻璃化温度以下，使分子和链段“冻结”起来。这种“冻结”仍然是热力学非平衡态，只有相对稳定性，时间长了，温度升高或被溶剂溶胀时，仍然有可能发生自发的解取向。

取向快，解取向也快，所以链段解取向比分子链解取向先发生。纺丝时拉伸使纤维取向度提高，抗张强度提高，但是如果取向过度，分子排列过于规整，分子间相互作用力太大，分子的弹性太小，纤维会变得僵硬、脆。为了获得既有较高的强度又有较好弹性的纤维，可以在成型加工时利用分子链取向和链段取向速度的不同，用慢的取向过程使整个分子链获得良好的取向，以达到高强度，然后再用快的取向过程使链段解取向，使之具有弹性，如图 3-13 所示。

3.2.5 高分子合金

高分子合金又称多组分聚合物，在该体系中存在两种或两种以上不同的聚合物，无论组分是否以化学键相连接。高分子合金常用共混的方式来制备，不同的聚合物共混形成高分子合金后，可以使材料获得单一的聚合物所不具有的性能，因此高分子合金可以改性聚合物材料，也可以使材料具有优良的综合性能。如乙烯-丙烯-丁二烯三元共聚物弹性体（EPDM）和聚丙烯的共混物，当分散相尺寸在 0.2～0.5μm 范围内时，可使

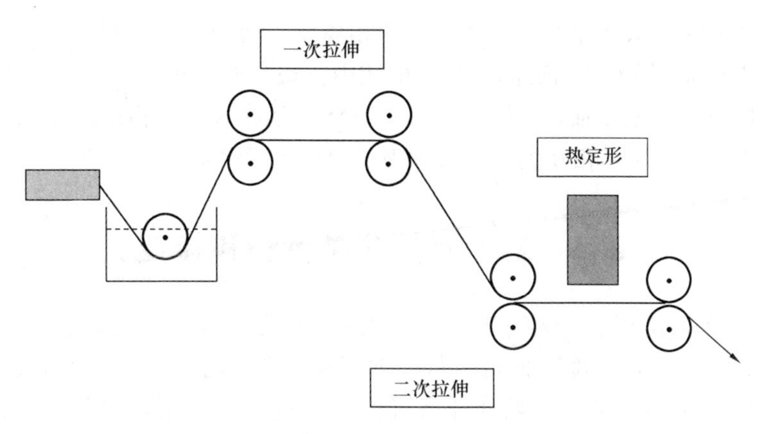

图 3-13　纤维加工过程中的拉伸和热处理

PP 在−20 ℃和−40 ℃的无缺口抗冲强度分别提高 13 倍和 17 倍。高抗冲聚苯乙烯中的橡胶相成颗粒状分散在连续的聚苯乙烯塑料相中，形成海岛结构，而在橡胶粒子的内部，包藏着相当多的聚苯乙烯，两相界面上形成一种接枝共聚物。由于分散相胶粒帮助分散和吸收冲击能量，抗冲性大大提高（韧性大大提高），连续相聚苯乙烯起到了保持整体材料模量，强度和玻璃化温度不致于过多下降的作用。

1. 高分子合金的制备方法

高分子合金的制备主要包括物理共混、化学共混和物理/化学共混三大类型。物理共混就是通常意义上的“混合”，即两种或两种以上聚合物经混合制成宏观均匀物质的过程。物理共混的方法包括熔融共混、溶液共混和乳液共混。熔融共混是将聚合物组分加热到熔融状态后进行共混，是应用最为广泛的一种共混方法，工业应用的绝大多数聚合物共混物都是熔融共混；溶液共混是将聚合物组分溶于溶剂后，进行共混；乳液共混是将两种或两种以上的聚合物乳液进行共混的方法。

化学共混则已超出通常意义上的“混合”的范畴，而应列入聚合物化学改性的范畴。聚合物本身是一种化学合成材料，因此易于通过化学方法进行改性，聚合物化学改性的产生甚至比共混改性还早。聚合物的化学改性包括嵌段共聚、接枝共聚、交联和互穿聚合物网络等。嵌段共聚和接枝共聚的方法在聚合物改性中应用广泛。热塑性弹性体的开发是嵌段共聚物成功应用的范例之一，ABS 则是接枝共聚物的典型代表。互穿聚合物网络（IPN）可以看成是一种用化学方法完成的共混，在 IPN 中两种聚合物相互贯穿，形成两相连续的网络结构，IPN 的应用目前尚不普遍，但发展前景广阔。

物理/化学共混是兼有物理混合和化学反应的过程，包括反应共混和共聚共混；反应共混（如反应挤出）是以物理共混为主，兼有化学反应，可以附属于物理共混；共聚共混则是以共聚为主，兼有物理混合。

2. 高分子合金的形态结构

高分子合金可以是均相体系，也可以是非均相体系，这主要取决于各组分的相容性。由于高分子混合时的熵变值 ΔS 很小，而大多数高分子-高分子间的混合是吸热过程，即 ΔH 为正值，要满足 ΔG 小于零的条件较困难，也就是说，绝大多数共混聚合物不能达到分子水平的混合，而是形成非均相的“两相结构”。

高分子合金的形态可分为均相体系和两相体系，两相体系又可进一步划分为“海-岛结构”与“海-海结构”。“海-岛结构”两相中一相为连续相，一相为分散相，分散相分散在连续相中，就好像海岛分散在大海中一样，也称为“单相连续体系”；“海-海结构”的两相皆为连续相，相互贯穿，被称为“两相连续体系”。

3.3 聚合物的分子运动和转变

聚合物的微观结构特征要在材料的宏观性能上表现出来，必须通过材料内部的分子运动来实现。橡胶随温度降低可以从柔软富有弹性的材料变成又硬又脆的材料，聚甲基丙烯酸甲酯（PMMA）随温度升高可以从硬玻璃态转变成橡胶态，这两个例子说明，同一结构的聚合物，对于不同温度或外力，分子运动是不同的，物理性质也不同。所以要建立聚合物结构与性能之间的关系，除了对聚合物的微观结构有清楚的了解之外，还应该了解聚合物分子运动的规律，了解聚合物材料在一定温度条件下的力学状态和相应的热转变。聚合物的分子运动是微观结构和宏观性能的桥梁。掌握聚合物分子运动的规律，了解聚合物在不同温度下呈现的力学状态、热转变与松弛以及玻璃化温度和熔点的影响因素，对于合理选用材料、确定加工工艺条件以及材料改性等都是非常重要的。

3.3.1 聚合物分子运动的特点

聚合物的分子运动及其转变不同于小分子，具有以下三个特点。

1. 运动单元的多重性

由于高分子链结构的复杂性，聚合物分子运动的形式多种多样，运动单元也有许多种，从大到小包括：

（1）整链运动，分子链的质量重心的相对位移，在宏观上就表现为聚合物熔体或溶液的流动；

（2）链段运动，在整个大分子链的质量中心不变的情况下，分子链中的一部分链段通过单键的内旋转做相对于另一部分链段的运动；

（3）链节、侧基和支链的运动，如曲柄运动，侧基的振动、转动等；

（4）晶区内的分子运动，如晶型转变、晶区缺陷的运动等。

2. 时间依赖性

高分子运动时运动单元要克服内摩擦的阻力，不可能瞬时完成。在一定的温度和外场作用下，聚合物从一种平衡态通过分子运动过渡到另一种与外界条件相适应的新的平衡态总是需要时间的。这个时间称为松弛时间，这个过程是一个松弛过程。一般认为，松弛现象是聚合物所特有的。

3. 温度依赖性

不同的运动单元在开始运动时都要克服一定的运动位垒（活化能），运动单元小，运动所需的活化能和运动空间就小；运动单元大，运动所需的活化能和运动空间也就大。温度对高分子运动的影响显著，温度升高，运动单元热运动能力提高，运动单元的活动空间增大。在很低的温度下只有原子的振动发生，随着温度的升高，活化能较低的

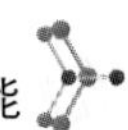

支链、侧基的运动可以发生；当温度进一步升高后，链段可以克服运动位垒开始运动；最后当温度升高到整个大分子链都可以运动的程度时，各种分子运动就都可以发生了。也就是说，随着温度由低到高变化，运动单元是从小到大开始运动的。

3.3.2 聚合物的力学状态和热转变

对一个聚合物试样施加一个恒应力，然后在等速升温条件下对试样进行加热，观察试样的形变量与温度的关系，我们可以得到一条热机械曲线，或者叫“形变-温度曲线”。

1. 非晶聚合物的力学状态

线形非晶态聚合物在不同的温度区域呈现出三种力学状态和两种转变，如图 3-14 所示。

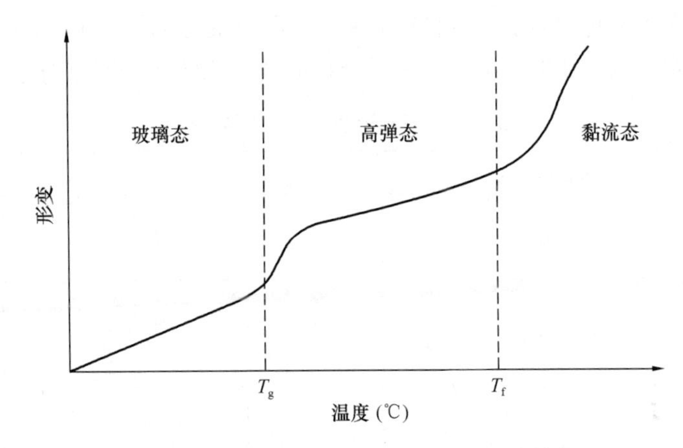

图 3-14 线形非晶态聚合物的形变-温度曲线

(1) 玻璃态

当聚合物所处的温度较低时，一方面由于分子热运动的能量很低，不足以克服链段运动的位垒，另一方面聚合物内部的自由空间也很小，所以链段的运动处于被冻结的状态，只有一些小的运动单元（如侧基、支链、小链节）能够运动以及键长键角的变化，这种改变量是很小的。因而此时聚合物受力后形变很小（0.01%～0.1%），且遵循胡克定律，外力一旦去除，形变立即恢复。这种形变称为普弹形变。这种力学性质实际上和小分子玻璃差不多，所以我们把聚合物的这种力学状态称为“玻璃态”。

(2) 高弹态

随温度升高，分子热运动的能量增加，自由运动的空间也增大，使得链段的运动可以发生，但是整个大分子链的运动仍处于冻结状态。这样当聚合物受到外力作用时，可以通过链段的运动改变构象去适应外力。如聚合物材料受到拉伸后，分子链可以从原来的自然蜷曲构象（熵最大）转变为伸展状态（熵最低），从而产生很大的形变；而外力去除后，分子链又会通过链段的运动回复到原来的蜷曲状态，材料表现出相当大的变形能力（100%～1000%）和良好的弹性，所以将它称为“高弹态”。高弹态是高分子所特有的力学状态，但由于链段运动的松弛特性，无论是形变产生过程还是形变恢复过程都不是瞬时完成的，需要一定的时间。

（3）黏流态

温度进一步升高后，分子热运动的能量和聚合物内部的自由空间允许大分子链的运动发生。此时在外力作用下，整个大分子链通过链段的协同定向运动可以移动，从而使大分子链之间发生相互位移而产生形变。这种形变随时间的发展而发展，而且是不可回复的，就像小分子液体的流动一样，所以称为“黏流态”。

（4）玻璃化转变和玻璃化转变温度

如图 3-14 所示，玻璃态和高弹态之间的转变称为玻璃化转变，相应的转变温度叫作玻璃化转变温度，用 T_g 表示。

玻璃化温度是聚合物的链段从冻结到运动（升温）或从运动到冻结（降温）的一个转变温度，在聚合物中普遍存在。在该温度以上，聚合物表现为柔软而有弹性，具备橡胶的特性，而在该温度以下，则表现得硬而脆，表现出塑料的性能。玻璃化温度是在决定应用一个非晶高聚物之前需要知道的一个最重要的参数，可以用示差扫描量热仪（DSC）进行测定。表 3-2 中列出了部分聚合物的玻璃化转变温度数据。

表 3-2　常见聚合物的玻璃化转变温度

种类	聚合物	结构式	T_g（℃）
塑料	聚乙烯	$\left[CH_2—CH_2 \right]_n$	−68
	聚丙烯	$\left[CH_2—CH(CH_3) \right]_n$	−10
塑料	聚氯乙烯	$\left[CH_2—CH(Cl) \right]_n$	78
	聚乙烯醇	$\left[CH_2—CH(OH) \right]_n$	85
	聚苯乙烯	$\left[CH_2—CH(C_6H_5) \right]_n$	100
	聚丙烯腈	$\left[CH_2—CH(CN) \right]_n$	104
	聚甲基丙烯酸甲酯	$\left[CH_2C(CH_3)(C{=}O)OCH_3 \right]_n$	105
	聚碳酸酯	$\left[O—C_6H_4—C(CH_3)_2—C_6H_4—O—C(=O) \right]_n$	150

续表

种类	聚合物	结构式	T_g（℃）
橡胶	顺式聚异戊二烯	$\text{-}\!\!\!\!\left[CH_2-\overset{\overset{\large CH_3}{|}}{C}=CH-CH_2 \right]\!\!\!\!\text{-}_n$	−73
	顺式1,4-聚丁二烯	$\text{-}\!\!\!\!\left[CH_2-CH=CH-CH_2 \right]\!\!\!\!\text{-}_n$	−108
纤维	尼龙-66	$\text{-}\!\!\!\!\left[HN(CH_2)_6NH\overset{\overset{O}{\|}}{C}(CH_2)_4\overset{\overset{O}{\|}}{C} \right]\!\!\!\!\text{-}_n$	50
	聚对苯二甲酸乙二醇酯	$\text{-}\!\!\!\!\left[O(CH_2)_2O\overset{\overset{O}{\|}}{C}-C_6H_4-\overset{\overset{O}{\|}}{C} \right]\!\!\!\!\text{-}_n$	69

影响聚合物玻璃化转变温度的结构因素主要是高分子链的柔性、几何立构因素和高分子链间的相互作用力。一切有利于提高高分子链柔性（链段运动）的因素，都可以降低玻璃化转变温度。影响聚合物玻璃化温度的因素有：

①聚合物链的化学结构，包括主链结构、取代基团的空间位阻和侧链的柔性、分子间力的影响等；

②其他结构因素，包括共聚、交联、分子量和增塑剂或稀释剂等。

主链由饱和单键构成的聚合物，因为分子链可以围绕单键进行内旋转，一般 T_g 均较低，如聚乙烯的 T_g 为−68℃，聚甲醛为−83℃，而聚二甲基硅氧烷为−123℃。当主链中引入苯基、联苯基、萘基等芳环时，主链上可内旋转的单键比例相对减少，分子量刚性增大，T_g 相应提高，如聚碳酸酯、聚对苯二甲酸乙二醇酯的 T_g 分别为150℃和69℃，是耐热性较好的工程塑料。相反，主链中含有孤立双键的聚合物则高分子链均比较柔顺，T_g 一般较低，如顺式-1,4-聚丁二烯的 T_g 为−108℃，顺式聚异戊二烯则为−73℃，都是一些常用的橡胶。

一般对于—$(CH_2—CHX)_n$—型聚合物，取代基-X的体积越大，分子链内旋转位阻越高，T_g 将越高。如聚丙烯 T_g 为−10℃，聚氯乙烯则为78℃，而聚苯乙烯则升至100℃。但侧基的柔性增加，聚合物的 T_g 将下降。如聚甲基丙烯酸甲酯的 T_g 为105℃，聚甲基丙烯酸乙酯为65℃，而聚甲基丙烯酸丁酯则下降到了35℃。

侧基的极性，对聚合物分子链的内旋转和分子间的相互作用都会产生很大的影响。侧基的极性越强，T_g 越高。如聚丙烯 T_g 为−10℃，聚乙烯醇为85℃，而聚丙烯腈则为104℃。

（5）黏流转变和黏流转变温度

由高弹态向黏流态的转变称为黏流转变，相应的转变温度叫黏流转变温度，用 T_f 表示。几乎所有的聚合物都是利用其黏流态下的流动行为进行加工成型的。热塑性塑料成型过程，一般需要经过加热塑化、流动成型和冷却固化三个基本步骤。加热塑化是指通过对固体聚合物进行加热，使其转变成黏性流体的过程；流动成型则是指借助加工设备赋予塑化的聚合物熔体一定的形状，得到各种型材的过程；冷却固化是指通过对制品进行冷却使其从黏流态转变为玻璃态的过程。

由于聚合物的分子量分布具有一定的范围，所以其熔融温度不是一个温度值，而是一个温度区间。聚合物的熔融温度大多在300℃以下，远低于其他材料（如金属材料或无机非金属材料），给聚合物的成型加工带来很多便利。

影响聚合物的黏流温度的因素有聚合物链的分子结构和分子量大小，外力大小和外力作用的时间等。聚合物的分子链柔顺性越好，链内旋转的位垒越低，流动单元链段就越短，其黏流温度就越低。如柔性聚合物聚乙烯、聚丙烯等，虽然由于结晶，其 T_f 为 T_m 所掩盖，但从其不高的熔点可以看出，如果它们不结晶，将可在更低的温度下流动。相反，如聚碳酸酯、聚苯醚等具有刚性链段的聚合物，它们的黏流温度均较高。

按照聚合物分子链两种运动单元的概念，玻璃化温度是高分子链开始运动的温度，因此聚合物的 T_g 只与分子结构有关，而与分子量大小关系不大。而黏流温度是整个聚合物分子链开始运动的温度，在该温度下，两种运动单元均参与运动，因此，T_f 不但与聚合物的分子结构有关，还与聚合物的分子量大小有关。聚合物分子的分子量越大，其黏流温度越高。这是因为分子量越大，分子链越长，分子运动时的内摩擦越大，且分子链本身热运动对整个分子向某一方向移动的阻碍也越大。T_f 越高对聚合物成型加工越不利。因此，在不影响制品基本性能的前提下，适当降低分子量可以提高聚合物的加工性能。此外，适当增加外力作用和延长外力作用时间，有助于聚合物分子链产生黏性流动，相当于降低其黏性温度。

必须指出，聚合物的黏流温度是其成型加工的下限温度，实际上，为了提高聚合物的流动性，较少弹性变形，通常成型加工温度高于其黏流温度。但成型加工温度过高，聚合物流体的流动性太大，反而会导致工艺上的麻烦和制品的收缩率过大，还可能引起聚合物分解，严重影响制品的质量。因此，成型温度宜选在聚合物的黏流温度和分解温度之间。一些常见聚合物的黏流温度、注射温度和分解温度列于表3-3中。

表3-3　一些常见聚合物的黏流温度、注射温度和分解温度

聚合物	黏流温度（℃）	注射温度（℃）	分解温度（℃）
低压聚乙烯	100～130	170～200	＞300
聚丙烯	170～175	200～220	315
聚苯乙烯	112～146	170～190	300
聚氯乙烯	165～190	170～190	140
聚甲基丙烯酸甲酯	130～140	210～240	250～280
ABS树脂	160	180～200	250
聚甲醛	165	170～190	200～240
尼龙-66	264	250～270	270
聚碳酸酯	220～230	240～285	300～310
聚苯醚	300	260～300	＞350
聚砜	—	310～330	—
聚对苯二甲酸乙二醇酯	230	—	—

交联高聚物的形变-温度曲线与线型聚合物不同，交联度较小时，存在 T_g，但 T_f 随交联度增加而逐渐消失。交联度较高时，T_g 和 T_f 都不存在。

根据聚合物在不同力学状态下表现出来的力学性能，我们可以大致判断出材料的使用范围。如果聚合物在室温范围内处于玻璃态，一般就可以作为塑料使用，它的使用上限温度为 T_g，提高 T_g 温度可以改善塑料的耐热变形能力；如果聚合物在室温范围内处于高弹态，一般可以作为橡胶来使用，其使用温度下限为 T_g，降低 T_g 温度可以改善橡胶的耐寒性；如果聚合物在室温下处于黏流态，它可以作为涂料、黏合剂或流动性树脂来使用。

2. 结晶聚合物的力学状态

结晶聚合物形变-温度曲线的形状比较复杂，主要与结晶度的大小有关，如图 3-15 所示。

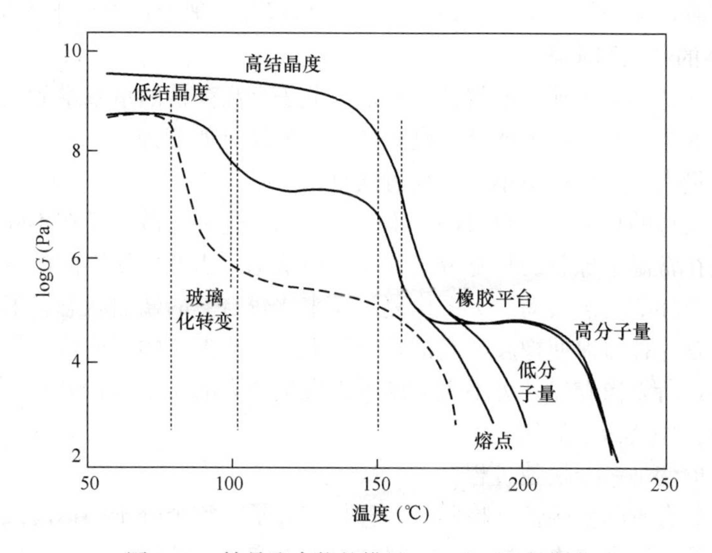

图 3-15　结晶聚合物的模量（log$G$）-温度曲线

低结晶度（<40%）的聚合物，材料内非晶区占了主体，所以形变-温度曲线与非晶聚合物曲线的形状类似，但是分散在非晶区内的微晶粒起到了类似物理交联点的作用，使高弹形变变小了（平台区变低）。

高结晶度（>40%）的聚合物，晶区成为连续相。当温度到达 T_g 后，尽管非晶区内的链段可以运动，但晶区内的链段运动仍被晶格紧紧地束缚着，材料的形变仍很小，玻璃化转变表现不出来。只有当温度到达结晶熔点 T_m 后，晶格被破坏，链段的运动才可以发生，此时出现两种情况：

① 分子量不太高时，由于 T_f 较低（$T_f < T_m$），分子链的运动也可以发生，聚合物直接进入黏流态。

② 分子量较高时，以至于 $T_f > T_m$，则结晶熔融后，分子链的运动仍不能发生，聚合物先进入高弹态，随温度升高再进入黏流态。

从成型加工的角度看，出现高弹态是不利的，它给成型加工带来了困难。要想使树脂流动就必须进一步提高温度使材料进入黏流态，但温度过高又容易引起聚合物的分解。所以结晶聚合物的分子量不希望太高，以能够满足材料的机械强度要求为宜。

3.4 聚合物的力学性质

在所有的材料中，聚合物材料的力学性能可变范围宽，性能用途多样。一般来说，聚合物强度低，模量低，但比强度（强度/密度）高。聚合物力学性质的最大特点是高弹性和黏弹性。高分子链柔顺性在性能上的表现就是高聚物所独有的高弹性。聚合物的黏弹性是指材料不但具有弹性材料的一般特点，同时还具有黏性流体的一些特性。

3.4.1 高弹性

高弹性是聚合物特有的力学状态。在 T_g 以上的非晶态聚合物处于高弹态，典型的代表是各种橡胶，因为其 $T_g \approx -60 \sim -20$℃，所以在一般使用温度下均呈高弹态。

1. 高弹性的特点和本质

高弹性是长链高分子独有的特性，长链高分子是高弹性的最基本的条件，然而还需要具有足够大的柔性且交联才能具有高弹性。高弹性有如下特点。

（1）形变量大而弹性模量小，形变可恢复。

橡胶是由线形的长链分子组成的，由于热运动，这种长链分子在不断地改变着自己的形状，因此在常温下橡胶的长链分子处于蜷曲状态。当外力使蜷曲的分子拉直时，由于分子链中各个环节的热运动，力图恢复到原来比较自然的蜷曲状态，形成了对抗外力的回缩力，正是这种力促使橡胶形变的自发回复，造成形变的可逆性。但是这种回缩力毕竟是不大的，所以橡胶在外力不大时就可以发生较大的形变（100%～1000%），因而弹性模量很小（$10^4 N/m^2$左右）。

（2）高弹形变是一个松弛过程。

高弹形变具有时间依赖性，橡胶是一种长链分子，整个分子的运动或链段的运动都要克服分子间的作用力和内摩擦力，一般情况下形变总是落后于外力，所以橡胶发生形变需要时间。

（3）形变时伴有明显的热效应。

拉伸时，橡胶会放出热量，温度升高；回缩时吸热，温度降低。普通固体材料与之相反，而且热效应极小。

橡胶弹性是由熵变引起的，在外力作用下，橡胶分子链由蜷曲状态变为伸展状态，熵减小，当外力移去后，由于热运动，分子链自发地趋向熵增大的状态，分子链由伸展再回复蜷曲状态，因而形变可逆。故高弹性又称熵弹性，即高弹性的本质是熵弹性。

2. 橡胶的使用温度范围

T_g是橡胶使用的下限温度，分解温度（decomposition temperature）是橡胶使用的温度上限。研究橡胶弹性的意义在于改善其高温耐老化性能，提高耐热性和设法降低其玻璃化温度，改善耐寒性。

（1）改善高温耐老化性能，提高耐热性。

由于橡胶主链结构上往往含有大量双键，在高温下易于氧化裂解或交联，从而不耐

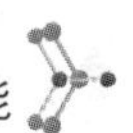

热。改变主链结构使之不含或只含有少数双键，如乙丙橡胶等有较好的耐热性。橡胶结构取代基是供电的，耐热性差，如甲基、苯基等易氧化；取代基是吸电的，则耐热性好，如氯。交联键含硫少，键能较大，耐热性好。交联键是 C—C 或 C—O，耐热性更好。

(2) 降低玻璃化温度，改善耐寒性。

耐寒性不足的原因是由于在低温下橡胶会发生玻璃化转变或发生结晶，从而导致橡胶变硬变脆和丧失弹性。造成玻璃化的原因是分子相互接近，分子之间相互作用加强，以致链段运动被冻结。因此任何增加分子链的活动，削弱分子间的相互作用的措施都会使玻璃化转变温度下降，结晶是高分子链或链段的规整排列，它会大大增加分子间的相互作用力，使聚合强度和硬度增加，弹性下降。因此任何降低聚合物的结晶能力和结晶速度的措施，均会增加聚合物的弹性，提高耐寒性。利用共聚、增塑等方法能改善耐寒性。只有在常温下不易结晶的聚合物才能成为橡胶，而增塑或共聚也有利于降低聚合物的结晶能力而获得弹性。

3.4.2 玻璃态和结晶态聚合物的力学性质

在实际形变过程中，黏性与弹性总是共存的，聚合物材料表现出弹性和黏性的结合，即黏弹性。聚合物受力时，应力同时依赖于形变和形变速率，即具备固、液二性，其力学行为介于理想弹性体和理想黏性体之间。黏弹性是聚合物的一个重要特征，黏弹性赋予聚合物优越的性能。

黏弹性实际上就是一种力学松弛，由于分子间的内摩擦力，材料受力后弹性形变的发展和恢复过程受到阻碍，使材料的形变表现出对时间的依赖性。对于高分子材料来说，由于体积庞大，链段要克服内摩擦阻力，改变构象以适应外力需要更多的时间，所以形变对时间的依赖性更加明显。

作为黏弹性材料的聚合物，其力学性能受力、形变、温度和时间 4 个因素的影响。在一定温度和恒定应力作用下，观察试样应变随时间增加而逐渐增大的蠕变现象；在一定温度和恒定应变条件下，观察试样内部应力随时间增加而逐渐衰减的应力松弛现象；在一定温度和循环（交变）应力作用下，观察试样应变滞后于应力变化的滞后现象。蠕变及其回复、应力松弛、动态力学等黏弹行为反映聚合物力学性能的时间依赖性，统称为力学松弛现象。

(1) 蠕变

在一定的温度和较小的恒定应力作用下，材料的应变随时间增加而增大的现象称为“蠕变”。高聚物蠕变性能反映了材料的尺寸稳定性和长期负载能力。

如果在 t_1 时对材料施加一恒应力 σ_0，聚合物材料的形变随时间的延长而增大；在 t_2 时取消应力，材料形变的回复也是缓慢完成的。图 3-16是典型的聚合物蠕变曲线。

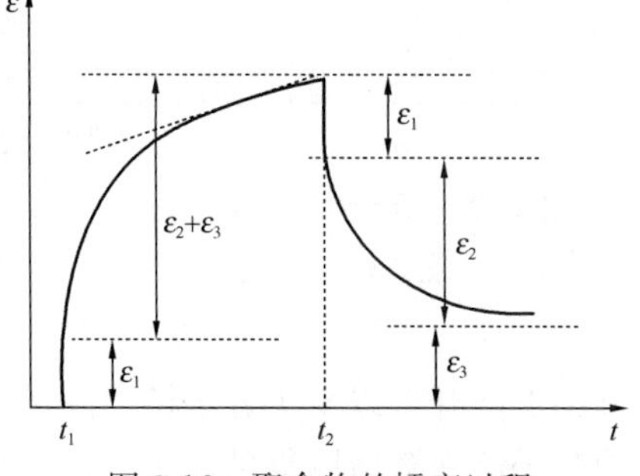

图 3-16 聚合物的蠕变过程

聚合物的蠕变过程包含了三部分的形变。

① 普弹形变（ε_1）

聚合物受力时，瞬时发生的高分子链的键长、键角变化引起的形变，形变量较小，服从胡克定律，当外力除去时，普弹形变立刻完全回复。

② 高弹形变（ε_2）

聚合物受力时，高分子链通过链段运动产生的形变，形变量比普弹形变大得多，但不是瞬间完成，形变与时间相关。当外力除去后，高弹形变逐渐回复。

③ 黏性流动（ε_3）

受力时发生分子链的相对位移，外力除去后黏性流动不能回复，是不可逆形变。

当聚合物受力时，以上三种形变同时发生，加力瞬间，键长、键角立即产生形变，形变直线上升；通过链段运动，构象变化，使形变增大；分子链之间发生质心位移。撤力一瞬间，键长、键角等次级运动立即回复，形变直线下降；通过构象变化，使熵变造成的形变回复；分子链间质心位移是永久的，留了下来。

$$\varepsilon = \sigma_0\left[\frac{1}{E_1} + \frac{1}{E_2}(1 - e^{-t/\tau}) + \frac{t}{\eta}\right] \tag{3-1}$$

不同种类高聚物蠕变行为不同。对于线型非晶态高聚物，如果 $T \ll T_g$ 时试验只能看到蠕变的起始部分，要观察到全部曲线要几个月甚至几年；如果 $T \gg T_g$ 时做试验，只能看到蠕变的最后部分；在 T_g 附近做试验可在较短的时间内观察到全部曲线。对于交联高聚物的蠕变，无黏性流动部分，交联度增加，抗蠕变性能增加。对于晶态高聚物的蠕变，不仅与温度有关，而且由于再结晶等情况，使蠕变比预期的要大。

蠕变的本质是分子链的质心位移，因此分子链间作用力越大、链柔性越小，或者交联都可以防止蠕变。主链含芳杂环的刚性链高聚物，具有较好的抗蠕变性能，所以成为广泛应用的工程塑料，可用来代替金属材料加工成机械零件。各种聚合物在室温时的蠕变现象很不相同，了解这种差别对于实际应用十分重要。如硬 PVC 抗蚀性好，可作为化工管道，但易蠕变，所以使用时必须增加支架。橡胶采用硫化交联的办法来防止由蠕变产生分子间滑移造成的不可逆形变。

(2) 应力松弛

在恒定温度和应变保持不变的情况下，聚合物内部的应力随时间增加而逐渐衰减的现象称为应力松弛。线型和交联聚合物的应力松弛曲线如图 3-17 所示。

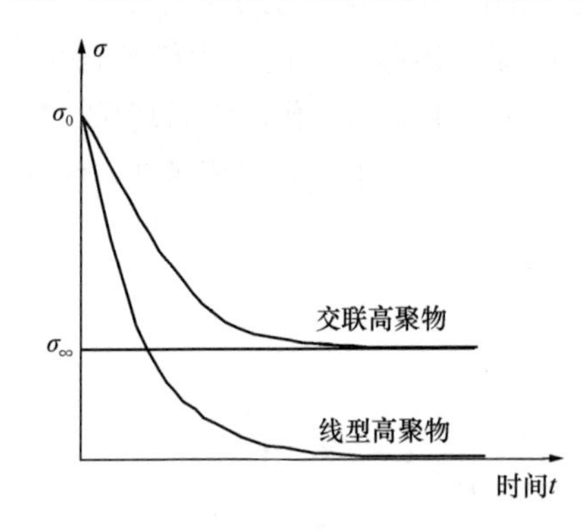

图 3-17 线型和交联聚合物的应力松弛曲线

拉伸一块未交联的橡胶到一定长度，并保持长度不变，随着时间的增加，这块橡胶的回弹力会逐渐减小，这是因为聚合物内部的应力在慢慢减小，最后变为零。

当聚合物受到拉伸载荷时，分子链段不得不沿着外力方向伸展，因而在材料内部产生了内应力以与外力相抗衡。但是，链段的热运动又可以使某些链缠结点散开，以至于分子链之间可以产生小的相对滑移；同时链段的运动也会调整构象使分子链逐渐地回复到原来的蜷曲状态，从而使内应力逐渐地消除掉。

应力松弛与温度有关。当温度远小于 T_g时，如常温下的塑料，虽然链段受到很大的应力，但由于内摩擦力很大，链段运动能力很小，所以应力松弛极慢，也就不易觉察到；当温度远高于 T_g时，如常温下的橡胶，链段易运动，受到的内摩擦力很小，分子很快顺着外力方向调整，内应力很快消失（松弛了），甚至可以快到觉察不到的程度；如果温度接近 T_g（附近几十摄氏度），应力松弛可以较明显地被观察到，如软 PVC 丝，用它来缚物，开始扎得很紧，后来就会慢慢变松，就是应力松弛比较明显的例子。

应力松弛反映了聚合物内部分子的三种运动情况：当聚合物开始被拉长时，其分子处于不平衡的构象，要逐渐过渡到平衡构象，也就是链段要顺着外力的方向运动以减少或消除内部应力。

（3）滞后现象

聚合物在实际使用中常常受到交变应力的作用（如车辆的轮胎、橡胶传送带），这时应力的大小呈周期性的变化。聚合物在交变应力作用下，应变落后于应力的现象称为滞后现象。外力作用时，链段运动要受到内摩擦阻力的作用，外力变化时链段运动跟不上外力的变化，ε 落后于σ。

滞后现象与温度有关。温度很高时，链段运动很快，形变几乎不落后应力的变化，滞后现象几乎不存在。温度很低时，链段运动速度很慢，在应力增长的时间内形变来不及发展，也无滞后。有在某一温度下（T_g上下几十度范围内），链段能充分运动，但又跟不上应力变化，滞后现象就比较严重。

聚合物的滞后现象与其本身的化学结构有关，通常刚性分子滞后现象小（如塑料）；柔性分子滞后现象严重（如橡胶）。

滞后现象还受到外界条件的影响。如果外力作用的频率低，链段能够来得及运动，形变能跟上应力的变化，则滞后现象很小。如果外力作用的频率高，链段完全来不及运动，则滞后现象也很小。只有外力的作用频率处于某一种水平，使链段可以运动，但又跟不上应力的变化，才会出现明显的滞后现象。

（4）力学损耗

聚合物受到交变力作用时会产生滞后现象，上一次受到外力后发生形变在外力去除后还来不及回复，下一次应力又施加了，以致总有部分弹性储能没有释放出来。这样不断循环，那些未释放的弹性储能都被消耗在体系的自摩擦上，并转化成热量放出。聚合物在交变应力作用下，产生滞后现象，会使机械能转变为热能，称为力学损耗或内耗。

从硫化橡胶拉伸-回缩应力应变曲线（图 3-18）上可以看出产生力学损耗的原因，在有滞后的情况下，拉伸曲线上的应变 ε_1 就达不到与应力相对应的平衡值 ε_0；而当回缩时，回缩曲线上的应变 ε_2 又要大于与应力相对应的平衡值 ε_0；所以拉伸时，拉伸曲线和回缩曲线形成了一个封闭的环形曲线，称之为“滞后圈”。

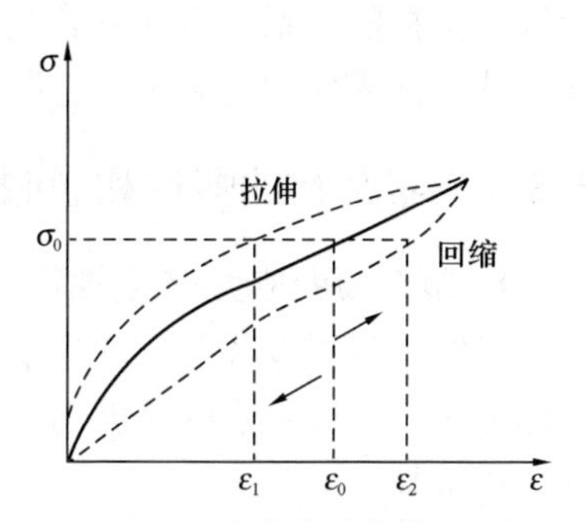

图 3-18 硫化橡胶拉伸-回缩应力应变曲线

在拉伸时外力对聚合物做功，外力所做的功就等于拉伸曲线下的面积。这部分功一部分用来改变分子链的构象，另一部分储存起来用于提供链段运动时克服内摩擦阻力。在回缩时聚合物对外做功，聚合物对外所做的功就等于回缩曲线下的面积。这部分功一方面使分子链重新蜷曲起来回到原来的状态，另一方面用于克服链段间的摩擦阻力。经过这样一个拉伸-回缩循环后，分子链构象完全回复了，没有损耗功，但是有一部分功被用于克服内摩擦阻力，转变成了热量释放出去了。这部分能量就是两个面积之差，即滞后圈的面积。所以滞后圈的物理意义是单位体积橡胶经过一个拉伸-回缩循环后所消耗的功 ΔW，又称为内耗。滞后圈越大，内耗越大。

内耗的大小对橡胶的使用性能具有一定的影响。内耗大的材料有利于吸收能量，并将能量转变为热能，所以可以作为减震材料（阻尼材料），用来消声减震，但它们的回弹性很差。另外内耗是以热量的形式散发出去的，而高分子材料是热的不良导体，热量不易传递出去。在交变应力作用下，不断积累的热量会使高分子材料自身的温度上升。根据计算，如果汽车以 60km/h 的速度行驶，其轮胎要受到 300 次/min 的交变应力，由此产生的热量可使轮胎内部的温度达到 100℃左右。如果汽车行驶速度再快一些，温度会升得更高，因此高速公路上的车辆容易爆胎。

（5）Bltzmann 叠加原理

Boltzmann 叠加原理认为，聚合物的力学松弛行为是其整个历史上各松弛过程的线性加和。如材料蠕变过程中总的蠕变是材料所受到的各个负荷引起的蠕变的线性加和；而应力松弛过程中的总应力松弛等于历史上各个应变引起的应力松弛过程的线性加和。Boltzmann 叠加原理是聚合物线性黏弹性理论的基础，从它出发就可以得到聚合物的应力和应变随时间变化过程中的积分关系。

3.5 聚合物的屈服与断裂

在较大外力持续作用或强大外力短时间作用后，聚合物发生大形变至宏观破坏或断裂。材料抵抗破坏或断裂的能力称为强度。聚合物材料在外力作用下产生塑性形变称为屈服。

聚合物作为材料来使用时总是要求它们具有必要的力学性能，如屈服强度、断裂强度、抗冲击强度等。但是从高分子材料本身来讲，其力学性能的变化范围是很宽的，从柔软的橡胶到坚硬的工程塑料，不同的高分子材料受到外力后给出的响应差别很大，如：聚苯乙烯非常脆，受到很小的冲击力就断裂了；而尼龙制品则非常坚韧，即使受到很大的冲击也很难将其破坏。聚合物的力学性能与其长链分子结构、分子运动、松弛过程等有直接的关系。不同聚合物力学性能的差异主要取决于它们自身的化学组成和结构，其中最主要的是取决于它们的聚集态结构。

3.5.1 聚合物的塑性和屈服

1. 聚合物的应力-应变曲线

研究材料强度和破坏的重要试验手段是测量材料的拉伸应力-应变特性。将材料制成标准试样，以规定的速度均匀拉伸，例如测量哑铃状试样上的应力、应变的变化，直到试样破坏。

（1）非晶态聚合物

由非晶态聚合物的应力-应变曲线（图 3-19）可以看出如下几点。

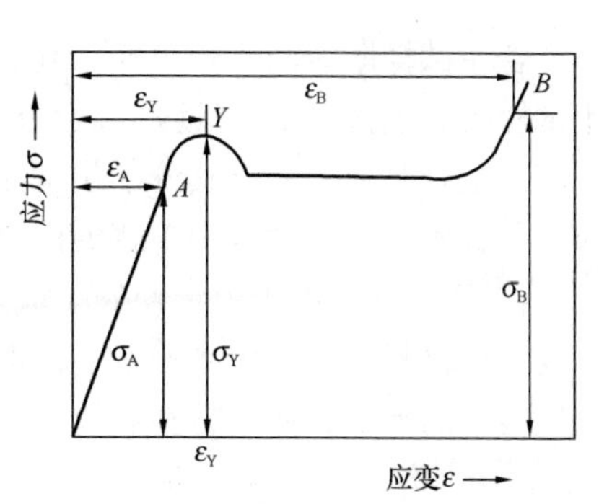

图 3-19 非晶态聚合物典型的应力-应变曲线

① OA 段，为符合胡克定律的弹性形变区，应力-应变呈直线关系变化，直线斜率相当于材料弹性模量。

② 越过 A 点，应力-应变曲线偏离直线，说明材料开始发生塑性形变，极大值 Y 点称材料的屈服点，其对应的应力、应变分别称屈服应力（或屈服强度）σ_Y和屈服应变 ε_Y。发生屈服时，试样上某一局部会出现“细颈”现象，材料应力略有下降，发生“应变软化”。

③ 随着应变增加，在很长一个范围内曲线基本平坦，“细颈”区越来越大。直到拉伸应变很大时，材料应力又略有上升（取向硬化），到达 B 点发生断裂。与 B 点对应的应力、应变分别称材料的拉伸强度（或断裂强度）σ_B和断裂伸长率 ε_B，它们是材料发生破坏的极限强度和极限伸长率。

④ 曲线下的面积等于：

$$W = \int_0^{\varepsilon_B} \sigma \, d\varepsilon \tag{3-2}$$

相当于拉伸试样直至断裂所消耗的能量，单位为 $J \cdot m^{-3}$，称为断裂能或断裂功，它是表征材料韧性的一个物理量。

从应力-应变曲线可以获得杨氏模量（OA 段斜率）、屈服点（Y 点）、屈服强度（Y 点强度）、屈服伸长率（Y 点伸长率）、断裂强度（B 点强度）、断裂伸长率（B 点伸长率）、断裂能（曲线下面积）、应变软化和取向硬化。

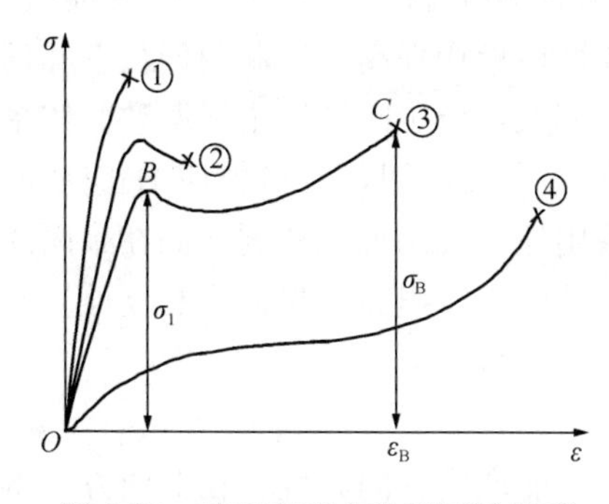

图 3-20 玻璃态聚合物不同温度下的应力-应变曲线

应力-应变曲线受温度、应变速率等的影响。玻璃态高聚物单轴拉伸时的应力-应变曲线如图 3-20中①所示，当温度很低时（$T \ll T_g$），应力随应变正比地增加，最后应变不到 10%就发生断裂；当温度稍稍升高些（$T < T_g$），但仍在 T_g以下，应力-应变曲线上出现了一个转折点 B，称为屈服点，应力在 B 点达到一个极大值，称为屈服应力。过了 B 点应力反而降低，试样应变增大，但由于温度仍然较低，继续拉伸，试样便发生断裂，总的应变也没有超过 20%（曲线②）；如果温度再升高到 T_g以下几十摄氏度的范围内时，拉伸的应力-应变曲线如曲线③所示，屈服点之后，试样在不增加外力或者外力增加不大的情况下能发生很大的应变。在后一阶段，曲线又出现较明显的上升，直到最后断裂。断裂点 C 的应力称为断裂应力，对应的应变称为断裂伸长率。温度升高到 T_g以上，试样进入高弹态，在不大的应力下，便可发展高弹形变，曲线不再出现屈服点，而呈现一段较长的平台，即在不明显增加应力时，应变有很大的发展，直到试样断裂前，曲线又急剧上升，如曲线④。

若在试样断裂前停止拉伸，除去外力，则试样已发生的大形变无法完全恢复；只有让试样的温度升到 T_g附近，形变方可恢复，因此，这种大形变在本质上是一种高弹形变，而不是黏流形变，其分子机理主要是高分子的链段运动，它只是在大外力的作用下的一种链段运动。为区别于普通的高弹形变，可称之为强迫高弹性。

在 T_g以下，由于聚合物处于玻璃态，即使外力除去，已发生的大形变也不能自发回复。在材料出现屈服之前发生的断裂称为脆性断裂，一般材料在发生脆性断裂之前只发生很小的形变。而在材料屈服之后的断裂，则称为韧性断裂。

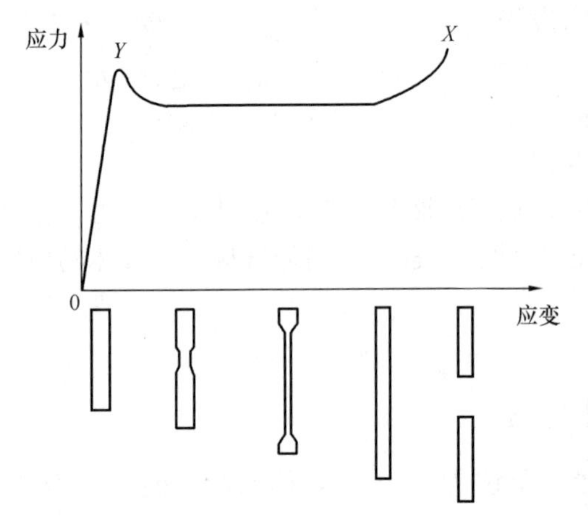

图 3-21　结晶聚合物拉伸过程应力-应变曲线及试样外形变化示意图

(2) 结晶态聚合物

结晶聚合物拉伸过程应力-应变曲线及试样外形变化如图 3-21 所示，晶态聚合物的应力-应变曲线具有更明显的转折。晶态聚合物的应力-应变曲线同样经历五个阶段，不同点是第一个转折点出现“细颈化”(necking)，接着发生冷拉，应力不变但应变可达 500%以上。结晶态聚合物在拉伸时还伴随着结晶形态的变化。在单向拉伸过程中分子排列产生很大的变化，尤其是接近屈服点或超过屈服点时，分子都在与拉伸方向相平行的方向上开始取向。在结晶高聚物中微晶也进行重排，甚至某些晶体可能破裂成较小的单位，然后在取向的情况下再结晶。

温度、拉伸速率、结晶度和晶粒尺寸形态等都会影响结晶聚合物应力-应变曲线。结晶度上升，材料的屈服强度、断裂强度、硬度、弹性模量均提高，但断裂伸长率和韧性下降。这是由于结晶使分子链排列紧密有序，孔隙率低，分子间作用增强所致。体系中大量的均匀分布在材料内的小尺寸球晶，起到类似交联点作用，使材料应力-应变曲线转为有屈服的硬而韧型。因此改变结晶历史，如采用淬火或添加成核剂，如在聚丙烯中添加草酸酞作为晶种，都有利于均匀小球晶生成，从而可以提高材料强度和韧性。同一聚合物，伸直链晶体的拉伸强度最大，串晶次之，球晶最小。

(3) 取向聚合物

加工过程中分子链沿一定方向取向，使材料力学性能产生各向异性，在取向方向得到增强。对于脆性材料，取向使材料在平行于取向方向的强度、模量和伸长率提高，甚至出现脆-韧转变，而在垂直于取向方向的强度和伸长率降低。对于延性、易结晶材料，在平行于取向方向的强度、模量提高，在垂直于取向方向的强度下降，伸长率增大。

(4) 聚合物的应力-应变曲线类型

由于聚合物的种类很多，它们的力学性能差别很大，所以在对不同聚合物进行拉伸后可以得到不同类型的应力-应变曲线。根据曲线中出现屈服的情况、伸长率的大小以及断裂的情况，我们可以把它们大致分为五种类型（图 3-22）。

① 硬而脆：无屈服点，断裂伸长率<2%，E 和 σ_B均大，如 PS、PMMA、酚醛树脂等；

② 硬而强：有屈服点，断裂伸长率<5%，E 和σ_B均大，如硬质 PVC 等；

③ 强而韧：有屈服点，有细颈现象，断裂伸长率大，E 和σ_B均大，如 PC、PA-66、聚甲醛（POM）等；

④ 软而韧：模量低，屈服点低或没有明显屈服，断裂伸长率大，σ_B 均大，主要是橡胶及增塑的 PVC；

⑤ 软而弱：模量低，断裂伸长率低，σ_B低，主要是低分子量聚合物、凝胶等。

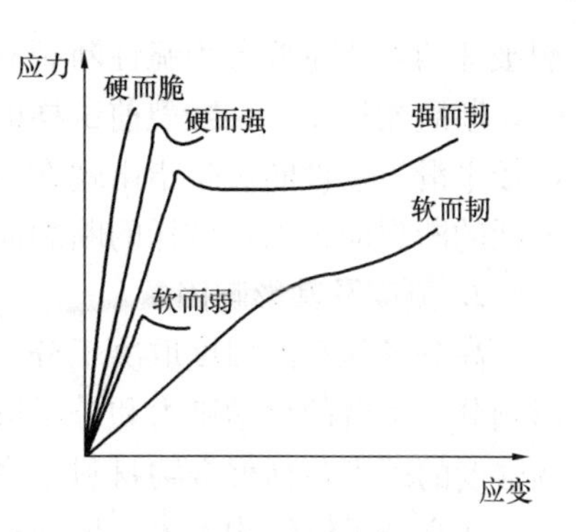

图 3-22 不同类型聚合物的应力-应变曲线

这里，“软”和“硬”用于区分模量的低或高，“弱”和“强”是指强度的大小，“脆”是指无屈服现象而且断裂伸长很小，“韧”是指其断裂伸长和断裂应力都较高的情况，有时可将断裂功作为“韧性”的标志。

2. 屈服

脆性聚合物在最大切应力达到剪切强度之前，正应力已超过材料的拉伸强度，因此试样来不及发生屈服就断裂了。

高聚物屈服点前形变是完全可以回复的，屈服点后高聚物将在恒应力下“塑性流动”，即链段沿外力方向开始取向。高聚物在屈服点的应变相当大（与金属相比），剪切屈服应变为 10%～20%。屈服点以后，大多数高聚物呈现应变软化。屈服应力对应变速率和温度都敏感。屈服发生时，拉伸样条表面产生“银纹”或“剪切带”，继而整个样条局部出现“细颈”。

银纹现象为聚合物所特有，是聚合物在张应力作用下，于材料的某些薄弱部分出现应力集中而产生局部的塑性形变的取向，以至在材料表面或内部垂直于应力方向上出现长度为 100μm，宽度为 10μm 左右，厚度为 1μm 的微细凹槽现象。银纹不是空的，银纹体的密度为本体密度的 50%，折光指数也低于聚合物本体折光指数，因此在银纹和本体之间的界面上将对光线产生全反射现象，呈现银光闪闪的纹路，所以也称应力发白。加热退火会使银纹消失。银纹进一步发展成为裂缝，材料发生脆性断裂。

韧性聚合物单轴拉伸至屈服点时，可看到与拉伸方向成 45°的剪切滑移变形带，有明显的双折射现象，分子链高度取向，剪切带厚度约 1μm，每个剪切带又由若干个细小的不规则微纤构成。韧性材料拉伸时，斜截面上的最大切应力首先达到材料的剪切强度，因此试样上首先出现与拉伸方向成 45°角倾斜的剪切滑移变形带，相当于材料屈服，进一步拉伸时，变形带中由于分子链高度取向强度提高，暂时不再发生进一步变形，而变形带的边缘则进一步发生剪切变形，同时倾角为 45°的斜截面上也要发生剪切滑移变形，因而试样逐渐生成对称的细颈。屈服时，试样出现的局部变细的现象称为细颈。

3.5.2 聚合物的断裂与强度

1. 断裂

当聚合物材料受到的外力大于它所能够承受的程度时，材料就会发生断裂破坏。断裂破坏的方式主要分为脆性断裂和韧性断裂两种。脆性断裂是指在出现屈服现象之前发生，断裂能很小，在断裂前试样的形变是均匀的，试样的断口垂直于拉伸应力方向而且比较平滑。韧性断裂是指出现在屈服点以后，断裂前试样已经有了较大的形变，断裂时消耗的断裂能很大，试样的断裂面粗糙不平，有时可以观察到切变线。

2. 强度及其影响因素

高分子材料的强度取决于分子链上的化学键力和分子链间的作用力。所以凡是能够影响分子主链的化学键力和分子链间相互作用力的因素都会影响材料的强度。影响高聚物强度的因素包括聚合物材料本身结构和外界条件。

从高分子链结构考虑，增加分子链的极性或者产生氢键可以提高材料抗张强度；主链上含芳杂环的高聚物其强度和模量都高于主链是脂肪族的高聚物；分子量高对强度有利，随分子量增加，拉伸强度和冲击强度都增大。但是当分子量达到一定值后拉伸强度增大的幅度就不明显了，而冲击强度则继续增大；支化使分子间距离增大，分子间作用力减小。所以随支化程度增加，拉伸强度下降，但冲击强度会提高；交联增加了分子链之间的化学键连接，对强度应该是有利的。一般随交联程度增加，材料的模量增大，拉伸强度和冲击强度均有提高。但对结晶聚合物来说情况可能复杂一些，因为交联程度提高以后会使结晶度下降，从而对机械强度带来不利的影响。

结晶度提高后，对材料的拉伸强度、弯曲强度、弹性模量都是有利的。但是材料的冲击强度往往会下降，断裂伸长率也会减少。另外，晶粒的大小对材料的冲击强度影响很大，晶粒大，冲击强度下降，材料显得非常脆；而随晶粒变小，冲击强度、拉伸强度以及模量均上升。材料取向后，在取向方向上力学性能是增加的，强度有时可以提高几倍甚至几十倍。

在聚合物的成型加工过程中不可避免地会在制品中引进一些缺陷，包括杂质、空隙（气泡）、缺口以及内应力诱导的银纹和裂纹。它们是材料强度的薄弱环节，当材料受力时，在这些缺陷上产生应力集中往往是造成材料破坏的直接原因。

增塑剂的加入对聚合物起到了稀释作用，减小了分子间的作用力，因此降低了材料的强度。随增塑剂加入量增加，材料的拉伸强度下降、模量下降，但冲击强度增加。如尼龙-6，水是它的增塑剂，在湿态下尼龙-6 的拉伸强度和弯曲强度明显要低于干态条件的强度，但冲击强度则大大提高。

填料对聚合物强度的影响比较复杂。因为填料的种类很多，填料自身的性质以及填料与聚合物之间的亲和性对填料填充后材料的强度会有很大的影响。共聚、共混对材料强度的影响也比较复杂，主要取决于共聚、共混的目的和组分。有时共聚或共混的目的是为了提高材料的韧性，提高冲击强度；而有时共聚或共混的目的则是为了提高抗张性能。

外力的作用速度以及温度对聚合物材料的强度是有影响的。在材料的拉伸试验中，如果用较慢的速度拉伸，聚合物链段运动的松弛时间与拉伸速度能够适应，材料在断裂前就可以发生屈服，出现强迫高弹形变。而当拉伸速度较快时，链段的运动已跟不上外力的作用，为了使材料能够发生屈服（强迫高弹形变），就需要施加更大的外力。所以材料的屈服强度随拉伸速度的增加而提高，当拉伸速度很快时，材料在屈服没能发生之前就脆性断裂了。随拉伸速度增加，屈服强度增加，断裂强度增加，断裂伸长率下降。

在冲击试验中温度对材料冲击强度的影响也是非常明显的，随温度下降材料的冲击强度明显降低。

3.6 聚合物的流变性质

聚合物在加工成型过程中，都会产生流动和变形，因此研究聚合物的流变规律性，对于聚合反应工程和聚合物加工工艺的合理设计、正确操作，对于获得性能良好的制品，实现高产、优质、低耗都具有重要指导意义。

聚合物加工过程中会受到剪切应力、拉伸应力和流体静压力。受力后产生的形变和尺寸改变称为应变，单位时间内的应变称为应变速率。聚合物加工时受到剪切力作用产生的流动称为剪切流动，其流体质点的运动速度仅沿着与流动方向垂直的方向发生变化。聚合物在挤出机、喷嘴、河流道以及纺丝喷丝板的毛细孔道中的流动都属于剪切流动。聚合物加工时受到拉应力作用产生的流动称为拉伸流动，其流体质点的运动速度沿着与流动方向一致的方向发生变化，如吹塑法或拉幅法生产薄膜。而实际加工过程的流动一般比较复杂。

3.6.1 聚合物熔体的流变性质

1. 聚合物熔体的流动曲线

聚合物熔体是非牛顿流体，不符合牛顿流动定律。大部分聚合物流体属于假塑性流体。在剪切速率窄范围内，Ostwald-De Waele 指数定律方程反映了流动过程中聚合物黏度 η_α与应力 τ 或应变速率 γ 的关系：

$$\tau = K\dot{\gamma}^n \tag{3-3}$$

$$\eta_\alpha = K\dot{\gamma}^{n-1} \tag{3-4}$$

其中，K 为黏度系数，n 为结构黏度指数或流动指数。流体分为牛顿流体和非牛顿流体，非牛顿流体可分为宾汉流体、膨胀性流体和假塑性流体。$n=1$ 时为牛顿型流体；$n>1$ 时为膨胀性流体；$n<1$ 时为假塑性流体。将指数定律方程用对数形式来表示，如式（3-5）和式（3-6）所示。

$$\log\tau = \log K + n\log\dot{\gamma} \tag{3-5}$$

$$\log\eta_\alpha = \log K + (n-1)\log\dot{\gamma} \tag{3-6}$$

我们把 $\log\tau$ 对 $\log\gamma$ 的曲线称为聚合物的流动曲线，它概括了实际聚合物的流动行为。从图 3-23可以看出，实际高聚物的流动曲线可以分为三个区域。

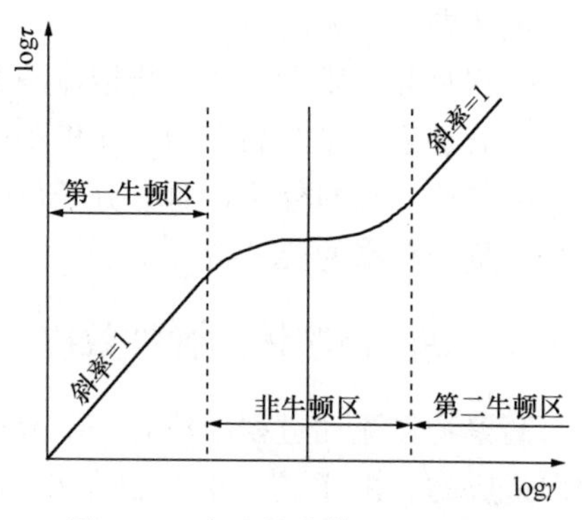

图 3-23 高聚物熔体的流动曲线

① 非牛顿区。当剪切速率增大后，流动曲线的斜率 $n<1$，熔体开始表现出假塑性。所以我们把这个区域称为“非牛顿区”或“假塑性区”，这个区域内聚合物熔体的黏度称为“表观黏度”，用 η_α表示。通常高聚物熔体成型加工时所受到的剪切速率范围刚好在这个区域，即在成

型加工过程中聚合物熔体的流动行为是呈假塑性的。

② 第一牛顿区。在低剪切速率下，流动曲线的斜率为 1（$n=1$），符合牛顿流动定律，所以我们把该区称为“第一牛顿区”。这一区聚合物熔体的黏度称为“零剪切黏度”用 η_0 表示。

③ 第二牛顿区。当进入高剪切速率区域后，流动曲线又变成了斜率为 1 的直线，即又开始符合牛顿流动定律，我们把这个区域称为“第二牛顿区”。这一区的黏度称为“极限黏度”，或无穷切黏度，用 η_∞ 表示。

对于高聚物流动曲线的变化行为，我们可以从“链缠结”理论加以解释。在非常小的剪切应力（或速率）下，大分子链处于高度缠结的状态，这种缠结类似于物理交联，在熔体内形成了“拟网状结构”，从而使流动阻力非常大。在低剪切速率区，剪切可以破坏一部分缠结，但是破坏的速度等于重建的速度，所以拟网状结构的密度不变。因此在低剪切速率下聚合物熔体的黏度保持恒定（而且为最高值），表现出牛顿流体的流动行为。当剪切速率增加到一定值后，缠结被破坏的速度大于了重建的速度，拟网状结构的密度下降，因此黏度也开始下降，熔体开始表现出假塑性。当剪切速率进一步增大，达到强剪切状态，此时缠结结构几乎完全被破坏，而且来不及重建，大分子链的取向达到了极限状态，熔体的黏度也达到了恒定的最低值。因为此时黏度与拟网状结构不再有关系，只与分子结构有关，所以熔体再一次表现出牛顿流体的流动行为。

2. 影响聚合物熔体流变行为的因素

在给定剪切速率下，决定聚合物熔体黏度的主要因素是自由体积和大分子间的缠结。自由体积增加，大分子运动活跃，黏度降低。大分子之间的缠结使得大分子运动困难，减少大分子缠结，加速分子运动降低黏度。温度、剪切力和剪切速率、压力、相对分子质量、分子量分布等对聚合物熔体黏度的影响都可以从这两个方面分析。

① 温度。随着温度的升高，熔体的自由体积增加，链段的活动能力增加，分子间的相互作用力减弱，使高聚物的流动性增大，熔体黏度随温度升高以指数方式降低。

② 剪切力和剪切速率。剪切和剪切速率增加，使分子取向程度增加，从而黏度降低，升温和加大剪切力（或速率）均能使黏度降低而提高加工性能，但对于柔性链和刚性链的影响不一样，对于刚性链宜采用提高温度的方法，而对柔性链宜采用加大剪切力（或速率）的方法。

③压力。压力增加，自由体积变小，大分子链段跃动范围减小，分子间作用力增加，液体黏度增大。

④相对分子质量。高聚物熔体的剪切黏度随分子量的升高而增加。

⑤分子量分布。高聚物熔体出现非牛顿流动时的切变速率随分子量的加大而向低切变速率移动。相同分子量时，分子量分布宽的高聚物熔体出现非牛顿流动的切变速率值比分子量分布窄的要低得多。

3.6.2 高聚物熔体的弹性效应

高聚物在流动过程中伴有一部分可逆的高弹形变，这些高弹形变主要是由于链段的取向造成的。由于这部分可逆形变存在，高聚物熔体在流动过程中就会表现出弹性效应。

管子入口端与出口端与聚合物弹性行为有紧密联系的现象称为端末效应，分别称为入口效应和模口膨化效应。端末效应对聚合物加工是不利的，特别是在注塑、挤出和纤维纺丝过程中，可能导致制品变形和扭曲，降低制品尺寸稳定性，并可能在制品内引入内应力，降低产品机械性能。通过增加管子或口模平直部分的长度（即增大管子的长径比 L/D），适当降低加工时的应力和提高加工温度，对挤出物加以适当速度的牵引或拉伸，可以减小或消除端末效应。

熔体破裂指在高应力或高剪切速率时，液体中的扰动难以抑制并已发展成不稳定流动，引起液流破坏的现象。熔体破裂原因有管壁上出现滑移，液体的弹性恢复；液体剪切历史差异；聚合物的性质；剪应力与剪切速率的大小；液体流动管道的几何形状。

思政小结

钱人元先生是我国著名的高分子物理学家，开拓了中国的高分子物理与有机固体电导和光导的应用基础研究，并结合实际在丙纶纤维的开发等工作中做出了重要贡献。钱人元童年时期就受到爱国主义教育，立志勤奋学习，走振兴中华之路。在美国留学几年间，他博采众家之长，为后来从事边缘学科研究打下了坚实的基础。1948 年中华人民共和国成立前夕，钱人元毅然回到祖国，满腔热情地投身到创建祖国科学事业中。1948—1949 年他在厦门大学化学系任教授级讲席，1949—1951 年他回到母校浙江大学化学系任副教授；1951—1953 年任中国科学院物理化学研究所研究员。1953—1956 年任中国科学院上海有机化学研究所研究员。1953 年他开始创建高分子物理研究领域。当时，高分子物理学在国内还是一片空白，没有试验仪器、设备，钱人元自力更生进行研制，仅仅用 4 年时间，就建立起当时国际上正在使用的各种仪器和方法，其测试结果达到当时的国际先进水平。1956 年，上海有机化学研究所的高分子部分迁往北京，他改任中国科学院化学研究所研究员，负责高分子物理方面的学术领导工作，1977—1981 年任副所长，1981—1985 年任所长。根据国家经济建设的需要，他不断开拓新领域；同时注重理论联系实际，解决生产中的难题，为丙纶纤维的开发做出了重大贡献。钱人元还培养了一批研究力量，为中国高分子物理和有机固体电子性质的研究培育了人才。钱人元在繁忙的科研工作之外，积极从事教育及科普工作。他是中国科技大学高分子物理教研室的创建人，曾在中国科技大学、北京大学等讲授高分子物理及仪器电子学等课程。

思考题

（1）什么是高分子的柔性？高分子柔性的影响因素有哪些？

（2）举例说明高分子的构造对其性能的影响。

（3）举例说明高分子的序列结构对其性能的影响。

（4）怎样保证纤维既有较高的强度又有较好的弹性？

（5）为什么聚对苯二甲酸乙二醇酯（PET）制备的矿泉水瓶是透明的，而其制备的涤纶纤维是白色的？

（6）简述聚合物的分子运动特点。

（7）画出典型的非晶态线型高聚物的模量随温度的变化曲线，并标明三种力学状态的区域及分子运动状态。

（8）画出非晶态聚合物典型的应力-应变曲线，并标注说明从曲线上可获得聚合物的哪些信息。

（9）画出五种类型的聚合物应力-应变曲线。

4 聚合物加工工艺

教学目标

教学要求：掌握聚合物加工原理与基础；掌握塑料的成型加工方法；了解橡胶和纤维的加工工艺。

教学重点：各种塑料加工方法的定义、工艺过程、成型产品及设备。

教学难点：聚合物加工过程中的流变特性和制品性能的关系。

4.1 加工理论基础

聚合物成型加工是指将聚合物转变成实用材料或制品的一种工程技术。成型加工过程中，聚合物会发生形状、结构与性质的转变。形状的转变一般会通过聚合物流动或变形来实现，结构与性质的转变一般通过配方设计、原材料的混合、采用不同加工方法和成型条件来实现。

聚合物具有一些特有的加工性质，如良好的可模塑性、可挤压性、可纺性和可延性，为聚合物材料提供了适用于多种加工技术的可能性，也是聚合物能得到广泛应用的重要原因。

4.1.1 聚合物的聚集态与加工方法

聚合物的成型加工一般包括两个过程，首先使原材料产生变形和流动，并取得所需要的形状，然后设法保持取得的形状，即固化。聚合物在成型加工过程中要经历凝聚态的变化。聚合物的凝聚态有玻璃态、高弹态和黏流态，聚集态下聚合物的力学性质和分子热运动不同，这很大程度上决定了聚合物加工所适用的技术。

聚合物聚集态的多样性导致其成型加工的多样性。聚合物聚集态转变取决于聚合物的分子结构、体系的组成以及所受应力和环境温度。当聚合物及其组成一定时，聚集态的转变主要与温度有关。温度变化时，聚合物的受力行为发生变化，呈现出不同的物理状态和力学性能特点。图 4-1 所示为线形无定形聚合物和完全线形结晶型聚合物受恒定压力时变形程度与温度关系的曲线，也称热力学曲线。

其中，T_b称为聚合物的脆化温度，是聚合物保持高分子力学特性的最低温度。T_g称为玻璃化温度，是聚合物从玻璃态转变为高弹态（或相反）的临界温度。T_f称为黏流温度，是无定形聚合物从高弹态转变为黏流态（或相反）的临界温度。T_m称为熔点，是结晶型聚合物由晶态转变为熔融态（或相反）的临界温度。T_d称为热分解温度，是聚合物在加热到一定温度时高分子主链发生断裂开始分解的临界温度。

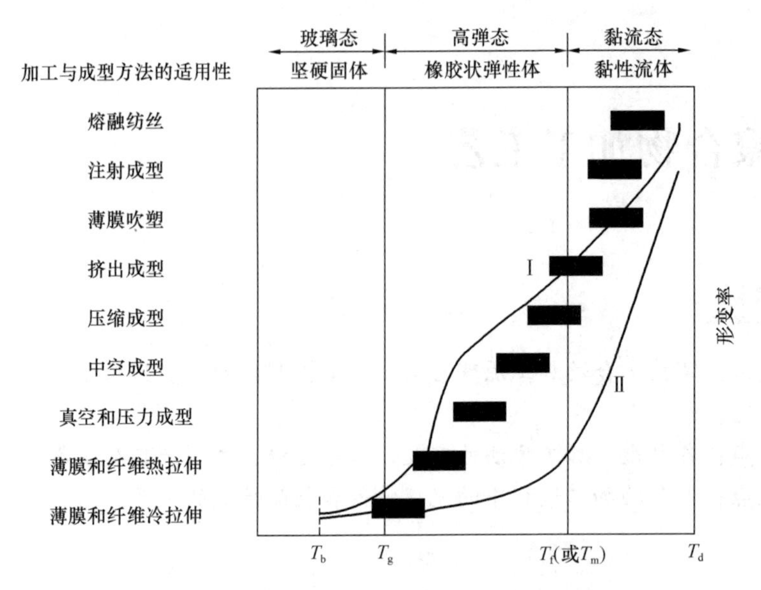

图 4-1　聚合物的物理状态与温度及加工的关系

Ⅰ—线形无定形聚合物；Ⅱ—完全线形结晶型聚合物

对于特定组成的某种聚合物来说，聚集态的转变主要受温度影响。处于玻璃化转变温度 T_g以下的聚合物为坚硬固体，此时聚合物的内聚能较大，链段和大分子链被冻结，外力作用下仅仅大分子主链上的键长或键角可发生一定形变，该形变值很小，且具有普弹形变的可逆性，因此材料具有较大的弹性模量，力学强度大。玻璃态下的聚合物不易进行大形变的加工，但可进行一些车、削、铣、刨等机械加工。

处于玻璃化温度 T_g以上，黏流温度 T_f以下的聚合物为高弹态，外力作用下链段可发生运动，聚合物的形变能力显著增大，模量减小。外力作用下材料发生较大的高弹形变，该形变可回复，但其回复不能瞬时完成，具有时间依赖性。高弹态下的聚合物可进行真空和压力成型、薄膜和纤维热拉伸等，但在加工过程中应充分考虑可逆形变。

黏流温度 T_f以上的聚合物处于黏流态，通常这种液体状态的聚合物也成为聚合物熔体，具有流动性，易于输送和变形，因此大多数聚合物成型加工是在黏流态下进行的，如熔融纺丝、注射成型、薄膜吹塑、挤出成型、压延成型等。聚合物的黏流温度是其成型加工的下限温度，T_f越高对聚合物成型加工越不利。因此，在不影响制品基本性能的前提下，适当降低分子量可以提高聚合物的加工性能。此外，适当增加外力作用和延长外力作用时间，有助于提高聚合物分子链产生黏性流动，相当于降低其黏流温度。实际上，为了提高聚合物的流动性，较少弹性变形，通常成型加工温度选择高于其黏流温度。但成型加工温度过高，聚合物流体的流动性太大，反而会导致工艺上的麻烦和制品的收缩率过大，还可能引起聚合物分解，严重影响制品的质量。因此，成型温度宜选在聚合物的黏流温度 T_f和分解温度 T_d之间。一些常用的聚合物的黏流温度、注射温度和分解温度列于表 3-3 中。

4.1.2　聚合物在加工过程中的黏弹性行为

聚合物在加工过程中的不同条件下会分别表现出固体和液体的性质，即表现出弹性

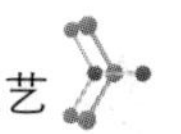

和黏性，但由于聚合物分子的长链结构和大分子运动的逐步性质，聚合物的形变和流动是弹性和黏性的综合，即黏弹性的。

加工过程中聚合物的总形变 γ 可以看成普弹形变 γ_E、高弹形变 γ_H 和黏性形变 γ_V 三部分组成，见下式所示：

$$\gamma = \gamma_E + \gamma_H + \gamma_V = \frac{\sigma}{E_1} + \frac{\sigma}{E_2}\left(1 - e^{-\frac{E_2}{\eta_2}t}\right) + \frac{\sigma}{\eta_3}t$$

式中，η_2、η_3 分别为聚合物高弹形变和黏性形变时的黏度；σ 为作用外力；t 为外力作用时间；E_1、E_2 分别为聚合物普弹形变和高弹形变模量。

如图 4-2 所示，聚合物在 t_1 时刻受到外力，瞬时产生普弹形变 γ_E，高弹形变随外力作用时间的延长逐渐增大，黏性形变是聚合物在外力作用下大分子链的相对滑移，表现为宏观流动，当外力在 t_2 撤去时，普弹形变瞬时回复，高弹形变逐渐回复，而黏性形变则永久保留在聚合物中。通常的加工条件下，聚合物形变主要由高弹形变和黏性形变所组成，既有可逆形变也有不可逆形变，由于加工条件的不同两者比例存在大小差异。随温度的升高，η_2、η_3 都降低，γ_H 和 γ_V 都会增加，但 γ_V 随温度升高成比例的增加，而随温度升高其增加的趋势逐渐减小。当温度高于 T_f 时，聚合物处于黏流态，聚合物的形变以黏性形变为主。此时，聚合物的黏度低，流动性大，易于成型；注射、挤出、薄膜吹塑和熔融纺丝都是在黏流状态时进行的加工。但此时聚合物仍存在一定的高弹形变，会使熔体出现端口胀大或熔体破裂的现象，降低制品的因次稳定性，使制品出现内应力。

当加工温度降低到 T_f 以下时，聚合物处于高弹态，形变中可逆的弹性成分增大，黏性成分减少，有效形变量减低。此时，我们可以通过增大外力或延长外力作用时间来增大有效的黏性形变。聚合物在 T_g～T_f 温度范围内以较大的外力和较长时间作用下产生的不可逆形变称为塑性形变，其实质是高弹态下大分子的强制性流动。中空容器的吹塑、真空成型、压力成型一级纺丝纤维或薄膜的热拉伸等就是以适当的外力相配合使聚合物在高弹态下成型的。

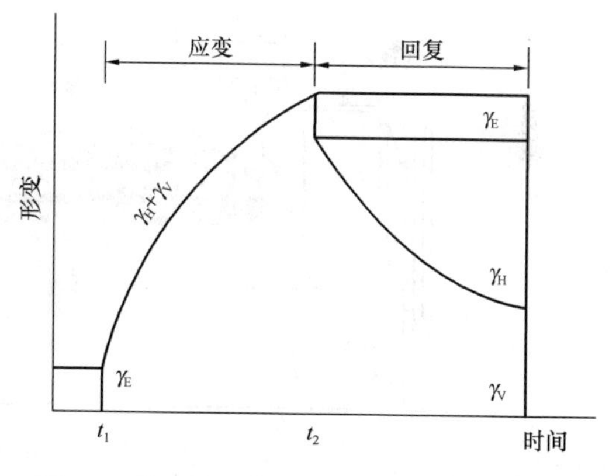

图 4-2　聚合物在外力作用下的形变-时间曲线

聚合物的黏弹形变具有滞后效应，由于聚合物大分子的长链结构和大分子运动的逐步性质，聚合物分子在外力作用时与应力相适应的任何形变不可能在瞬间完成，通常将聚合物在一定温度下，从受外力作用开始，大分子形变经过一系列的中间过渡态到与外力相适应的平衡态的过程看成是一个松弛过程，过程所需的时间称为松弛时间。由于松弛过程的存在，材料的形变落后于应力的变化，这种对外力响应的滞后现象称为滞后效应或弹性滞后。滞后效应在聚合物加工成型中普遍存在。温度升高，分子热运动加剧，分子间作用能减小，大分子改变构象和重排的速度加快，松弛过程缩短。因此，聚合物成型加工中采用较高的温度能使聚合物以较快的速度完成形变。

4.2 塑料成型工艺

塑料的加工包括一次加工和二次加工。一次成型指通过材料的流动或塑性形变，伴有状态和相态的转变，包括挤出成型、注射成型、模压成型、压延成型等。二次成型指通过材料的黏弹形变，低于熔融温度和黏流温度，仅适用于热塑性塑料，包括中空吹塑成型、热成型、薄膜双向拉伸、合成纤维拉伸。

4.2.1 塑料的一次成型方法

1. 挤出成型

1）挤出成型及其设备

挤出成型指借助螺杆或柱塞的挤压作用，使受热熔化的塑料在压力推动下，强行通过模口而成为具有恒定截面的连续型材的一种成型方法。挤出成型具有塑化能力强、生产效率高、材料适应范围宽、产品范围大等突出的优点。近80%的塑料材料需要用挤出成型，挤出设备广泛用于塑料材料的塑化、熔体输送和泵送加压，从而成为其他成型方法的基础。

塑料的挤出成型通常是在挤出机上完成的。目前挤出机根据其结构不同，主要分为螺杆挤出机和柱塞挤出机两种，螺杆挤出机又分为单螺杆挤出机和双螺杆挤出机，前者结构如图4-3所示。

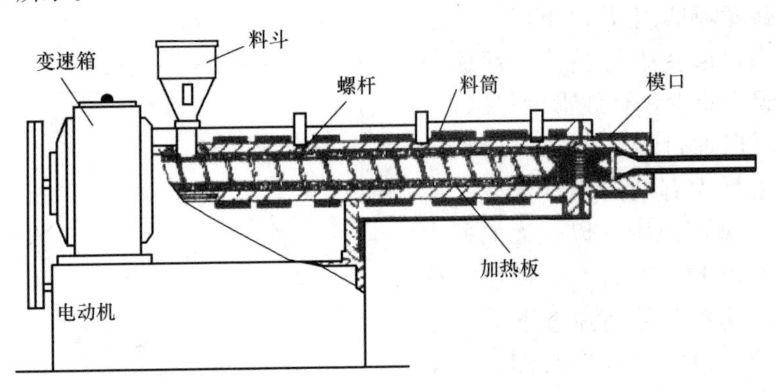

图4-3 单螺杆挤出机原理图

单螺杆挤出机的结构分为传动装置、加料装置、料筒、螺杆、机头和口模、辅助装置六个部分。传动装置就是带动螺杆转动的部分，通常由电动机、减速机构和轴承组成。加料装置料斗一般是圆柱形、圆锥形、圆柱-圆锥形等，料斗内应设有截断装置、真空或加热等装置。料筒是挤出机的主要部件之一，物料的塑化和加压都在其中进行，压力可达30～50MPa，温度150～410℃，因此料筒可看成受热、受压容器，要求高强度、耐磨、耐腐蚀，通常料筒由钢制外壳和合金钢内衬共同组成，目前多采用38CrMoAl和Xaloy合金。螺杆是挤出机最主要的部件，通过螺杆的转动，对料筒内塑料产生挤压作用，使塑料发生移动、增压，并获得由摩擦产生的热量。螺杆的结构形式对挤出成型有重要的影响，直接关系到挤出机的应用范围和生产率。机头和模口通常为一个整体，机头为模口和料筒之间的过渡部分，模口是制品横截面的成型部件。机头的作用是将处于旋转运动的聚合物熔体转变为平行直线运动，产生回压使物料进一步塑化均匀，并将熔体均匀而平稳地导入模口，还赋予必要的成型压力，使物料易于成型和所得制品密实。模口为具有一定截面形状的通道，聚合物熔体在模口中流动时取得所需形状，并被模口外的定型装置和冷却系统冷却硬化而成型。机头和模口中有多孔板和过滤网，多孔板和过滤网的作用是使物料由旋转运动变为直线运动，阻止杂质和未塑化的物料通过，以及增加料流背压，使制品更加密实，分流器、模芯、模口则随不同制品而异。辅助设备包括原料输送干燥、定型冷却、牵引装置、切割装置等设备。

2）螺杆

螺杆是挤出机最主要的部件，通过螺杆的转动，对料筒内塑料产生挤压作用，使塑料发生移动、增压，并获得由摩擦产生的热量。螺杆的结构形式对挤出成型有重要的影响，直接关系到挤出机的应用范围和生产率。

（1）螺杆结构（图 4-4）

螺杆直径（D）表示挤出机的大小规格，挤出机生产率与螺杆直径的平方成正比，D 增大，加工能力提高。

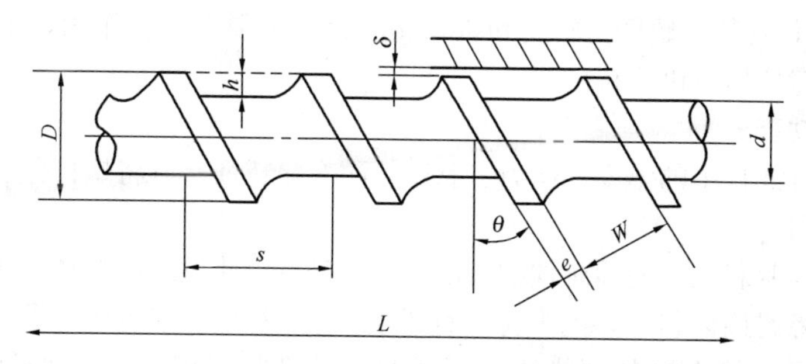

图 4-4 螺杆的结构与参数

D—螺杆外径；d—螺杆根径；s—螺距；W—螺槽宽度；
e—螺纹宽度；h—螺槽深度；θ—螺旋角；L—螺杆深度

长径比（L/D）是螺杆的有效长度与螺杆直径之比，常见的长径比有 15、20、25、30 等。L/D 加大后，螺杆长度增加，物料相对停留时间增加，混合和塑化更充分，并可减少挤出时的逆流和漏流，提高挤出机的生产能力。但 L/D 过大，热敏性塑料会因受热时间长而易分解，同时螺杆自重增加，制造和安装都困难，也增大了挤出机的功率消耗。L/D 过小，对塑料的混合和塑化都不利。因此，对于硬塑料、粉状塑料或结晶型塑料要求塑化时间长，应选较大的 L/D。

螺杆加料段第一个螺槽容积和均化段最后一个螺槽容积之比称为压缩比（ε）。它表示塑料通过螺杆的全过程被压缩的程度。压缩比可以通过等距不等深的螺杆、等深不等距螺杆、不等距不等深螺杆或者复合型螺杆来获得。压缩比的大小对制品的密实性和排除物料中空气的能力影响很大。ε 越大，塑料受到挤压的作用也就越大，排除物料中所含空气的能力就大。但压缩比过大，影响螺杆的机械强度，降低挤出机的产量。压缩比一般在 2～5 范围内。

螺槽深度（h）影响塑料的塑化及挤出效率，螺槽深度小对塑料可产生较高的剪切速率，有利于传热和塑化，但挤出生产率降低。热敏性塑料（如 PVC）宜用深槽螺杆，而熔体黏度低和热稳定性较高的塑料（如 PA 等）宜用浅槽螺杆。

螺距（t）是两个相邻螺纹间的距离，螺旋角（θ）是螺旋线与螺杆中心线垂直面之夹角。螺杆直径一定时，螺距就决定了螺旋角，或螺旋角就决定了螺距。随着 θ 的增大，挤出机的生产能力提高，但螺杆对塑料的挤压剪切作用减少。通常 θ 介于 $10^{\circ}\sim30^{\circ}$ 之间。从制造角度考虑，对于普通等距不等深螺杆，常取螺距等于螺杆直径，此时螺旋角为 $17^{\circ}41'$。

间隙（δ）大小影响挤出机的生产能力和物料的塑化。δ 值大，生产效率低，且不利于热传导并降低剪切速率，不利于物料的熔融和混合。δ 越小，物料受到的剪切力就越大，就有利于塑化。但 δ 过小时，强烈的剪切作用易引起物料出现热力学降解。

（2）螺杆作用

挤出成型时，螺杆的运转对物料产生如下三个作用：

① 输送物料。螺杆转动时，物料在旋转的同时受到轴向压力，向机头方向流动。

② 传热塑化物料。螺杆与料筒配合使物料接触传热面不断更新，在料筒的外加热和螺杆摩擦作用下，物料逐渐软化，熔融为黏流态。

③ 混合均化物料。螺杆与料筒和机头相配合产生强大剪切作用，使物料进一步均匀混合，并定量定压由机头挤出。

（3）螺杆功能

根据物料在螺杆中的温度、压力、黏度等的变化特征，可将螺杆分为加料段、压缩段和均化段三段。

加料段是自物料入口向前延伸的一段，作用是将料斗供给的料送往压缩段。在加料段中，物料依然是固体状态，由于受热而部分熔化，螺槽一般等距等深。加料段的长度随塑料品种而异，挤出结晶型热塑性塑料的加料段要求较长，占螺杆全长的 60%～65%，无定形塑料较短，占螺杆全长的 10%～25%，软质无定形料则最短。

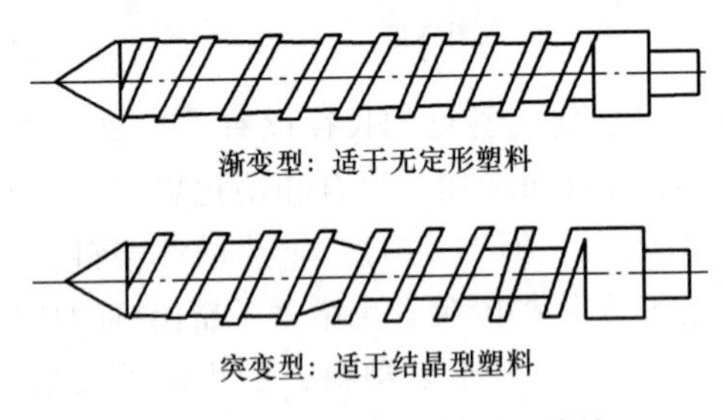

图 4-5 渐变型螺杆和突变型螺杆

压缩段是指螺杆中部的一段。其作用是压实物料，使物料由固体逐渐转变为熔融体，并排除物料中的空气及其他挥发成分。压缩段应能对塑料产生较大的压缩作用和剪切作用，该段螺槽容积应逐步减小。压缩作用来自于螺距变化或螺槽深度变化，有渐变型和突变型两种螺杆（图 4-5）。无定形塑料的熔融温度范围宽，压缩段最长，如聚氯乙烯压缩段为螺杆全长的 100%，采用渐变型螺杆；结晶型塑料的熔融温度范围较窄，压缩段较短，采用突变型螺杆，如尼龙压缩段仅为一个螺距的长度。

均化段是螺杆最后一段，又叫计量段，其作用是将塑化均匀的物料定量定压地送入机头使其在模口中挤出成型。这段一般为等距等深的浅槽螺纹。为了稳定料流，均化段应有足够的长度，通常是螺杆全长的 20%～25%。

3）挤出成型工艺过程

挤出成型工艺包括物料的干燥、挤出成型、制品的定型、冷却、牵引与热处理。

水分的存在会影响挤出过程中的塑化，制品表面产生气泡，表面阴暗，并降低制品的物理机械性能，所以成型前必须对物料进行干燥，一般水分含量控制在低于0.5%。

挤出成型是在挤出机中完成的，塑料原料从挤出机的料斗中加入，进入料筒，料筒由外部加热器控制温度，通过料筒中螺杆的旋转，将物料推进并逐渐熔融，螺杆的螺距由后向前逐渐变小，熔融的物料在向前推进中被压缩，最后经由模口挤出。改变模口的形状，可以获得管、棒、板等不同形状的产品。

挤出成型过程中的工艺因素有温度、压力和螺杆转速。同时，温度和螺杆转速又决定了压力的分布。温度升高，有利于料筒中物料黏度的降低，但随着温度升高，熔体流量增大，挤出稳定性变差。同时，温度太高导致形状稳定性差，不易定型、制品发黄、老化。温度太低，黏度过大，机头压力增加，制品更加密实，形状稳定性好，但塑化质量下降，离模膨胀严重。增大螺杆转速能强化对物料的剪切作用，有利于物料的混合和塑化，也能提高料筒中物料压力。但转速太快影响冷却定型。温度越高，压力越小，螺杆转速越高，压力越大。

从挤出机出来的制品需要进行定型和冷却，一般管材、棒材和异形材用定型模具定型冷却，挤出单丝或者线缆包覆物一般无需定型，挤出板材和片材用压辊冷却定型。

牵伸可以保持挤出的连续性，消除离模膨胀引起的尺寸变化，使制品产生一定程度的取向，改进轴向强度和刚度。常用的牵引管材的设备是滚轮式和履带式。后处理可以提高尺寸稳定性，消除内应力。合格的制品即可进行切割或卷取获得产品。

2. 注射成型

（1）注射成型和注塑机

注射成型是指在螺杆或柱塞的加压下，使受热熔化的塑料被压缩向前移动，通过喷嘴以很快的速度注入温度较低的闭合模具内，经过冷却定型后，开启模具即得制品。注射成型是最重要、也是最广泛使用的聚合物加工技术之一。可以进行塑料的注射橡胶制品的注压成型。注射的品种繁多，形状复杂，尺寸精度高，应用领域广。

塑料注射成型的主要设备是注塑机。如图4-6所示，注塑机如同一个巨大的加热注射器。注塑机包括注射系统、锁模系统和模具三部分。注射系统包括加料装置、料筒、螺杆（柱塞及分流梭）、喷嘴、加压和驱动装置。螺杆式注塑机的螺杆和挤出机螺杆不同，注射机螺杆的有效长度是变化的；注塑机螺杆的长径比为15～18、压缩比为2～5（小）；注塑机螺杆的均化段螺槽深度一般比挤出机螺杆槽深15%～20%，因槽深有利

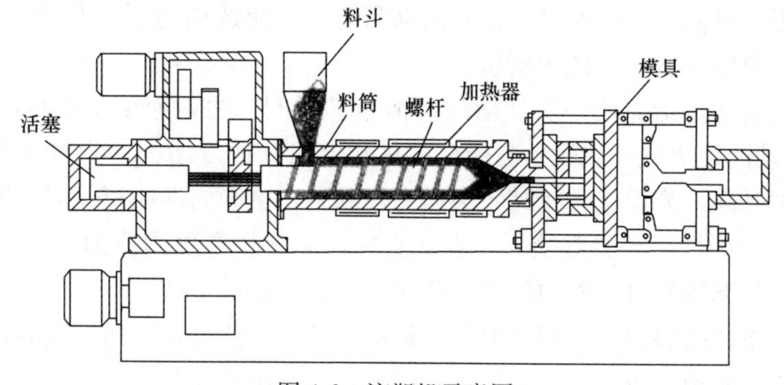

图4-6 注塑机示意图

于提高塑化能力，而预塑时又无稳定挤出要求；加料段长（长为 1/2L，压缩段和计量段各 1/4L），均化段短；杆头一般为尖头，利于排料干净。锁模系统的作用主要是保证成型模具可靠的闭合和实现模具的启闭动作，有机械式、液压式和液压机械组合式。模具包括浇注系统、成型零件、结构零件三部分。

注塑机料筒内的螺杆既可旋转，又可前后移动，塑料原料通过螺杆旋转推进到注塑机料筒的前端，在此过程中塑料原料受热转化成熔体，塑料熔体充满注塑机前端料筒空间后，螺杆在注塑机活塞的带动下向前推进，将塑料熔体注入模具中，冷却固化成型，可以获得各种形状的塑料制品。

（2）注射成型工艺过程

注射成型工艺过程包括成型前的准备、注射过程和制品的后处理。

注射过程包括加料、塑化、注射、冷却和脱膜 5 个工序。塑化是塑料在料筒中加热达到充分的熔融状态并具有良好的可塑性。温度是塑料形变、熔融、塑化的必要条件，剪切作用强化了混合和塑化，塑化取决于受热情况和受到的剪切作用。注射成型要求塑料熔体进入模腔之前要充分塑化，即达到规定的成型温度。塑化料各处的温度要均匀一致。热分解物的含量达最小值。这个要求与塑料特性、工艺条件的控制及注射机的塑化结构相关。

（3）注射成型的工艺影响因素

温度（料温、模温）、注射压力、注射速度、时间（注射、保压、冷却）和锁模力大小会影响塑化和充模的工艺条件。

料筒加热温度和喷嘴加热温度均会影响注塑成型。$T_f \sim T_d$ 间温度较窄的热敏性塑料、分子量较低和分子量分布宽的塑料，料筒温度应选择较低值；相比于柱塞式注塑机，螺杆式注塑机对熔体的剪切作用大且有摩擦热产生，加工过程中熔体料层薄、黏度低，热扩散速率大，所以温度分布均匀，混合和塑化好，料筒温度可选择较低值；对于厚壁制品的注塑成型，其熔体流动阻力小，注射周期长，料筒温度可选择较低值。喷嘴温度要略低于料筒前端最高温度，这是由于注射时熔体会高速通过喷嘴，因摩擦升温，为了防止流延，喷嘴温度要略低。

注射成型中，压力推动塑料向前移动；充模阶段压力克服型腔对塑料的阻力，充满型腔；保压阶段，压实模腔中的塑料，收缩补料，先后进入的塑料熔成一体。注射压力提高，充模速度增大，充模顺利，制品密度较高，产品性能提高，但内应力会提高。对于尺寸大、形状复杂、薄壁制品，模具流动阻力大，应选用高压；T_g高，熔体黏度高，应选用高压；料温较低，应选用高压。

注射成型周期是指完成一次注射成型的全部时间。注射速度指单位时间注射螺杆（或柱塞）移动的距离或注射时塑料熔体的体积流量。速度增大，物料受剪切增大，生热越多，温度升高，充模压力提高，会使充模顺利，生产周期缩短。但速度过快，料流转变为湍流，严重时甚至引起喷射，卷入空气，使制品产生内应力。所以速度不宜太快，宜以层流状态顺利将模腔内的空气排出。因此，熔体黏度高，T_g高，应选用高速，同时选用高模温、高料温。对形状复杂、浇口尺寸小、流程长、薄壁制品，宜用高速和高压。一般为了避免湍流，又要缩短生产周期，多用中速注射。

3. 模压成型

(1) 模压成型及其设备

模压成型也叫压制成型，适用于流动性差的树脂或热固性塑料的成型加工。其加工示意图如图 4-7 所示。将粉状、粒状、碎屑状或纤维状的塑料放入加热的阴模模槽中，合上阳模后加热使其熔化，在压力下使其充满模腔，经加热固化或冷却定型，脱模得到制品。模压成型的生产过程易控制，使用设备和模具较简单，易成型大型制品。热固性塑料模压制品耐热性好，使用温度范围宽，变形小。但是其生产周期长、效率低、难以自动化，人工劳动强度大，不能成型复杂形状的制品，也不能模压厚壁制品。

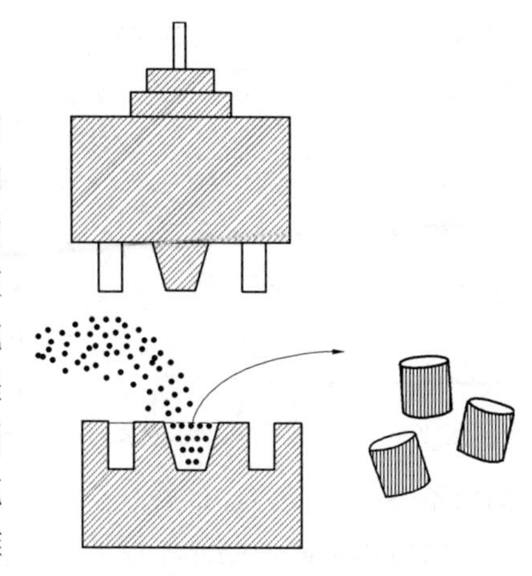

图 4-7　模压成型工艺示意图

(2) 模压成型的工艺过程

一般加工过程是把粉体原料加入到具有一定温度的模具中，待原料熔融后将模子加压使塑料熔体充满整个模具。热固性塑料的交联反应可在塑料原料熔融过程中同时发生，撤去压力后冷却脱模，可获得各种制品。模压成型通常自动化生产能力差，生产效率较低。

(3) 模压成型的工艺特征和影响因素

模压成型的整个过程中，热固性树脂不仅有物理变化，而且还有复杂的化学交联反应。模具外的加热和加压使模腔内发生化学、物理变化，同时模具内的压力、塑料的体积以及温度也随之变化。模压压力、模压温度和模压时间是影响模压过程的三大工艺因素。

成型过程中，模压压力促进物料流动，充满型腔提高成型效率；增大制品密度，提高制品的内在质量；克服放出的低分子物及塑料中的挥发物所产生的压力，从而避免制品出现气泡、膨胀或脱皮；闭合模具，赋予制品形状尺寸；防止制品在冷却时发生形变。模压压力主要受物料在模腔内的流动情况制约。压力高，一般对各种性能是有利的，但对模具使用寿命有影响，设备消耗能量大。

模压温度即成型时的模具温度。塑料受热熔融来源于模具的传热。模压温度的高低，主要由塑料交联的本性来决定。模温的大小影响塑料的流动性、成型时的充满是否顺利、硬化速度和制品的质量。

模压时间指塑料从充模加压到完全固化为止的这段时间。模压时间长，可使制品交联固化完全，性能提高。模压时间太长，生产效率会降低，长时间高温将使树脂降解。模压时间太短，硬化不足，外观无光，性能下降。一般情况下，在保证制品质量的前提下，尽可能地降低压力、温度和缩短时间。

4. 压延成型

压延成型技术主要用于生产如人造革、塑料地毯等薄膜状和片状塑料制品。其加工工艺如图 4-8 所示。压延成型指将已经塑化的接近黏流温度的热塑性塑料通过一系列相向旋转着的水平辊筒间隙，使物料承受挤压和延展作用，成为具有一定厚度、宽度与表

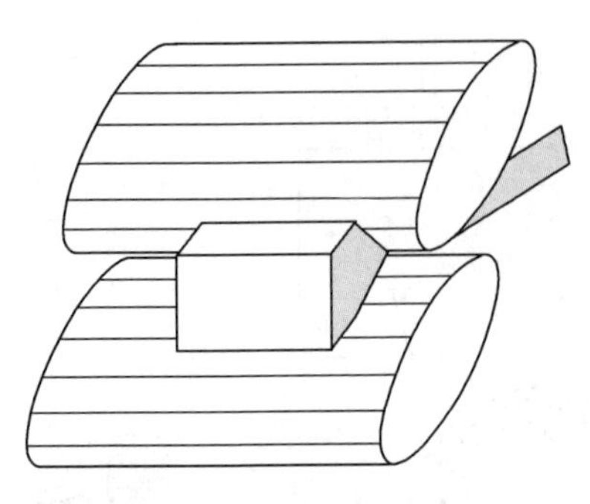
图 4-8 压延成型工艺示意图

面光洁的薄片状制品。

压延成型广泛应用于橡胶和热塑性塑料的成型加工中。塑料的压延成型主要适用于热塑性非晶态塑料，其中以非晶型的 PVC 及其共聚物最多，其次是 ABS、乙烯-醋酸乙烯共聚物以及改性 PS 等塑料，近年来也有压延 PP、PE 等结晶型塑料。压延成型有较大的生产能力，生产连续，易于自动化，产品质量较好，能制造复合材料（人造革、墙纸），刻印花纹等。但是压延成型的设备庞大、精度高，辅助设备多，投资高，维修复杂，制品宽受辊筒最大工作长度的限制。

压延机由辊筒、制品厚度调整机构、传动装置和附属设备组成。压延过程中，在辊筒对物料挤压和剪切的同时，也受到来自物料的反作用力，使辊筒变形，中心大两端小。制品厚度调整机构用于调节辊距不均匀。调整压延制品厚度均匀的方法有高中度法、轴交叉法和预应力法。

在压延成型过程中，借助于辊筒间产生的剪切力，让物料多次受到挤压、剪切以增大可塑性，在进一步塑化的基础上延展成为薄型制品。热塑性塑料在压延过程中，受到剪切应力，使高分子树脂顺着膜前进方向（压延方向）发生取向作用，使生成的膜在物理力学性能上出现各向异性的现象。在压延过程中，受热熔化的物料由于与辊筒的摩擦和本身的剪切摩擦会产生大量的热，局部过热会使塑料发生降解，因而应注意辊筒温度、辊速比等。

4.2.2 塑料的二次成型方法

在一定条件下将片、板、棒等塑料型材通过再次加工成型为制品的方法，称二次成型。二次成型仅适用于热塑性塑料，包括中空吹塑成型、热成型、薄膜双向拉伸等。塑料的二次成型加工是在材料的类橡胶态下进行的，无定形高聚物的加工温度在熔融温度以下、玻璃化温度以上；部分结晶的高聚物的加工温度在熔点附近。利用聚合物推迟高弹形变的松弛时间的温度依赖性，在聚合物玻璃化温度以上的 T_f 附近，使聚合物半成品（板、片材、管材等）快速变形，然后在较短时间内冷却到玻璃化温度或结晶温度以下，使成型物的形变被冻结下来，这就是二次成型的黏弹性原理。

1. 中空吹塑成型

中空吹塑成型技术可用于生产塑料薄膜和塑料中空容器。中空吹塑成型是将挤出或注射成型的塑料管坯趁热于半熔融的类橡胶状时，置于各种形状的模具中，并及时在管坯中通入压缩空气将其吹胀，使其紧贴于模腔壁上成型，冷却脱模后得中空制品。

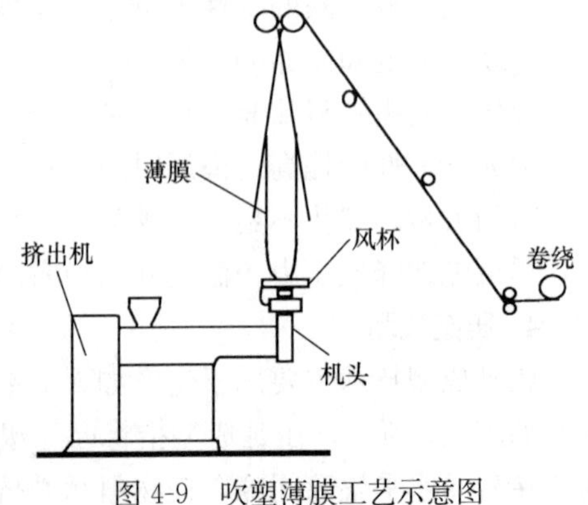

图 4-9 吹塑薄膜工艺示意图

如图 4-9 所示，吹塑薄膜时，在挤出机的前端装有一个向上的吹塑模口，中间通入压缩空气，熔融塑料管坯由挤出机挤出时，在压缩空气的作用下吹膨成管膜，一般厚度在 0.05～0.2mm 范围内，我国目前可生产的薄膜最大宽度为 5m。

吹塑中空容器需在专用的吹塑机上完成。一般先将原料制成管坯，将管坯置于专用吹塑机的模具中，加热，由空气导管导入压缩空气，管坯被吹膨后，外壁紧贴模具内壁，冷却脱模，即可得到中空容器制品。中空吹塑成型可以分为注射吹塑成型（图 4-10）、挤出吹塑成型（图 4-11）和拉伸吹塑成型三种。

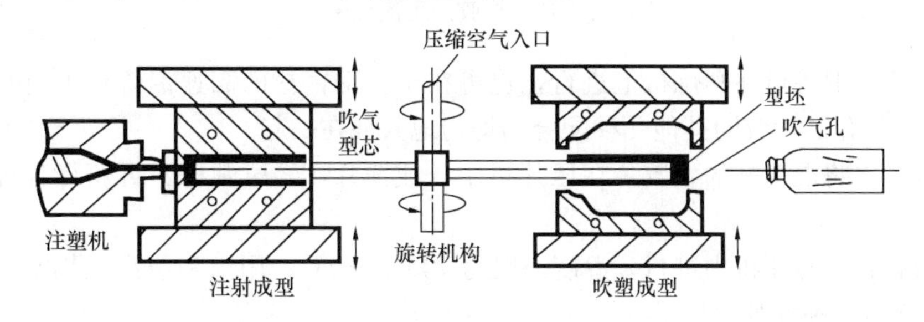

图 4-10　注射吹塑成型工艺过程

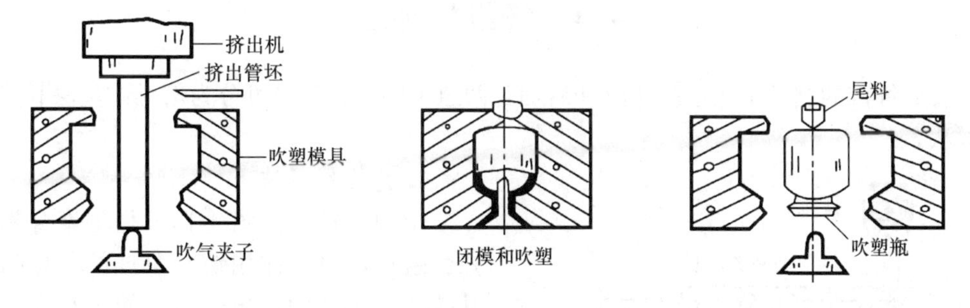

图 4-11　挤出吹塑成型工艺过程

2. 热成型

热成型是利用热塑性塑料的片材作为原料，将裁成一定尺寸和形式的片材夹在模具的框架上，加热软化，施加压力，紧贴模具的型面，冷却修整得到制品。该方法主要应用于生产仪表外壳、玩具、雷达罩、飞机罩、立体地图、人体头像模型等。

3. 拉伸薄膜成型

拉伸薄膜是将挤出得到的厚度为 1～3mm 的厚片或管坯，重新加热进行大幅度拉伸而形成的薄膜。其成型工艺包括平膜法逐步拉伸薄膜和管膜法拉伸薄膜。

近年来，塑料成型技术发展迅速，其中包括多层共挤法、流延法、真空热成型法、滚塑法、发泡挤出法和反应性注塑成型法等，值得关注。

4.3　橡胶成型工艺

橡胶加工包括塑炼、混炼、成型和硫化四个阶段，基本流程如图 4-12 所示。

① 塑炼：塑炼是在塑炼机中进行的，塑炼机的结构为两根平行的金属辊，分别以不同的速度转动，由此产生的剪切力可使两辊间的生胶片变软，具有塑性，易于同其他配合料均匀混合。

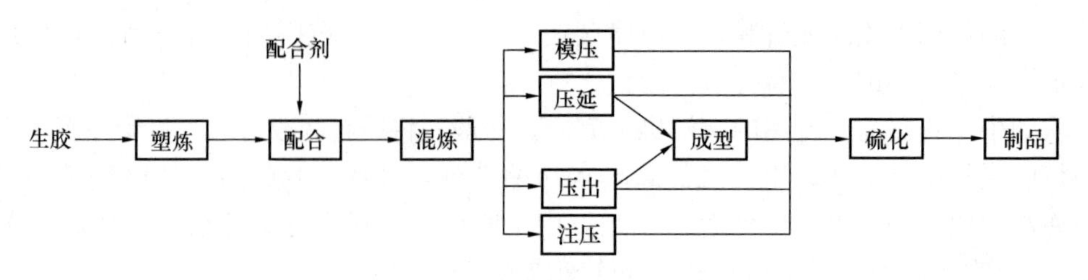

图 4-12　橡胶加工流程图

② 混炼：混炼可在塑炼机上进行，也可在全自动密封的高速混炼机上进行。其主要目的是将塑化的生胶同其他几种配合剂均匀地共混在一起。

③ 成型：将混炼好的生胶片在压片机中压成薄片，经过裁剪，可获得各种所需的形状。

④ 硫化：在硫化机中进行，温度一般为 120～180℃，用饱和蒸汽或热空气进行加热硫化，获得各种橡胶制品。

4.4　纤维的加工

合成纤维的制备工艺包括纺丝和后加工两道工序。纺丝又可分为熔融纺丝法和溶液纺丝法。

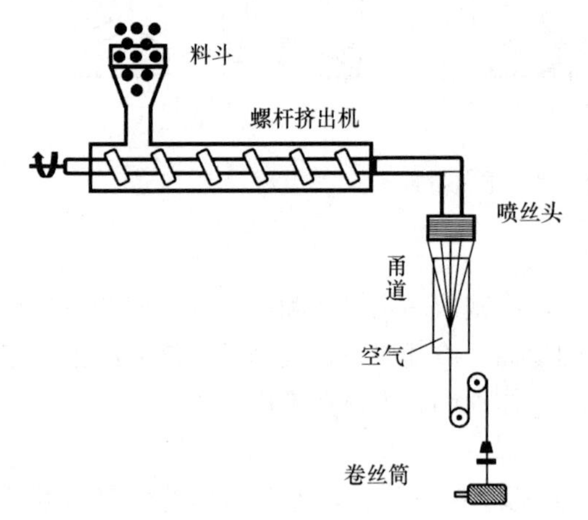

图 4-13　熔融纺丝法示意图

1. 熔融纺丝法

熔融纺丝法（图 4-13）是将聚合物加热熔融后，将熔体用纺丝泵连续、均匀地从喷丝头小孔中压出。纺出的丝在高达数米的甬道中通过空气冷却凝固成细丝，也可以采用过水冷却凝固。该方法过程简单、速度较快，但要求聚合物的分解温度必须高于其熔融温度。大多数聚合物如聚乙烯、聚丙烯、涤纶或尼龙等均可采用熔融纺丝法。

2. 溶液纺丝法

将聚合物溶解于适当的溶剂中制成黏稠的纺丝液体，然后通过喷丝头纺丝，根据纺丝纤维凝固方式的不同，溶液纺丝又可分为干法纺丝和湿法纺丝两种。干法纺丝的设备（图 4-14）与熔融纺丝相似，纺丝纤维的凝固在干燥的空气中进行，干法纺丝使用的溶剂通常挥发性较高，从喷丝头的小孔中压出的黏液细流被引入通有热空气流的甬道中，细流中的溶剂快速挥发，使细流凝固成细丝；采用水等液体作为凝固介质的纺丝方法称为湿法纺丝（图 4-15），黏液细流通过沉淀浴时，细流中的溶剂溶解在液体介质中，细流中的聚合物凝固成细丝。

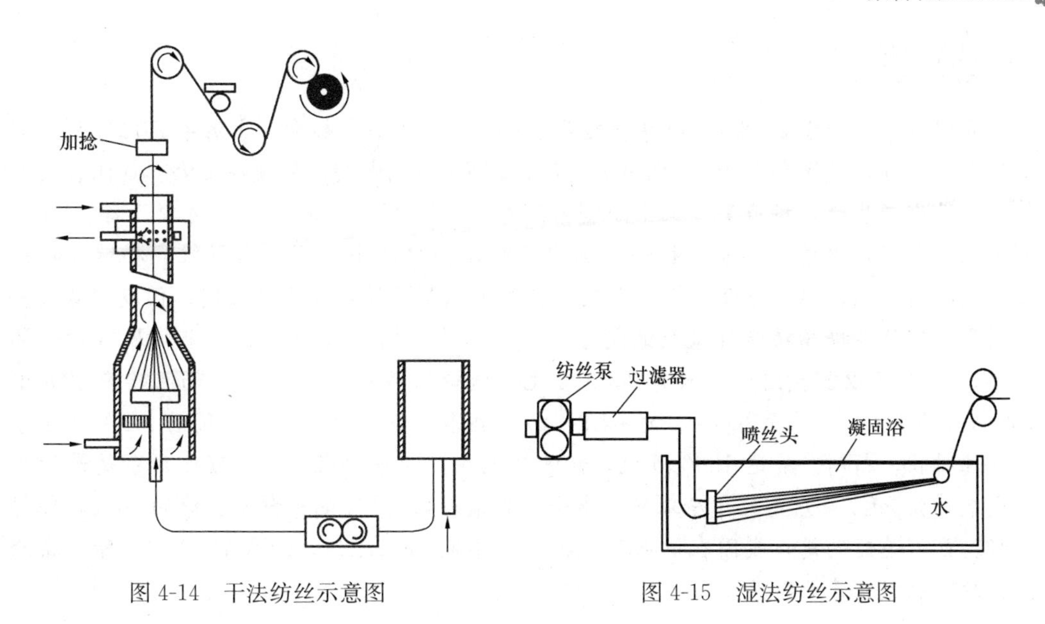

图 4-14　干法纺丝示意图

图 4-15　湿法纺丝示意图

3. 纤维的后加工

后加工的主要目的是为了使纤维获得更高的强度。短纤维的后加工（图 4-16）包括集束、牵伸、水洗、上油、干燥、热定型、蜷曲和切断等一系列工序，而长纤维的后加工则更复杂，一般包括牵伸、加捻、后加捻、水洗、干燥、热定型、络丝、分级包装等工序。

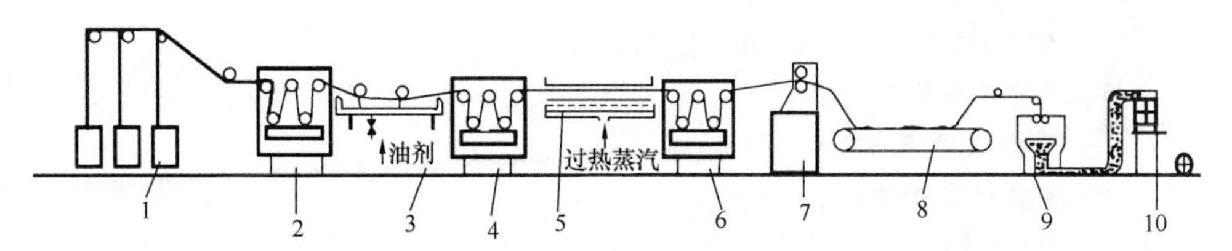

图 4-16　短纤维后加工流程示意图

1—集束架；2、4—拉伸机；3—热水浴拉伸槽；5—蒸汽加热箱；
6—热定型拉伸机；7—重叠架；8—松弛热定型机；9—切断机；10—打包机

牵伸和热定型是后加工中最重要的两个工序。在牵伸时，组成纤维的聚合物长链分子会沿着纤维的轴线方向取向整齐排列，这样，分子的堆砌密度较高，分子间的作用力增强，故牵伸后的纤维强度提高，但延伸度则相应降低；热定型则可以进一步调整已牵伸纤维的内部结构，解除纤维内部应力，使纤维分子在拉伸时形成的规整排列结构能固定下来，从而降低纤维的沸水收缩率，改善纤维的使用性能。

4. 其他纺丝法

其他纺丝法还有超高速纺丝技术、静电纺丝技术、高强度高模量纤维的制造技术等。

思政小结

我国聚酯纤维于20世纪50年代起步。20世纪70年代初期，上海第五化纤厂以国产技术和设备建成了年产4000吨的涤纶厂。到70年代中期，陆续在上海、辽阳、天津等地建设化纤基地，投产了一批中小型聚酯纤维生产厂，并开始引入进口设备。70年代末期，上海石化总厂二期工程和仪征化纤联合公司两个大型聚酯纤维厂相继投产建设，我国的聚酯纤维工业开始高速发展。我国早已是世界聚酯生产大国，但我们从未停止脚步，仍然在提高功能性聚酯的道路上不断探索。对于聚酯合成的重要原料之一的PTA，2012年以前我国产能只有2000万吨，进口依存度超过30%，而且单套装置小（80万吨左右）、加工费高（700元/吨以上），全球地位一般。后来我国的PTA迎来了爆发性增长，新增产能达1200万吨，新装置无论是单套规模（200万吨）还是最低生产成本（350元/吨）都处于全球领先水平。目前我国PTA的产量占全球的70%，优势明显。更为关键的是，我国在该产业链上还在不断向上延伸，形成PTA、聚酯、涤纶丝、纺织的完整产业链条。

思考题

（1）聚合物材料的加工性有哪些？聚合物加工过程中物理和化学变化有哪些？

（2）如下几种塑料制品需要成型：

① 电缆包覆物；

② PE储水桶，直径1.5m，高1.5m；

③ 笔记本电脑外壳；

④ PVC人造革；

⑤ 酚醛树脂开关；

⑥ PP水管；

⑦ 纽扣。

请判断上述塑料制品可用什么方法成型，简述各种成型方法的定义。

（3）简述橡胶成型加工的工艺流程。

（4）橡胶塑炼和混炼的作用是什么？常用设备有哪些？

（5）纤维加工常用的纺丝方法有哪些？

5 聚合物改性

教学目标

教学要求：掌握聚合物改性原理与技术；了解聚合物共混改性、流变性能改性和功能改性技术特征。

教学重点：高聚物共混相容性和界面增容改性原理。

教学难点：各种聚合物改性方法要遵循的原则。

随着科技进步和社会的发展，人们对聚合物材料的要求也越来越高，如既耐高温又易加工成型；既有较高的力学强度和硬度，又同时兼具有卓越的韧性；不仅性能良好，而且耐老化、耐腐蚀、低成本，产品生产过程对环境不造成污染，可以循环使用等。通过物理、机械和化学等作用使高分子材料原有性能得到改善的过程称为聚合物改性。改性过程中既可发生物理变化，也可发生化学变化。聚合物改性的主要方法有共混改性、填充改性、复合改性、化学改性和表面改性等几大类。

聚合物改性技术通常比合成一种新树脂容易（开发新品种要受到原料来源、合成技术、成本等多种限制），尤其是物理改性，在一般聚合物成型加工厂都能进行，投入少，见效快，可使聚合物制品价格大大降低，改善聚合物的性能，赋予制品以新的性能，如填充改性一般能降低生产成本，改善耐低温性能、耐蠕变性、增加产品硬度等；增强改性可提高机械性能；共混改性可提高韧性，还可赋予材料新的阻燃、导磁、发光等性能。

研究高聚物的极性与非极性、高聚物共混相容性和界面增容改性问题是聚合物材料中的一个基本命题，这个问题关系到聚合物的共混改性、高分子合金的制备、聚合物基复合材料的制备等。

聚合物改性技术涉及的内容众多。其中大多数是以改善材料力学性能为目的，也有些是为了提高聚合物的加工性能，还有些是为了赋予聚合物某些特殊功能，如光学性能、磁性、阻燃性能等。

5.1 聚合物共混改性

5.1.1 增强改性

衡量聚合物强度的指标主要为拉伸强度、弯曲强度及弯曲模量等。其中，拉伸强度是聚合物力学性能中最重要的指标，是划分通用树脂和工程树脂的主要依据。聚合物通过增强改性后，其拉伸强度、弯曲强度大幅度提高，模量、耐疲劳、耐磨性能也有所增加。

聚合物的增强改性可以通过复合纤维材料、纳米材料实现。

1. 纤维增强改性

制备纤维增强复合材料是获得高强度聚合物材料的主要途径。纤维增强复合材料，是以聚合物为基体，以纤维为增强材料制成的复合材料。复合材料综合了基体聚合物与纤维的性能，是具有优越性能和广泛用途的材料。复合材料的最大特点是复合后材料的特性优于各单一组分的特性。由于纤维增强复合材料具有高强、轻质、耐腐蚀、非磁性、耐疲劳等优点，近年来在结构加固及改造工程中被认为是最有前途的结构加固材料而被广泛应用。

常用增强纤维包括长玻纤和短玻纤、玄武岩纤维、碳纤维、芳纶纤维、晶须、超高分子量聚乙烯纤维、聚酰亚胺纤维等。纤维的种类、含量、长径比、与基体的界面结合强度都对材料的最终性能具有重要的影响。以玻璃纤维短纤维增强 PP 复合材料为例，随着纤维用量增大，复合材料的拉伸强度、抗弯强度、弯曲模量、缺口冲击强度都大幅度上升，热变形温度也明显提高（表 5-1）。

表 5-1　玻璃纤维短纤维增强 PP 复合材料的性能

性能	玻璃纤维含量（%）			
	0	10	20	30
相对密度	0.91	0.96	1.03	1.12
拉伸强度（MPa）	32	55	77	88
伸长率（%）	800	4	3	2
抗弯强度（MPa）	44	74	98	118
弯曲模量（MPa）	1570	2551	3924	5396
缺口冲击强度（J/m）	20	59	88	88
热变形温度（℃）	65	135	150	153

2. 纳米材料增强改性

聚合物纳米增强材料包括蒙脱土、纳米二氧化硅、石墨烯、碳纳米管、纳米碳酸钙、纳米氧化钛、纳米氧化锌等，是新兴的聚合物增强材料。纳米材料的加入量不宜过多。因为纳米材料的比表面积很大，非常容易团聚，因此如何保证其分散均匀是纳米材料增强的难点。

目前纳米增强聚合物的主要制备方法包括：插层复合法，用于制备具有层状结构的无机物与聚合物的复合材料；原位聚合法，又称原位分散法，先使纳米粒子在聚合单体中均匀分散，然后在一定条件下聚合，最终获得纳米增强复合材料；共混法，包括溶液共混、悬浮液或乳液共混、熔融共混，是最易于实现工业化的方法。

例如，采用纳米蒙脱土改性 PA6 可显著提高其拉伸强度、热变形温度、弯曲模量等，见表 5-2。

表 5-2 PA6/蒙脱土纳米复合材料与 PA6 的性能对比

性能	PA6	PA6/蒙脱土	性能	PA6	PA6/蒙脱土
熔点（℃）	215～225	213～223	弯曲模量（GPa）	3.0	3.5～4.5
拉伸强度（MPa）	75～85	95～105	悬臂梁缺口冲击强度（J/m）	40	35～60
热变形温度（℃）（1.58MPa）	65	135～160			

5.1.2 增韧改性

聚合物的增韧改性指的是采用一定的物理或化学方法提高其抗冲击性能，在聚合物改性材料中占有举足轻重的地位，是聚合物材料科学与工程领域基础研究和应用开发的重要方向。1927 年出现第一个增韧 PS 的技术专利，1952 年陶氏（ Dow）化学工业公司成功开发出连续生产高抗冲聚苯乙烯（HIPS）的工艺，随后以橡胶增韧苯乙烯-丙烯腈共聚物 SAN 得到了性能优异的 ABS 工程塑料，杜邦公司成功开发出超韧尼龙和利用非弹性体理论开发出 PC/ABS、PA/PPO 聚合物合金，聚合物增韧改性得到了快速发展，各种增韧改性材料在不同聚合物基体中得到了广泛应用，增韧途径也由单纯的橡胶或弹性体增韧扩展到有机或无机刚性粒子以及核-壳粒子增韧。

材料的韧性是通过吸收和耗散能量而阻止其破坏的能力。聚合物的韧性可以用冲击强度来评价。冲击强度是度量材料在高速冲击下韧性大小和抗断裂能力的参数，是冲击韧性的表征。冲击强度通常采用冲击强度测定仪进行测试，冲击强度测定仪有简支梁冲击强度测定仪和悬臂梁冲击强度测定仪，相应地，有简支梁冲击强度和悬臂梁冲击强度、缺口冲击强度和无缺口冲击强度。

聚合物的韧性可以通过引入橡胶/弹性体、刚性粒子或“核-壳”粒子来实现增韧，其一般遵循以下三个原则：

① 分散相的粒径存在最佳值，其值大小主要由基体的链结构决定；

② 分散相粒子之间虽然存在一定程度的协同效应，但粒径分布越窄则越利于基体发生脆-韧转变；

③ 两相间应具有良好的界面粘结强度。

1. 橡胶/弹性体

同玻璃态的塑料相比，高弹态的橡胶/弹性体的强度通常比较小，在低应变状态下，橡胶分子链是非常柔顺的；但在高应变条件下，橡胶通常具有显著的取向效应和网络硬化。橡胶/弹性体的这一性质在增韧塑料的形变过程中会发挥重要的作用，特别是在那些易产生银纹的增韧塑料中。在聚合物增韧体系中，形成银纹、剪切带或空洞化（界面空洞化或橡胶粒子内空洞化），都有助于冲击能量的耗散。其中，橡胶增韧塑料中形成的空洞是关键步骤。橡胶粒子内空洞化可起诱发银纹—剪切带的作用。不同体系的能量耗散途径的侧重可能有所不同，不同的耗散能量的途径也可以共存。逾渗理论有力推动了增韧理论由传统的定性分析向定量分析发展。

影响橡胶增韧塑料形变的因素概括如下：应变速率和温度、缺口、橡胶粒子的含量、橡胶粒子与基材间的界面黏结、橡胶粒子尺寸、橡胶粒子形态、橡胶粒子交联程度、基材的特征和橡胶的松弛行为。

例如，采用橡胶/弹性体改性 PP，可明显提高其冲击强度。PP 是一种综合性能优异的热塑性通用塑料，其优点是密度小、易加工、生产成本低、刚性好、强度高、可在 120℃以下长期使用，主要用于日常用品、包装材料、家用电器、汽车工业、建筑施工等行业，但 PP 缺点是材料性脆，低温脆性大，限制了 PP 作为工程受力材料的使用。PP/EPR 或 PP/EPDM 可明显改善 PP 的抗冲击性能，再加入滑石粉或碳酸钙颗粒，可用于制备汽车配件制品。PP/BR 可提高冲击韧性 6 倍以上，降低脆化温度。PP 还可以与 PIB、丁基橡胶、热塑性弹性体（TPE）等共混改善缺口冲击韧性，如 SBS 或 EVA 等。

2. 刚性粒子

利用橡胶或弹性体增韧聚合物已取得了很大成功，其增韧机理也较为明确，但由于橡胶或弹性体的玻璃化转变温度和模量较低，在提高塑料韧性的同时，也带来固有的缺陷，如材料的强度、刚度和热畸变温度大幅度下降。20 世纪 80 年代，研究人员首次提出了刚性粒子增韧聚合物的新概念，并建立了非弹性体增韧理论——“冷拉增韧机理”。随后在增韧机理、力学性能和界面效应等方面取得了重要突破。对于无机刚性粒子增韧体系，基体和无机刚性粒子的性质及用量、无机刚性粒子与基体间的界面相互作用、无机刚性粒子在基体中的分散情况是影响增韧效果的主要因素。

3. “核-壳”粒子

1969 年，Matonis 等提出了“核-壳”结构理论模型，指出将低模量的弹性体层所包覆的高模量刚性粒子均匀分散在聚合物基体中，有可能设计得到比基体树脂具有更高韧性和更高刚性的新型聚合物基复合材料。“核-壳”粒子增韧结合橡胶增韧和刚性粒子增韧的优点，因此有可能得到比聚合物基体好的复合材料。“核-壳”粒子的种类和形态很多，分类如图 5-1 所示。按照核和壳相对模量的不同，“核-壳”粒子可分为硬壳-软核和硬核-软壳两大类。在制备方法上，不仅可以通过乳液聚合的方法直接合成，也可以在聚合物共混物体系中形成。

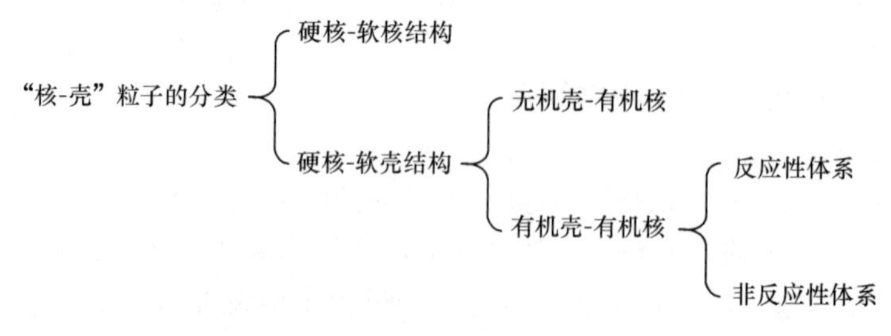

图 5-1 “核-壳”粒子的分类

5.2 聚合物流变性能改性

5.2.1 聚合物的聚集态及其加工性

1. 聚合物的可纺性

可纺性是指聚合物材料通过加工形成连续的固态纤维的能力。它主要取决于材料的流变性质，熔体黏度、熔体强度以及熔体的热稳定性和化学稳定性等。作为纺丝材料，要求熔体从喷丝板毛细孔流出后能形成稳定细流。

纺丝过程由于拉伸和冷却的作用都会使纺丝熔体黏度增大，有利于增大纺丝细流的稳定性。但随纺丝速度增大，熔体细流受到的拉应力增加，拉伸形变增大，如果熔体的强度低将出现细流断裂，所以具有可纺性的聚合物还必须有较高的熔体强度。

2. 聚合物的可挤压性

聚合物的可挤压性是指聚合物通过挤压作用，发生形变获得一定形状并保持这种形状的能力。塑料在加工过程中常受到挤压作用，例如塑料在挤出机和注射机料筒中以及在模具中都受到挤压作用。

通常条件下塑料在固体状态不能采用挤压成型，衡量聚合物可挤压性的物理量是熔体的黏度（剪切黏度和拉伸黏度）。熔体黏度过高，则物料通过形变而获得形状的能力差；反之，熔体黏度过低，虽然物料具有良好的流动性，易获得一定形状，但保持形状的能力较差。因此，适宜的熔体黏度是衡量聚合物可挤压性的重要标志。

聚合物的可挤压性不仅与其分子组成、结构和相对分子质量有关，而且与温度、压力等成型条件也有关。衡量聚合物可挤压性的物理量是聚合物熔体的黏度。通常简便实用的测量方法是测定聚合物的熔体流动速率，它虽然不能说明成型过程中实际聚合物的流动情况，但由于方法简便易行，对成型塑料的选用和适用性分析具有参考价值。

3. 聚合物的可模塑性

注射、挤出、模压等成型方法对聚合物的可模塑性要求是：能充满模具型腔获得制品所需尺寸精度，有一定的密实度，满足制品合格的使用性能等。聚合物的可模塑性是指在一定的温度和压力作用下聚合物在模具中模塑成型的能力。具有可模塑性的聚合物可通过注射、压缩、压注和挤出等成型方法制得各种形状的模塑制品。

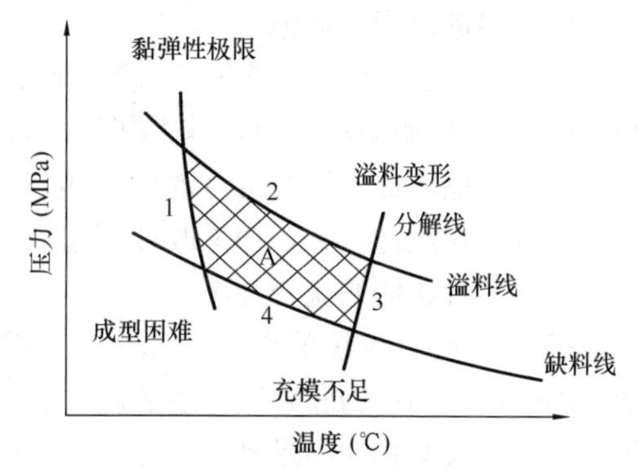

图 5-2 模塑压力-温度曲线

A—成型区域；1—表面不良线；2—溢料线；3—塑料分解线；4—缺料线

可模塑性主要取决于塑料的流变性、热性能、物理力学性能、工艺因素以及模具的结构尺寸。热固性聚合物的可模塑性还与聚合物的化学反应性能有关，模塑条件影响塑料的可模塑性。图 5-2 是模塑压力-温度曲线。

从图 5-2 中可见，成型温度过高，虽然有利于成型，但会引起塑料分解，塑件的收缩率也会增大；成型温度过低则熔体黏度大，流动性差，成型困难；适当地增大压力，能改善熔体的流动性，但过高的压力会引起成型溢料，增加塑件的内应力；压力过低又会造成充模不足，因此，图中1、2、3、4四条线组成的区域A才是模塑的最佳区域。要成型得到满意的塑件，使塑料具有较好的可模塑性，就要充分考虑温度和压力两者的关系，把温度和压力控制在可模塑的区域A内。

4. 聚合物的可延性

可延性是非晶型或半结晶聚合物在受到压延或拉伸时变形的能力。聚合物的可延性取决于材料产生塑性变形的能力和加工硬化作用。利用聚合物的可延性，可通过压延和拉伸工艺生产片材、薄膜和纤维。形变能力与固态聚合物的结构及其所处的环境温度有关，而加工硬化作用则与聚合物的取向程度有关。

5.2.2 聚合物加工性能改性

少数聚合物材料在熔融加工过程中，会出现很多不利于加工的特性，其中最典型的树脂为PVC。例如在加工过程中，PVC树脂的熔体黏度大、熔融困难、流动性差，PVC熔体的热强度低、延展性差、黏结力不高，其结果在PVC熔体上体现为易发生熔融破裂、离模膨胀大、熔体松弛慢等现象，在PVC制品上的表现为表面粗糙、无光泽、鲨鱼皮状或竹节状等。尤其是加工PVC硬片时，需要加入加工助剂，以改善熔体流变特性，否则很难得到优良的制品。除了PVC之外，LLDPE、mLLDPE等也有熔体异常现象，需要加入氟类加工助剂以改善熔体流变特性。对于PE、PP、PLA而言，在熔融状态的熔体强度不高，不适合进行发泡，必须提高熔体强度。此外，相对分子量特别高的聚合物，例如超高分子量聚乙烯（UHMWPE），超过百万的分子量使其几乎难以熔融成型加工，同样需要改善其加工性能。

如何改善聚合物的这种加工特性呢？可以加入适合的加工助剂，或者采用特殊的加工设备和工艺。以PVC为例，加工助剂的作用原理为促进树脂的熔融、改善熔体的流变性和赋予其润滑功能，具体介绍如下：

（1）促进树脂的熔融

当加入加工改性剂的PVC树脂在剪切应力作用下加热时，加工改性剂首先熔融并黏附在PVC树脂微粒表面，基于其与树脂的相容性和相对分子质量高，使得PVC体系的黏度和摩擦增加，从而可有效地将热和剪切应力传递给整个PVC树脂，促进PVC树脂的熔融。在此过程中，加工改性剂起到了热和剪切应力传递的作用。

（2）改善熔体的流变性

PVC在流变性方面的不足之处在于熔体强度差、延展性差、易产生熔体破裂等，加入加工改性剂可彻底解决上述问题。其具体作用原理为加工改性剂可提高PVC熔体的黏弹性，其黏弹性不足是导致流变性差的根本原因。加入加工改性剂后，一方面可增大复合体系的相对分子质量以提高黏度；另一方面，可增加复合体系内“交联”和“缠绕”的程度以提高其弹性。

（3）赋予适当润滑功能

加工改性剂与PVC树脂相容部分首先熔融，起到促进熔融的作用；与PVC不相容部分则从熔融体系向外迁移，起到润滑作用。

常用PVC加工助剂品种为ACR。ACR为丙烯酸酯类具有核壳结构的共聚物，其种类很多，可用于加工助剂的为 ACR-201，它为甲基丙烯酸甲酯与丙烯酸甲酯的核壳共聚物，外观为白色粉末，在 PVC 中的加入量为 1～3 份。ACR-201 加入 PVC 中的主要作用为降低塑化扭矩，缩短塑化时间，提高流动性，改善塑炼效果，使熔体光亮、透明，熔体延伸率和热强度增大。在不同加工方法中，其具体功效不同。

常用的聚烯烃加工助剂为有机硅和 PPA，可以提高熔体的流动稳定性，消除熔体破裂现象，降低熔体黏度、加工温度和背压等。有机硅类主要品种有有机硅酮类化合物、有机硅树脂及聚硅氧烷等。其作用为在树脂与金属设备之间形成一层润滑膜，例如在 mLLDPE 中加入 0.5%有机硅，可使加工能耗降低 33.3%，产量提高 84%～107%。有机含氟弹性体（PPA）是 mLLDPE 最常用的一类加工助剂，具体组成为 PPA 树脂和界面活性剂。PPA 的作用原理为在树脂与金属之间形成润滑膜，降低树脂与金属之间的摩擦力，并在表观上降低熔体的黏度。PPA 在低剪切速率下，因有足够的时间向熔体表面迁移，改性效果显著；在高剪切速率下，因无时间全部迁移，改性效果一般。PPA 可以用于 PE、EVA、PS、PA、PET、ABS 中，例如在 mLLDPE 中加入 2 份 PPA，当剪切速率为 $31.6s^{-1}$ 时黏度下降 8.7%，当剪切速率为 $100s^{-1}$ 时，黏度下降 5.7%。

以 PVC 为例，加工助剂的选用原则如下：

① 制品种类不同。对于 PVC 硬制品而言，不加入加工助剂，很难加工出合格的制品，而在 PVC 软制品中很少用加工助剂。

② 加工方式不同。加工助剂常用于 PVC 挤出成型，例如挤出型材、管材、薄膜和线材等，而在压延和注塑成型中很少用。

③ 增韧剂的影响。冲击改性剂一般兼有加工助剂的功能，具体如 ACR401、MBS、EVA 等。因此如果 PVC 配方中含有冲击改性剂，则可不加或少加加工助剂。

④ 含填料的影响。对于含有无机粉体填料的 PVC 制品，因为填料往往会劣化 PVC 的加工特性，因此要加大加工助剂的加入量，一般可达 10 份左右。

⑤ 加工助剂种类不同。加工助剂在 PVC 中的加入量不同，ACR 在 2 份以内，甲基苯乙烯的低聚物（简称 AMS）在 10 份以内。

5.3 聚合物功能化改性

功能性聚合物指的是具有光、电、磁、生物活性、吸水性等特殊功能的聚合物材料。聚合物可以通过一定的化学或物理的改性手段使其获得一定的功能。

5.3.1 功能化聚合物的分类

功能高分子材料可以按照性质、功能或实际用途来进行分类。

按照性质和功能划分，可以将其大致划分成下列类型：

① 化学活性高分子材料，包括高分子试剂和高分子催化剂；

② 光学活性高分子材料，包括光稳定剂、光敏涂料、光刻胶、感光材料、非线性光学材料、光导材料和光致变色材料等；

③ 电活性高分子材料；

④ 膜型高分子材料；

⑤ 吸附性高分子材料；

⑥ 高性能工程材料；

⑦ 生物活性高分子材料；

⑧ 高分子智能材料。

按实际用途则可以分为医用高分子材料、分离用高分子材料、高分子化学反应试剂、高分子染料、农用高分子材料、高分子阻燃材料等。

5.3.2 聚合物功能化改性策略

1. 化学改性

这种方法主要是利用接枝反应在聚合物骨架上引入特定活性功能基，从而改变聚合物的物理化学性质，赋予其新的功能。能够用于这种接枝反应的聚合材料有很多都是可以买到的商品。适合进行接枝反应的常见品种包括聚苯乙烯、聚乙烯醇、聚丙烯酸衍生物、聚丙烯酰胺、聚乙烯亚胺、纤维素等，其中使用最多的是聚苯乙烯。这是因为苯环上适合引入不同种类的取代基，而且单体苯乙烯可由石油化工大量制备，原料价格低廉。加入二乙烯苯作为交联剂共聚可以得到不同交联度的共聚物。但是以上商业上可以得到的聚合物相对来说都是化学惰性的，一般无法直接与小分子功能化试剂进行接枝反应引入功能化基团，往往需要对其进行一定结构改造引入活性基团。

2. 物理改性

聚合物的功能化采用化学方法拥有许多优点，如得到的功能高分子材料稳定性较好，这是因为通过化学键使功能基成为聚合物骨架的一部分。但实践中仍然有一部分功能高分子材料是通过物理功能化的方法制备的。究其原因，首先是物理方法比较简便、快速，多数情况下不受场地和设备的限制，特别是不受聚合物和功能型小分子官能团反应活性的限制，适用范围宽，有更多的聚合物和功能小分子化合物可供选择。其次是功能性小分子没有与高分子骨架形成新的化学键，不影响其功能的发挥。当与具有特殊活性的金属和无机非金属材料结合构成功能材料时，采用物理功能化法更有优势，得到的功能化聚合物其功能基的分布也比较均匀。

聚合物的物理功能化方法主要是通过小分子功能化合物与聚合物的共混和复合来实现，共混方法主要有熔融态共混和溶液共混。熔融态共混与两种高分子共混相似，是将聚合物熔融，在熔融态下加入功能型小分子，搅拌均匀并冷却后就可以得到带有特殊功能的聚合物。此时，功能小分子如果能够在聚合物中溶解，将形成分子分散相，获得均相共混体，否则功能小分子将以微粒状态存在，得到的是多相共混体。因此，功能小分子在聚合物中的溶解性能直接影响得到的共混型功能高分子材料的相态结构。溶液共混是将聚合物溶解在一定溶剂中，同时，功能小分子或者溶解在聚合物溶液中，成分子分散相；或者悬浮在溶液中成混悬体，溶剂挥发后得到共混聚合物。在第一种条件下得到的是均相共混体，在第二种条件下得到的是多相共混体，无论是均相共混，还是多相共混，其结果都是功能型小分子通过聚合物的包络作用得到固化，聚合物本身由于功能小分子的加入，在使用中发挥相应作用而被功能化。这类功能高分子材料最典型的是导电橡胶和磁性橡胶，它们都是在特定条件下，导电材料或磁性材料粉末与橡胶高分子通过共混处理制备的。

聚合物的这种功能化方法可以用于当聚合物或者功能型小分子缺乏反应活性，不能或者不易采用化学接枝反应进行功能化，以及被引入的功能型物质对化学反应过于敏感，不能承受化学反应条件的情况下对其进行功能化。比如，某些酶的固化、某些金属和金属氧化物的固化等。这种功能化方法也常用于对电极表面进行功能聚合物修饰的过程。与化学法相比，聚合物共混修饰法的主要缺点是共混体不够稳定，在使用条件下（如溶胀、成膜等）功能聚合物容易由于功能型小分子的流失，而逐步失去活性。

除了上述化学方法和物理方法之外，功能化改性还可以采用多功能复合以及在同一分子中引入多种功能基团来实现。将两种以上的功能高分子以一定方式结合，将可能产生新的功能，是任何单一功能高分子均不具备的性能，这样将形成全新的功能材料。或者在同一种功能材料中，甚至在同一个分子中引入两种以上的功能基团，可集多种功能于一身，或者两种功能协同，创造出新的功能。

5.3.3 功能化改性实例

1. 导电性能改性

导电高分子材料通常是指一类具有导电功能（包括半导电性、金属导电性和超导电性）、电导率在 10^{-6} s/cm 以上的聚合物材料。这类高分子材料具有密度小、易加工、耐腐蚀、可大面积成膜，以及电导率可在绝缘体-半导体-金属态（10^{-9}～10^{5} s/cm）的范围里变化。

将导电填料通过不同的复合技术与聚合物材料混合，以此制备出具有一定导电性的聚合物导电复合材料则更为简单易行，材料成本也更加低廉，与此相关的研究开展得更为广泛。更为重要的是，聚合物导电复合材料的基体可根据实际性能需要，选择任意聚合物，而复合材料中导电填料的种类与添加量也可任意调整，以此形成可在较大范围内调整力学性能、加工性能及导电性能的聚合物复合材料，可满足不同应用需求，更符合生产生活的实际需要。

在聚合物复合材料的研究中，研究者发现由聚合物导电复合材料中导电填料添加量变化引起的材料电阻率变化存在一个普遍规律，即当导电填料添加量较低时，材料电阻率几乎不随导电填料添加量提高而降低，但是当导电填料添加量增加到某特定值时，再少量增加导电填料即可使材料的电阻率下降数个数量级，当导电填料添加量进一步增加超过又一特定值后，复合材料的电阻率再次趋于稳定，填料添加量的进一步增加不再能显著改善材料的电阻率。这种复合材料中导电填料添加量与材料电阻率之间的S形曲线关系被称为导电逾渗现象，而某一导电填料添加量达到特定值后电阻率开始显著下降的点则为导电逾渗阈值。

对聚合物导电复合材料的导电机理解析可知，增加导电填料添加量是实现聚合物导电的关键因素。但是，导电填料的大量使用必然导致材料加工性变差，也使材料的整体成本上升，还会使材料的部分力学性能受到损害。因此，有关聚合物导电复合材料的研究经常集中在尝试降低材料的导电逾渗阈值，以设计低填充、高导电的聚合物导电复合材料。而对聚合物复合材料内导电填料的微观分布状态进行控制与设计是研究者公认的实现上述目标的关键。具体在填料方面，研究集中在利用导电填料微观结构间的协同效应，从而在构建聚合物中导电通路时产生互补作用，以此降低整体的导电逾渗阈值；而在基体方面，研究集中在为基体引入能够挤压导电填料分散空间的新体系，以此迫使导电填料相互搭接形成网络，从而提升导电性能。

2. 阻燃功能改性

绝大多数聚合物材料都是易燃物质。随着聚合物材料的广泛使用，尤其是在建筑、电子电器等领域的应用，火灾的危险性和危害性都显著增加，聚合物材料的易燃特性已成为扩大其应用领域的主要障碍之一。聚合物燃烧的一般过程是在外界热源的不断加热下，聚合物先与空气中的氧发生自由基链式降解反应，产生挥发性可燃物。这是一个非常激烈复杂的热氧化反应，具有冒浓烟或炽烈火焰的特征。挥发性可燃物达到一定浓度和温度时就会着火燃烧起来，燃烧所放出的一部分热量供给正在降解的聚合物，进一步加剧其降解，产生更多的可燃性气体，火焰在很短的时间内就会迅速蔓延而造成一场大火。因此，发展具有阻燃功能的高分子材料迫在眉睫（图 5-3）。

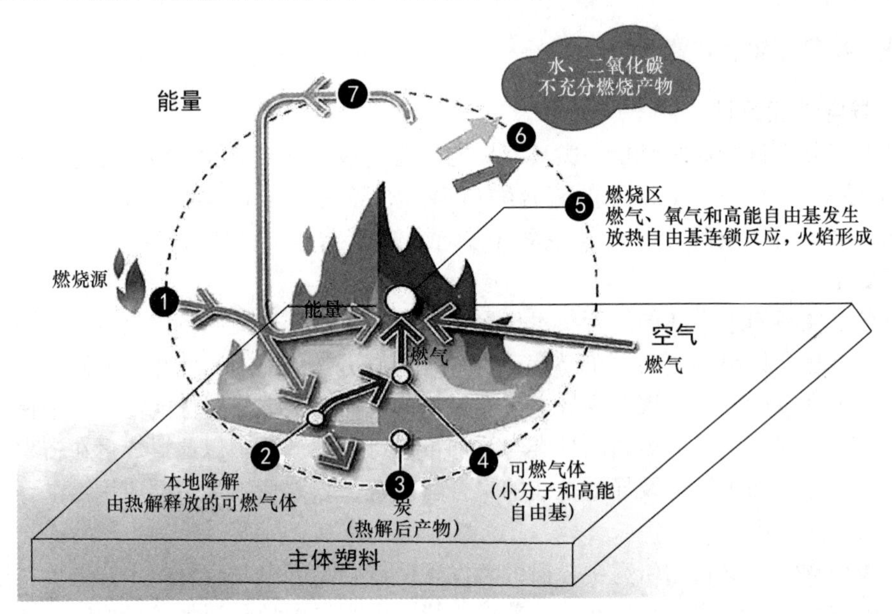

图 5-3　聚合物阻燃剂原理图

聚合物材料的阻燃功能改性指的是将阻燃剂引入到聚合物中，赋予聚合物阻燃的特性。阻燃剂是能够阻止塑料引燃或抑制火焰传播的助剂。根据其使用方法可分为添加型和反应型两类。按照化学结构，阻燃剂又可分为无机和有机两类。常用的溴系阻燃剂包括十溴二苯醚、六溴环十二烷、四溴双酚-A、八溴醚、TBC 等。常用的无机阻燃剂主要有三氧化二锑、氢氧化镁、氢氧化铝、硼酸锌等。早期的含磷阻燃剂主要包括红磷、聚磷酸铵（APP）、磷酸铵盐、磷酸盐及聚磷酸盐等。

思政小结

高分子材料从发现到走进千家万户，离不开高分子工业的蓬勃发展。1839 年，

Goodyear 第一次得到了硫化橡胶，标志着人们已经开始着手利用高分子材料。1910年，美国率先实现酚醛树脂的工业化，实现了由简单的小分子组装成高分子化合物。20世纪50至60年代，在 Ziegler 和 Natta 两位科学家的努力下，聚丙烯出现并得以大规模制造，成为人类衣食住行不可缺少的材料。我国的高分子工业起步晚，但成长迅速，当前已经逐步走上高端化。在“双碳”背景下，对聚合物工业提出了更高的要求，不仅要做到性能优良的产品，也要走向节能制造、环保制造和低碳制造，这离不开环境、资源循环、材料、化学等专业从业者的共同努力。

思考题

(1) 为何要进行聚合物改性？有哪些方法？

(2) 如何实现聚合物增韧改性？一般要遵循哪些原则？

下篇

废旧聚合物资源循环利用工程

6 废旧聚合物分选与分离技术

教学目标

教学要求：掌握聚合物鉴别原理与技术；了解聚合物分选技术与设备；掌握聚合物基复合材料分离与回收技术。

教学重点：聚合物常用分离技术的原理与适用范围。

教学难点：聚合物基复合材料的结构成分与分离回收技术。

6.1 废旧聚合物鉴别原理与技术

在采用各种聚合物再生方法对废旧聚合物进行再利用前，大多需要将聚合物分拣。由于聚合物消费渠道多而复杂，有些消费后的聚合物又难以通过外观简单将其区分，因此，最好能在聚合物制品上标明材料品种。虽然利用上述标记的方法方便分拣，但由于中国尚有许多无标记的聚合物制品，给分拣带来困难，为将不同品种的聚合物分离，以便分类回收，首先要掌握鉴别不同聚合物的知识，下面介绍聚合物的鉴别原理和技术。

6.1.1 废旧聚合物的简易鉴别法

1. 根据用途对废旧聚合物种类进行推理

完全没有背景知识的定性鉴别是十分困难的。但如果已知试样的来源以及使用情况等背景知识，鉴别范围就大为缩小。比如要剖析一个不碎内胆的塑料环保杯，从它三个组成部分的各自用途出发，可以进行如下分析。

首先，内胆和内盖必须耐温，排除聚乙烯的可能性，而聚丙烯的耐热也不够，聚苯乙烯不满足不碎的要求；聚氯乙烯和 ABS 的残留单体氯乙烯和丙烯腈有毒不宜直接接触饮品；再从对透明性的要求（因背面镀铝）可以推断是聚碳酸酯或高抗冲击聚苯乙烯等（实际是聚碳酸酯）。其次，中间层的保温材料多半是聚苯乙烯或聚氨酯闭孔型泡沫塑料（实际是聚氨酯硬质泡沫）。第三，从外壳来看，它只需要耐热 80℃，具有一定硬度、不脆、美观即可。所以在通用塑料中很快可以找到聚丙烯和 ABS 符合要求（实际上是聚丙烯）。表 6-1 为常用聚合物材料的用途。

表 6-1 常用聚合物材料的用途

应用领域（所利用的性质）	高分子材料
机械零部件（机械性质）	尼龙、聚对苯甲酸乙二醇酯或丁二醇酯、ABS、高抗冲聚苯乙烯、聚甲醛、聚碳酸酯、氟塑料、酚醛树脂、聚苯醚、聚砜、聚苯硫醚、聚醚醚酮、聚酰亚胺、聚酰胺酰亚胺、高密度聚乙烯（小载荷）、聚丙烯（小载荷）、橡胶

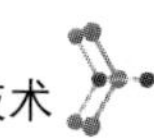

续表

应用领域 （所利用的性质）	高分子材料
电绝缘 （电气性能）	聚乙烯、聚氯乙烯、EVA、聚对苯二甲酸乙二醇酯、纤维素、环氧树脂、氟塑料、聚醚醚酮、聚酰亚胺、橡胶
电子电器配件 （力学和电性能）	聚乙烯、聚丙烯、SAN、MBS、酚醛树脂、氨基树脂、环氧树脂、不饱和聚酯、尼龙、聚对苯二甲酸乙二醇酯（及丁二醇酯）、氟塑料、聚甲醛、聚碳酸酯、聚砜、聚醚砜、聚苯硫醚、聚酰胺酰亚胺
设备和家电的外壳 （力学性能）	聚丙烯、高抗冲聚苯乙烯、ABS、SAN、聚苯醚、聚砜、聚氨酯、高密度聚乙烯、聚苯乙烯
化工防腐设备 （抗化学性）	聚乙烯、聚氯乙烯、氟塑料、聚甲醛、不饱和聚酯、呋喃树脂、聚苯硫醚
旋转设备零件、不沾器具 （自润滑性，不沾性）	氟塑料、聚甲醛、充油聚甲醛、聚醚砜、聚苯硫醚
光学产品 （透明性）	聚甲基丙烯酸甲酯、聚丙烯酸酯类、聚碳酸酯、聚苯乙烯、聚乙烯醇缩丁醛
容器 （力学和抗化学性）	聚乙烯、聚丙烯、聚氯乙烯、聚对苯二甲酸乙二醇酯、聚 4-甲基-1-戊烯、聚羟基醚、聚甲醛（压力容器）、环氧树脂（压力容器）
日常用品包括家庭用品、办公用品、文体用品等 （综合性质）	聚乙烯、聚丙烯、聚氯乙烯、聚苯乙烯、聚对苯二甲酸乙二醇酯（及丁二醇酯）、尼龙、ABS、SAN、MBS、酚醛树脂、氨基树脂、EVA、聚碳酸酯、聚甲基丙烯酸甲酯、醋酸纤维素、硝酸纤维素、橡胶

2. 塑料包装制品回收标志

塑胶分类标志（Resin identification code）也称为合成树脂识认码、塑胶材质编号、塑胶材料编码与塑料编码，是美国塑胶工业协会（Society of the Plastics Industry）于 1988 年所发展出来的分类编码方式。塑胶分类标志的符号包含了顺时针转的箭头，形成一个完整的三角形，并将编码包围于其中，通常在三角形之下会标上塑胶材料的缩写。当该标志的编码被省略时，这个符号就变成通用的循环再造标志，用来指称一般可回收的材料。在这个状况下，其他的文字与标记将用来指称使用过的材料。中国参照美国塑料协会（SPE）提出并实施的材料品种标记制定了国家标准塑料制品的标志(GB/T 16288—2008)。表 6-2 为不同种类塑料的标志与代码、缩写、聚合物名称、用途。

表 6-2 不同种类塑料的标志与代码、缩写、聚合物名称、用途

标志	塑料代码	缩写	聚合物名称	用途
1 PET	01	PET	聚对苯二甲酸乙二醇酯	聚酯纤维、热可塑性树脂、胶带与宝特瓶、市售饮料瓶、食用油瓶等塑料瓶
2 HDPE	02	HDPE	高密度聚乙烯	瓶子、购物袋、回收桶、农业用管、杯座、汽车障碍、运动场设备与复合式塑胶木材，盛装清洁用品、沐浴产品的塑料容器、目前超市和商场中使用的塑料袋多是此种材质制成

续表

标志	塑料代码	缩写	聚合物名称	用途
3 PVC	03	PVC	聚氯乙烯	建筑材料、工业制品、日用品、地板革、地板砖、人造革、管材、电线电缆、包装膜、非食物用瓶、发泡材料、密封材料、纤维等
4 PE	04	LDPE	低密度聚乙烯	塑胶袋、各种的容器、投药瓶、洗瓶、配管与各种模塑的实验室设备
5 PP	05	PP	聚丙烯	汽车零件、工业纤维与食物容器、水杯、布丁盒、豆浆瓶等
6 PS	06	PS	聚苯乙烯	书桌配饰、自助式托盘、玩具、录像带盒、养乐多瓶、冰淇淋盒、泡面碗、隔板与泡沫聚苯乙烯（EPS）产品

3. 外观鉴别

通过观察聚合物的形状、透明性、颜色、光泽、硬度等，可初步鉴别聚合物制品所属大类：热塑性聚合物、热固性聚合物或弹性体。

热塑性聚合物有结晶和无定形两类。结晶型聚合物外观呈半透明、乳浊状或不透明，只有在薄膜状态呈透明状，硬度从柔软到角质。无定形聚合物一般为无色，在不加添加剂时为全透明，硬度从硬如角质至橡胶状（此时常加有增塑剂等添加剂）。热固性聚合物通常含有填料且不透明，不含填料时可为透明状。弹性体具橡胶状手感，有一定的拉伸率。

4. 溶剂处理鉴别

不同热塑性聚合物的溶解度参数不同，在不同溶剂中的溶解性有较大差异。热塑性聚合物在溶剂中会发生溶胀，但一般不溶于冷溶剂，在热溶剂中，有些热塑性聚合物会发生溶解，如聚乙烯可溶于二甲苯中。热固性聚合物在溶剂中不溶，一般也不发生溶胀或仅轻微溶胀。弹性体不溶于溶剂，但通常会发生溶胀。表 6-3 为常用聚合物的溶解特性。

表 6-3　常用聚合物的溶解特性

聚合物	溶剂	非溶剂
聚乙烯	对二甲苯，三氯苯	丙酮，乙醚
聚-1-丁烯	癸烷，十氢化萘	低级醇
无规聚丙烯	烃类，乙酸异戊酯	醋酸乙酯，丙醇
聚异丁烯	己烷，苯，四氧化碳，四氢呋喃	丙酮，甲醇，乙酸甲酯
聚丁二烯	脂肪族和芳香族烃类	—
聚苯乙烯	苯，甲苯，三氯甲烷，环己酮，乙酸丁酯，二硫化碳	低级醇，乙醚（溶胀）
聚氯乙烯	四氢呋喃，环已酮，甲酮，二甲基甲酰胺	甲醇，丙酮，庚烷

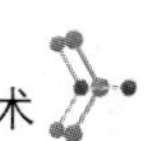

续表

聚合物	溶剂	非溶剂
聚氟乙烯	环己酮，二甲氨基甲酰胺	脂肪族烃类，甲醇
聚四氟乙烯	不可溶	—
聚乙烯异烯酯	苯，三氯甲烷，甲醇，丙酮，乙酸丁酯	乙醚，石油醚，丁醇
聚乙烯异丁醚	异丙醇，甲基乙烯酮，三氯甲烷，芳香族烃类	甲醇，丙酮
聚丙烯酸酯和聚甲基丙烯酸酯	三氯四烷，丙酮，乙酸乙酯，四氢呋喃，甲苯	甲醇，乙醚，石油醚
聚丙烯腈	二甲氨基甲酰胺，二甲亚砜，浓硫酸水	醇类，乙醚，水，烃类
聚丙烯酰胺	水	甲醇，丙酮
聚丙烯酸	水，稀碱类，甲醇，二噁烷，二甲氨基甲酰胺	烃类，甲醇，丙酮，乙醚
聚乙烯醇	水，二甲基甲酰胺，二甲亚砜	烃类，甲醇，丙酮，乙醚
纤维素	含水氢氧化铜铵，含水氯化锌，含水硫氰酸钙	甲醇，丙酮
三醋酸纤维素	丙酮，三氯甲烷，二噁烷	甲醇，乙醚
甲基纤维素（三甲基）	三氯甲烷，苯	乙醇，乙醚，石油醚
羧甲基纤维素	水	甲醇
脂肪族聚酯类	三氯甲烷，甲酸，苯	甲醇，乙醚，脂肪族烃类
对苯二甲酸乙二醇酯	间甲酚，邻氯酚，硝基苯，三氯乙酸	甲醇，丙酮，脂肪族烃类
聚酰胺	甲酸，浓硫酸，二甲氨基甲酰胺，间甲酚	甲醇，乙醚，烃类
聚氨基甲酸酯类（不交联）	甲酸，γ-丁内酯，二甲氨基甲酰胺，间甲酚	甲醇，乙醚，烃类
聚氧化甲烯	γ-丁内酯，二甲基甲酰胺，苯甲醇	甲醇，乙醚，脂肪族烃类
聚氧化乙烯	水，苯，二甲基甲酰胺	脂肪族烃类，乙醚
聚二甲基硅氧化烷	三氯甲烷，庚烷，苯，乙醚	甲醇，乙醇

5. 密度鉴别

聚合物的品种不同，其密度也不同，可利用测定密度的方法来鉴别聚合物，但此时应将发泡制品分别出来，因为发泡聚合物的密度不是材料真正的密度。在实际工业上，也常利用聚合物的密度差异来分选聚合物。表 6-4 为常用聚合物的密度。

表 6-4　常用聚合物的密度

密度（g/cm³）	材料	密度（g/cm³）	材料
0.80	硅橡胶（可用二氧化硅填充到 1.25）	1.18～1.24	丙酸纤维素
0.83	聚甲基戊烯	1.19～1.35	增塑聚氯乙烯（约含有 40%增塑剂）
0.85～0.91	聚丙烯	1.20～1.22	聚碳酸酯（双酚 A 型）
0.89～0.93	高压聚乙烯（低密度）	1.20～1.26	交联聚氨酯

续表

密度（g/cm³）	材料	密度（g/cm³）	材料
0.91～0.92	1-聚丁烯	1.26～1.28	苯酚甲醛树脂（未填充）
0.9～0.93	聚异丁烯	1.26～1.31	聚乙烯醇
0.92～1.00	天然橡胶	1.25～1.35	乙酸纤维素
0.92～0.98	低压聚乙烯（高密度）	1.30～1.41	苯酚甲醛树脂（填充有机材料）
1.01～1.04	尼龙-12	1.30～1.40	聚氟乙烯
1.03～1.05	尼龙-11	1.34～1.40	赛璐珞
1.04～1.06	丙烯腈-丁二烯-苯乙烯共聚物（ABS）	1.38～1.41	聚对苯二甲酸乙二醇酯
1.04～1.08	聚苯乙烯	1.38～1.50	硬质 PVC
1.05～1.07	聚苯醚	1.41～1.43	聚氧化甲烯（聚甲醛）
1.06～1.10	苯乙烯-丙烯腈共聚物	1.47～1.52	脲-三聚氰胺树脂（加有有机填料）
1.07～1.09	尼龙-610	1.47～1.55	氯化聚氯乙烯
1.12～1.15	尼龙-6	1.50～2.00	酚醛聚合物和氨基聚合物（加有无机填料）
1.13～1.16	尼龙-66	1.70～1.80	聚偏二氟乙烯
1.10～1.40	环氧树脂 不饱和聚酯树脂	1.80～2.30	聚酯和环氧树脂（加有玻璃纤维）
1.14～1.17	聚丙烯腈	1.86～1.88	聚偏二氯乙烯
1.15～1.25	乙酰丁酸纤维素	2.10～2.20	聚三氟-氯乙烯
1.16～1.20	聚甲基丙烯酸甲酯	2.10～2.30	聚四氟乙烯
1.17～1.20	聚乙酸乙烯酯	—	—

6. 燃烧试验鉴别

燃烧试验鉴别法是利用小火燃烧聚合物试样，观察聚合物在火中和火外时的燃烧性，同时观察熄火后熔融聚合物的滴落形式及气味来鉴别聚合物种类的方法。聚合物的燃烧特性见表 6-5。

表 6-5　聚合物的燃烧特性

燃烧性能	火焰状态	气化物气味	材料
不燃	—	刺激性（氢氟酸，HF）	聚硅酮、聚四氟乙烯、聚三氟氯乙烯、聚酰亚胺
阻燃，离开火焰后熄灭	明亮，有黑烟鲜黄色，火苗边缘呈绿色，闪亮，有黑烟黄色，有灰烟，橘黄色，有蓝烟	苯酚，甲醛氨，胺，甲醛盐酸——烧焦的动物角质	酚醛树脂、氨基树脂、氯化橡胶、聚氯乙烯、聚偏二氯乙烯（无易燃增塑剂）、聚碳酸酯硅橡胶聚酰胺

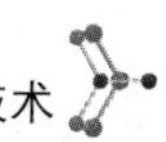

续表

燃烧性能	火焰状态	气化物气味	材料
在火焰中燃烧，离开火焰则缓慢熄灭或依旧燃烧	黄色，闪亮，材料分解，橘黄色，有黑烟，黄色，边缘呈蓝色，黄色，中心呈蓝色	苯酚，烧焦的纸有刺激性，损伤气管；烧焦的橡胶新鲜芳香有刺激性	酚醛树脂、聚乙烯、醇、聚氯丁二烯、聚对苯二甲酸乙二醇酯、聚氨酯聚乙烯、聚丙烯
易引燃，离开火焰后继续燃烧	闪亮，有黑烟黄色闪亮，有黑烟深黄色，有少许黑烟深黄色，有黑烟闪亮，中心呈蓝色放出火花	有强烈刺激性苯酚芳香，天然后味，乙酸烧焦橡胶芳香，水果香	聚酯树脂（玻璃纤维增强）、环氧树脂（玻璃纤维增强）、聚苯乙烯、聚乙酸乙烯橡胶、聚甲基丙烯酸甲酯、聚氧化甲烯
易引燃，离开火焰后继续燃烧	深黄色微弱的火花浅绿色，放出火花橘黄色明亮而强烈	乙酸和丁酸、乙酸、烧焦的纸、氮的氧化物	乙酸丁酯纤维素、乙酸纤维素、纤维素、硝酸纤维素

7. 显色反应鉴别

通过不同的指示剂可鉴别某些聚合物。例如利用 Liebermann-Storch-Morawski 显色反应可鉴别表 6-6 中的聚合物，具体做法是：在 2mL 热乙酸酐中溶解或悬浮几毫克试样，冷却后加入 3 滴 50%的硫酸（由等体积的水和浓硫酸制成），立即观察显色反应，在试样放置 10min 后再观察试样颜色，再在水浴中将试样加热至 100℃，观察试样颜色。

表 6-6　几种聚合物的 Liebermann-Storch-Morawski 显色反应

材料	立即显色	10min 后颜色	加热到 100℃后颜色
酚醛树脂	浅红紫-粉红色	棕色	棕-红色
聚乙烯醇	无色-淡黄色	无色-浅黄色	棕色-黑色
聚乙酸乙烯酯	无色-浅黄色	蓝灰色	棕色-黑色
氯化橡胶	黄棕色	黄棕色	浅红色-黄棕色
环氧树脂	无色到黄色	无色到黄色	无色-黄色
聚氨酯	柠檬黄	柠檬黄	棕色-绿荧光

含氯聚合物有聚氯乙烯、氯化聚氯乙烯、氯化橡胶、聚氯丁二烯、聚偏二氯乙烯、聚氯乙烯混配料等，它们可通过吡啶显色反应来鉴别。试验前，试料必须经乙醚萃取，以除去增塑剂，试验方法是将经乙醚萃取过的试样溶于四氢呋喃，滤去不溶成分，加入甲醇中使之沉淀，萃取后在 75°C 以下干燥。将干燥过的少量试样用约 1mL 吡啶与之反应，几分钟后，加入 2～3 滴 5%氢氧化钠甲醇溶液（1g 氢氧化钠溶解于 20mL 甲醇中），立即观察颜色，5min 和 1h 后再分别观察一次。参考表 6-7，根据颜色即可鉴别不同的含氯聚合物。尼龙也可通过对二甲基氨基苯甲醛显色反应来鉴别，方法如下：

在试管中加热 0.1 ～0.2g 试样，将热分解物置于小棉花塞上，在棉花上滴浓度为 14%的对二甲基氨基苯的甲醇溶液，再滴一滴浓盐酸，如试样为尼龙则显示枣红色。对二甲基氨基苯甲醛显色反应也可用来鉴别聚碳酸酯。当显示的颜色为深蓝色时，即可知材料为聚碳酸酯。

表 6-7 吡啶用于含氯聚合物的显色反应

材料	与吡啶和试剂溶液一起煮沸		与吡啶煮沸，冷却后加入试剂溶液		在试样中加入试剂溶液和吡啶，不加热	
时间	即刻	5min 后	即刻	5min 后	即刻	5min 后
聚氯乙烯	红-棕	血红，棕-红	血红，棕-红	红-棕，黑沉淀	红-棕	黑-棕
氯化聚氯乙烯	血红，棕-红	棕-红	棕-红	红-棕，黑沉淀	红-棕	红-棕
氯化橡胶	深红-棕	深红-棕	黑-棕	黑-棕沉淀	茶青-棕	茶青-棕
聚氯丁二烯	白色-浑浊	白色-浑浊	无色	无色	白色-浑浊	白色-浑浊
聚偏二氯乙烯	棕-黑	棕-黑沉淀	棕-黑沉淀	黑- 棕沉淀	棕-黑	棕-黑
聚氯乙烯混合料	黄	棕-黑沉淀	白色-浑浊	白色沉淀	无色	无色

弹性体或橡胶可用 Burchfield 显色反应来鉴别其种类，方法如下：

在试管中加热 0.5 g 试样，将产生的热解气化物通入 1.5mL 试剂（在 100mL 甲醇中加入 1g 对二甲基氨基苯甲醛和 0.01 g 对苯二酚，缓慢加热溶解后，加入 5mL 浓盐酸和 10mL 乙二醇）中，观察其颜色，然后，加入 5mL 甲醇稀释溶液，并使之沸腾 3min，再观察其颜色。不同种类弹性体或橡胶的 Burchfield 显色反应结果见表 6-8。

表 6-8 不同种类弹性体或橡胶的 Burchfield 显色反应结果

弹性体	热解蒸气与试剂接触处	在持续沸腾和加甲醇后
空白试验	淡黄色	淡黄色
天然橡胶（聚异戊二烯）	黄棕色	绿-紫-蓝色
聚丁二烯	淡绿色	蓝绿色
丁基橡胶	黄色	黄棕色至淡紫色
苯乙烯-丁二烯共聚物	黄绿色	绿色
丁二烯-丙烯腈共聚物	橙红色	红色至红棕色
聚氯丁二烯	黄绿色	淡黄绿色
硅橡胶	黄色	黄色
聚氨酯弹性体	黄色	黄色

含不饱和双键的聚合物可用 Wijs 溶液鉴别。将 6～7mL 纯一氯化碘溶解于 1L 醋酸中制得检测溶液。检验时，先将材料溶解在四氯化碳或熔化的对二氯苯（熔点 50℃）中，滴加 Wijs 溶液，如材料带有双键，则使溶液褪色。

6.1.2 废旧聚合物的综合鉴别法

聚合物简易鉴别法虽然操作简单，但需要工作人员具有较为丰富的经验，准确率与

人的经验密不可分，而且一般只能作为定性分析。在使用简单鉴别法时应综合使用各种方法，相互参考借鉴，提高鉴别的准确度。图 6-1 所示为废旧聚合物综合鉴别法。

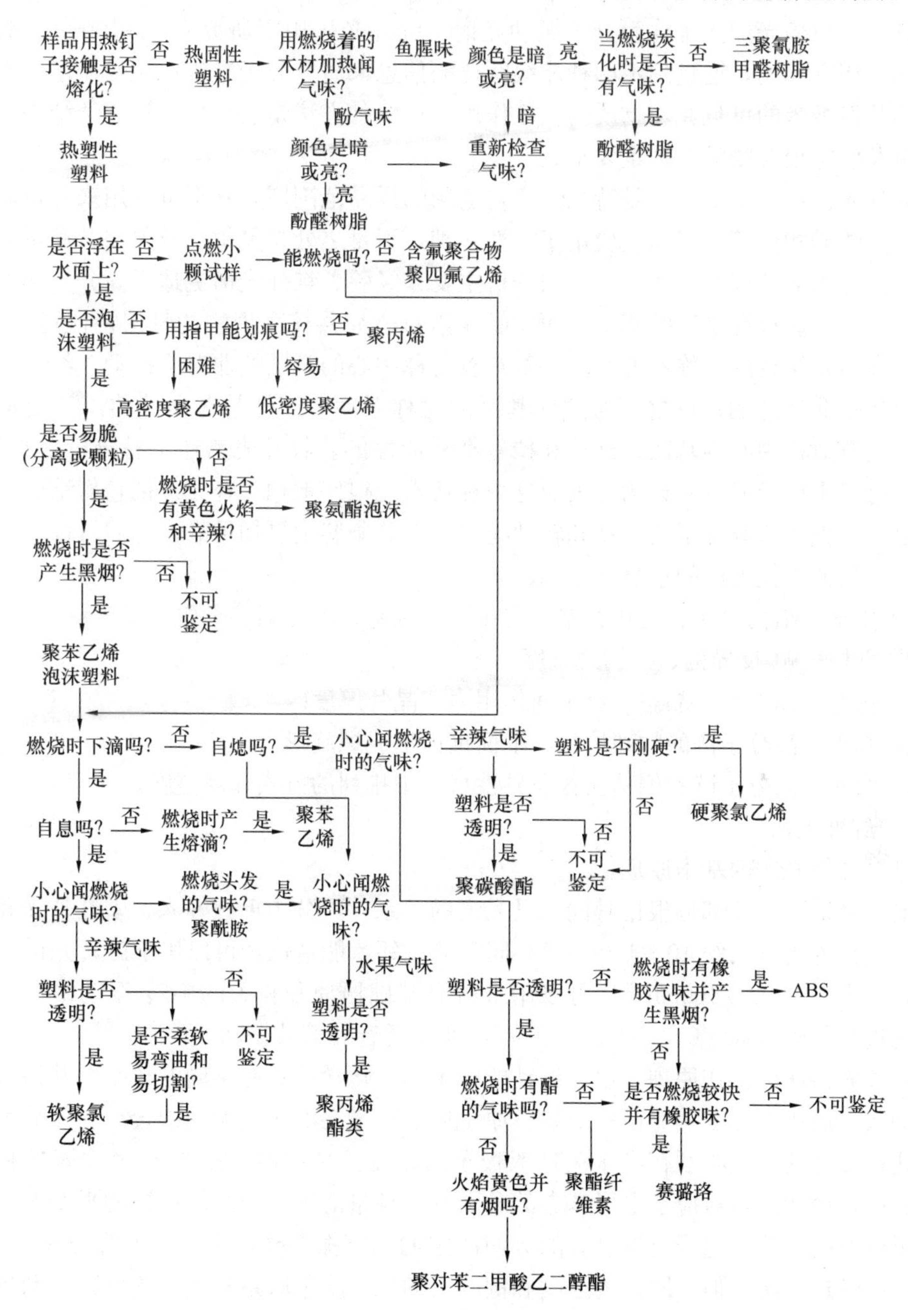

图 6-1　废旧聚合物综合鉴别法

6.1.3　聚合物的仪器分析法

分析仪器的飞速发展，使得各种结构表征仪器大量运用在聚合物结构分析上，用其鉴别聚合物具有准确、快速的特征，但聚合物的鉴定需要几种仪器分析方法共同进行分析。

1. 红外与拉曼光谱法鉴别

红外和拉曼光谱法统称为分子振动光谱。红外光谱用于研究 0.7～1000μm 的红外光与物质相互作用，通过测定两种能级跃迁的信息来研究分子结构；拉曼光谱用于研究波长为几百纳米的可见光与物质的相互作用。这两种方法是表征聚合物化学结构、物理结构以及鉴定聚合物的一种重要工具。

红外光谱法的主要优点是特征性好，适用的样品范围广，甚至可以用来分析同分异构体、立体异构体等，因而主要用于定性鉴别，不足之处是灵敏度较欠缺、衡量分析困难，定量也不如紫外光谱法好，谱图分析主要靠经验。红外光谱更适于高分子侧基和端基，特别是一些极性基团的测定，而拉曼光谱对研究共核高聚物的骨架特征特别有效。在研究高聚物结构的对称性方面，一般具有对称中心的基团的非对称振动，红外是活性的而拉曼是非活性的；反之，对这些基团的对称振动，红外是非活性的，拉曼是活性的。对没有对称中心的基团，红外和拉曼都是活性的。红外光谱还不易分析含水样品，但此时可以采用激光拉曼光谱，因而这两种技术能很好地相互补充。把它们结合起来分析可更加完整地研究分子的振动和转动能级，对分子鉴定更加可靠。它们可以对以下方面提供定量或定性方面的信息。

① 化学：结构单元、支化类型、支化度、端基、添加剂、杂质。

② 立构：顺-反异构、立构规整度。

③ 物态：晶态、非晶态、分子间作用力、晶片厚度。

④ 构象：高分子链的物理构象、平面锯齿形或螺旋形。

⑤ 取向：高分子链和侧基在各向异性材料中排列的方式和规整度。

1）红外光谱

（1）红外光谱的基本原理

电磁光谱的红外部分根据其同可见光谱的关系，可分为远红外光、中红外光和近红外光。远红外光（大约 10～400cm^{-1}）同微波毗邻，能量低，可以用于旋转光谱学。中红外光（大约 4000～400cm^{-1}）可以用来研究基础振动和相关的旋转-振动结构。更高能量的近红外光（14000～4000cm^{-1}）可以激发泛音和谐波振动。

红外光谱法的工作原理是由于振动能级不同，化学键具有不同的频率。共振频率或者振动频率取决于分子等势面的形状、原子质量和最终的相关振动耦合。为使分子的振动模式在红外活跃，必须存在永久性双极子的改变。具体地，在波恩-奥本海默和谐振子近似中，例如，当对应于电子基态的分子哈密顿量能被分子几何结构的平衡态附近的谐振子近似时，分子电子能量基态的势面决定的固有振荡模，决定了共振频率。然而，共振频率经过一次近似后同键的强度和键两头的原子质量联系起来。这样，振动频率可以和特定的键型联系起来。

简单的双原子分子只有一种键，那就是伸缩。更复杂的分子可能会有许多键，并且振动可能会共轭出现，导致某种特征频率的红外吸收可以和化学基团联系起来。常在有机化合物中发现的CH_2基团，可以以“对称收缩”“非对称伸缩”“剪刀式摆动”“左右摇摆”“上下摇摆”和“扭摆”6 种方式振动。

测量样品时，一束红外光穿过样品，不同波长上的能量吸收被记录下来。这可以由连续改变使用的单色波长来实现，也可以用傅里叶变换来一次测量所有的波长。这样的话，透射光谱或吸收光谱或被记录下来，显示出被样品红外吸收的波长，从而可以分析出样品中包含的化学键。

（2）红外光谱的鉴别实例

红外光谱在鉴别聚合物及研究其结构上具有广泛的应用。不少聚合物可以通过测定其红外吸收光谱，将其与标准红外谱图对比，从而确认聚合物种类。

最简单的聚合物结构是甲基封端的亚甲基链节链，这种形式就是 PE 的结构。由于聚合物几乎完全由亚甲基基团组成，所以它的红外光谱图中仅存在亚甲基的伸缩和弯曲振动峰，如图 6-2 所示。图 6-2 中主要出现 4 个尖峰：在 $2920cm^{-1}$ 和 $2850cm^{-1}$ 处是亚甲基伸缩振动吸收峰；在 $1464cm^{-1}$ 和 $719cm^{-1}$ 处是亚甲基扭曲变形振动吸收峰。由于 PE 具有结晶结构，在 $1464cm^{-1}$ 和 $719cm^{-1}$ 处的吸收峰是双峰，并且在 $1473cm^{-1}$ 和 $731cm^{-1}$ 处出现了另外的峰。高密度聚乙烯（HDPE）是非常规整的，大约有 70%的结晶度。但低密度聚乙烯（LDPE）支化程度较大，只有大约 50 %的结晶度。PE 试样的结晶度可以按 $731cm^{-1}$ 与 $719cm^{-1}$ 处吸收峰的比来确定。

图 6-3 中，PET 的红外特征谱带有三个，包括 $1730cm^{-1}$ 处的羰基伸缩振动，$1130cm^{-1}$ 和 $1260cm^{-1}$ 处的 C—O—C 伸缩振动，它们共同表明酯类的存在。$1130cm^{-1}$ 和 $1260cm^{-1}$ 处强度相似的两个强峰是对苯二甲酸的特征峰。$700\sim900cm^{-1}$ 区有丰富的吸收峰说明存在苯环。

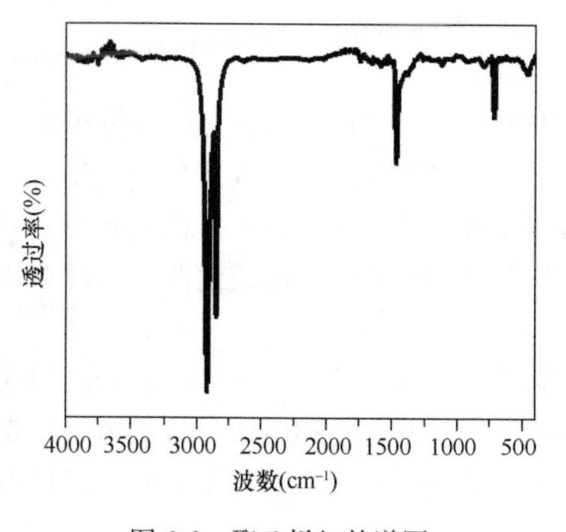

图 6-2　聚乙烯红外谱图

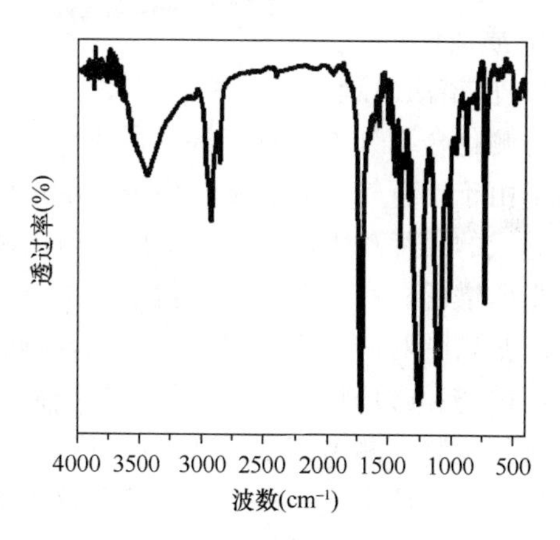

图 6-3　聚对苯二甲酸乙二醇酯红外谱图

2）激光拉曼光谱

（1）原理

当用波长比试样粒径小得多的单色光照射气体、液体或透明试样时，大部分的光会按原来的方向透射，而一小部分则按不同的角度散射开来，产生散射光。在垂直方向观察时，除了与原入射光有相同频率的瑞利散射外，还有一系列对称分布着若干条很弱的与入射光频率发生位移的拉曼谱线，这种现象称为拉曼效应。由于拉曼谱线的数目、位移的大小、谱线的长度直接与试样分子振动或转动能级有关。因此，与红外吸收光谱类似，对拉曼光谱的研究，也可以得到有关分子振动或转动的信息。目前拉曼光谱分析技术已广泛应用于物质的鉴定，分子结构的研究。激光拉曼光谱法是以拉曼散射为理论基础的一种光谱分析方法。激光拉曼光谱法的原理是拉曼散射效应。拉曼散射是指当激发光的光子与作为散射中心的分子相互作用时，大部分光子只是发生改变方向的散射，而光的频率并没有改变，大约有占总散射光的 10^{-10}～10^{-6}的散射，不仅改变了传播方向，也改变了频率。这种频率变化了的散射就称为拉曼散射。对于拉曼散射来说，分子由基态 E_0 被激发至振动激发态 E_1，光子失去的能量与分子得到的能量相等，为 ΔE，它反映了指定能级的变化。因此，与之相对应的光子频率也是具有特征性的，根据光子频率变化就可以判断出分子中所含有的化学键或基团。因此拉曼光谱可以作为研究分子结构的分析工具。拉曼光谱仪的主要部件有激光光源、样品室、分光系统、光电检测器、记录仪和计算机。

（2）激光拉曼光谱应用

激光拉曼光谱可以提供关于碳链或环的结构信息。在确定异构体（单体异构、位置异构、几何异构和空间立现异构等）的研究中拉曼光谱可以发挥其独特作用。电活性聚合物如聚吡咯、聚噻吩等的研究常利用拉曼光谱为工具，在聚合物的工业生产方面，如对受挤压线性聚乙烯的形态、高强度纤维中紧束分子的观测，以及聚乙烯磨损碎片结晶度的测量等研究中都采用了拉曼光谱。Huan 等利用高分辨共聚焦拉曼成像的技术，评价聚对苯二甲酸乙二醇酯/高密度聚乙烯（PET/HDPE）共混聚合物的相容性。Hendra 等通过傅里叶变换拉曼光谱仪对聚合物的研究表明，聚丙烯（PP）和聚乙烯（PE）分别在 1450cm^{-1}和 2800cm^{-1}处有尖锐的特征谱线。

2. 质谱法

1）质谱法原理

待测化合物分子吸收能量（在离子源的电离室中）后产生电离，生成分子离子，分子离子由于具有较高的能量，会进一步按化合物自身特有的碎裂规律分裂，生成一系列确定组成的碎片离子，将所有不同质量的离子和各离子的多少按质荷比记录下来，就得到一张质谱图。由于在相同实验条件下每种化合物都有其确定的质谱图，因此将所得谱图与已知谱图对照，就可确定待测化合物。

用电场和磁场将运动的离子（带电荷的原子、分子或分子碎片）按它们的质荷比分离后进行检测，测出离子的准确质量就可以确定离子的化合物组成。这是由于核素的准确质量是一多位小数，决不会有两个核素的质量是一样的，而且决不会有一种核素的质量恰好是另一核素质量的整数倍。

2）质谱法应用

质谱中出现的离子有分子离子、同位素离子、碎片离子、重排离子、多电荷离子、亚稳离子、负离子和离子-分子相互作用产生的离子。综合分析这些离子，可以获得高分子的分子量、化学结构、裂解规律和由单分子分解形成的某些离子间存在的某种相互关系等信息。

很多关于聚合物结构的分析方法，如凝胶渗透色谱、光散射、NMR（核磁共振）等，测得的都是平均值，而质谱检测到的是单个的聚合物链，因此可以得到重复单元和端基结构等信息，当然也就可以计算平均分子量和分子量分布，这就大大提高了人们对聚合物结构的精确认识，对聚合物的鉴定也提供了精确信息。王毓采用了 TG（热重分析法）、同步辐射真空紫外光电离质谱（SVUV-PIMS）及 GC-MS 三种分析技术研究了

废旧纸类和棉麻织物的热解过程。

3. 核磁共振法

核磁共振波谱是研究原子核在磁场中吸收射频辐射能量进而发生能级跃迁现象的一种波谱法。通常专指氕原子的核磁共振波谱（质子核磁共振谱）的研究。同一核素的原子核在不同化学环境下能产生位置、强度、宽度等各异的谱线，为研究、鉴定复杂的高分子结构提供重要的信息。

1）核磁共振法原理

（1）原子核产生核磁共振吸收的必要条件

① 原子核的自旋量子数 I 不能为零。产生核磁共振的首要条件是核自旋时要有磁矩产生，原子核有无自旋现象决定于核的自旋量子数 I。当 $I=0$ 时，如 ^{12}C 和 ^{15}O 等，原子核没有自旋现象，不能产生核磁共振作用。核的自旋量子数 I 取决于组成原子核的中子数和质子数的数目。核的自旋量子数、质量数和原子序数的关系见表 6-9。

表 6-9　核的自旋量子数、质量数和原子序数的关系

质量数	原子序数	自旋量子数	例
奇数	奇或偶数	半整数	^{1}H、^{13}C、^{21}P、^{19}F
偶数	奇数	奇数	^{14}N、^{2}H（D）
偶数	偶数	0	^{16}O、^{13}C

② 有自旋的原子核必须置于一个外加磁场 H_0 中，使核磁能级发生分裂。当将自旋核置于外加磁场中时，根据量子力学原理，由于磁矩与磁场相互作用。磁矩相对于外加磁场有不同的取向，它们在外磁场方向的投影是量子化的。

③ 必须有一个外加频率为 ν 的电磁辐射，其能量正好是进行旋进运动的原子核的两能级差，才能被原子核吸收，使其从低能量态跃迁到高能量态，从而发生核磁共振吸收。

（2）饱和与弛豫

自旋原子核在外加磁场下有不同的取向，给它一定的射频辐射，原子核自旋能级会从低能态跃迁到高能量态，如果这种跃迁继续下去，低能态的核总数就不断减少，如果高能量态核没有什么途径回到低能量态，那么经过一定的时间后，两种能级的核数量相等，达到饱和，即不再有净的吸收，这是将得不到核磁共振的信号。高能量态的核以非辐射形式释放能量，回到低能量态，维持 n_0 略大于 n^*，致使核磁共振信号存在，这种过程称为“弛豫”。

（3）化学位移

根据共振条件：

$$\nu=\gamma H/2\pi$$

其中，核的共振频率只决定于旋磁比 γ 和 H。由于同一种核的 γ 相同，若它们都只经受外磁场的作用，则只能观测到一条频率固定的 NMR 谱线。实际上，对同一种同位素的原子核，由于核所处的化学环境不同，其共振频率亦会稍有变化。这归因于围绕在核周围的电子对原子核的屏蔽作用。

① 屏蔽效应产生化学位移。由于核外电子云的屏蔽作用，氢核产生共振需要更大

的外磁场强度（相对于裸露的氢核）来抵消屏蔽作用的影响。在有机化合物中，各种氢核周围的电子云密度不同（结构中不同位置）共振频率有差异，即引起共振吸收峰的位移，这种现象称为化学位移。

② 化学位移的表示方法。由于屏蔽效应而引起的共振频率的变化是极小的，按通常的表示方法表示化学位移的变量极不方便，且因仪器不同，其磁场强度和屏蔽常数不同，则化学位移的差值也不相同。为了克服上述问题，在实际工作中，使用一个与仪器无关的相对值表示，即以某一物质的共振吸收峰为标准 ν_{TMS}，测出样品中各共振吸收峰 ν 样与标准的差值，并采用无量纲的差值与 ν_{TMS} 比值 δ 来表示化学位移，由于其值很小，故乘以 10^6。测试中选用的标准物质为四甲基硅烷（TMS），此时其位移常数 $\delta_{TMS}=0_{TMS}$，12 个氢处于完全相同的化学环境，只产生一个尖峰；屏蔽强烈，位移最大。与有机化合物中的质子峰不重叠；化学惰性；易溶于有机溶剂；沸点低，易回收。因此，是最理想的标准参比物。

③ 影响化学位移的因素。化学位移是由于核外电子云的对抗磁场引起的，凡是能使核外电子云密度改变的因素都能影响化学位移。

元素电负性影响化学位移。氢核与电负性的原子或基团相连时，使氢核周围电子云密度降低，产生去屏蔽效应。屏蔽作用小，处在低场。元素的电负性越大，或者取代基团的吸电子作用越强，去屏蔽效应越大，氢核的化学位移 δ 值越大；电负性大的元素距离氢核越远，去屏蔽效应越小，化学位移值越小。

化学键的磁各向异性效应影响化学位移。在外磁场的作用下，分子中处于某一化学键（单键、双键、三键和大 π 键）的不同空间位置的氢核，受到不同的屏蔽作用，这种现象称为化学键的磁各向异性效应。电子构成的化学键，在外磁场作用下产生一个各向异性的次级磁场，使得某些位置上氢核受到屏蔽效应，而另一些位置上的氢核受到去屏蔽效应。

氢键影响化学位移。形成氢键的质子比没有形成氢键的质子受到的屏蔽作用小，其化学位移向低场移动，氢键越强，δ 值越大。

溶剂效应影响化学位移。在 NMR 法中，溶剂选择十分重要，对于 ^1H 来讲，不仅溶剂分子中不能含有质子，而且要考虑溶剂极性的影响。同时要注意，不同溶剂可能具有不同的磁各向异性，可能以不同方式作用于溶质分子而使化学位移发生变化。这种由于溶剂的影响而引起化学位移发生变化的现象称为溶剂效应。在进行 NMR 分析时，溶液一般很稀，以有效避免溶质间的相互作用。

2）核磁共振的应用

NMR 是聚合物研究中很有用的一种方法，它可用于鉴别高分子材料，测定共聚物的组成，研究动力学过程等。但在一般的 NMR 的测试中，试样多为溶液，这使高分子材料的研究受到限制，而固体高分辨率核磁共振波谱法，采用魔角旋转及其他技术，可直接测定高分子固体试样。同时高分子溶液黏度大。给测定带来一定的困难，因此要选择合适的溶剂并提高测试温度。

（1）高分子的鉴别

^1H-NMR 主要研究化合物中 ^1H 原子核的核磁共振。它可提供化合物分子中所处不同化学环境的氢原子之间的相互关联的信息，从而确定分子的组成、连接方式及空间结

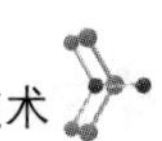

构等。而^{13}C-NMR主要研究化合物中碳的共价结构，特别是在高分子结果分析中，研究的归属很有意义。高分子化合物主要由碳氢组成，所以用^{1}H谱和^{13}C谱来研究聚合物的结果无疑是很合适的，特别能解决结构分析问题。而对于一些结构类似的聚合物，红外光谱图也基本类似，这时利用^{1}H-NMR或^{13}C-NMR就很容易鉴别。例如聚烯烃的鉴别，聚丙酸乙烯酯和聚丙烯酸乙酯的鉴别及未知物的鉴别等。

（2）共聚组成的测定

由于NMR谱峰的强度与该物质相应的元素有很好的对应关系，尤其是对于^{1}H-NMR，共振峰的积分面积正比于相应的质子数，所以可以通过直接测定质子数之比而得到各基团的定量结果。因此，利用NMR研究共聚物组成不用依靠已知标样，就可以直接测定共聚物组成比。

（3）支化结构的研究

碳谱中支化高分子和线形高分子产生的化学位移不同，由于支链会影响到主链碳原子的化学位移，且支链的每一个碳原子也有不同吸收，所以支化结构为一系列复杂的吸收峰。

（4）高聚物立构规整性测定

只有通过研究链的精细结构才能够观察到同一氢核在不同立体化学环境中的差别，必须在高磁场强度下测量。

核磁共振在高分子中已得到广泛应用，除了上述介绍的四种还有聚合物序列结构研究、键接方式研究、端基分析。

4. 热分析方法鉴别

热分析法是指在程序控制温度的条件下，测量物质的性质与温度关系的一种技术。在加热或冷却的过程中，随着物质的结构、相态、化学性质的变化，质量、温度、热熔变化，尺寸及声光电磁及机械特征性都会随之相应改变。因此，通过热分析技术可以获得聚合物的熔点、软化点、玻璃化转变温度、热分解温度及结晶温度等，从而判断聚合物的种类。

随着高分子工业的迅速发展，为了研制新型的高分子材料，控制高分子材料的质量和性能，测定高分子材料的熔融温度、玻璃化转变温度、混合物的组成、热稳定性等是必不可少的。在这些参数的测定中，热分析是主要的分析工具。热分析技术主要包括热重分析法（TG）、差热分析法（DTA）、差示扫描量热法（DSC）、热机械分析法（TMA）、动态热机械分析法（DMA）等。这里简要介绍了其中最常用的两种热分析方法：热重分析法（TG）和差示扫描量热法（DSC）。

1）热重分析法

热重法是在程序控温下，测量物质的质量与温度的关系。通常热重法分为非等温热重法和等温热重法。它具有操作简便、准确度高、灵敏快速以及试样微量化等优点。

热重分析主要研究在惰性气体、空气、氧气中材料的热稳定性、热分解作用和氧化降解等化学变化；还广泛用于研究涉及质量变化的所有物理过程，如测定水分、挥发物和残渣，吸附、吸收和解吸，气化速度和气化热，升华速度和升华热，有填料的聚合物或共混物的组成等。

用来进行热重分析的仪器一般称为热天平。它的测量原理是：在给被测物加温过程中，由于物质的物理或化学特性改变，引起质量的变化，通过记录质量变化时程序所走出的曲线，分析引起物质特性改变的温度点，以及被测物在物理特性改变过程中吸收或者放出的能量，从而来研究物质的热特性。

例如，热重分析法可以准确地分析出高分子材料中填料的含量。根据填料的物理化学特性，可以判断出填料的种类。一般情况下，高分子材料在500℃左右基本分解，因此对于600～800℃范围内的失重，可以判断为碳酸盐的分解，失重是因为放出二氧化碳，并据此可以计算出碳酸盐的含量。剩余量即为热稳定填料的含量，如玻纤、钛白粉、锌钡白等的含量。然而，热重分析只能得出填料的含量，不能分析出填料的种类，将热重分析残渣进行红外分析，便可判断出填料的种类。

2）差示扫描量热法

DSC是按照程序改变温度，使试样与标样之间的温度差为零。测量两者单位时间的热能输入差。就是说，使物转移过程中的温度和热量能够加以定量。运用DSC技术可以测量玻璃化温度、融解、晶化、固化反应、比热容量和热履历等项目。试样的用量非常少，有数毫克就够了。另外，最近有一种最新的高分子测量方法叫动态DSC，引起了人们的关注。

DSC中的试样任何时候均处于温度程序控制之下，因此在DSC中进行的转变或反应，其温度条件是严格的，进行定量的动力学处理时在理论上没有缺陷。

玻璃化转变是高聚物的一种普遍现象。在高聚物发生玻璃化转变时，许多物理性能发生了急剧变化，如比热容、弹性模量、热膨胀、介电常数等。DSC测定玻璃化转变温度T_g就是基于高聚物在T_g转变时比热容增加这一性质进行的。在温度通过玻璃化转变区间，高聚物随温度的变化，热容有突变，在DSC曲线上，表现为基线向吸热方向的突变，由此确定T_g。

6.2 废旧聚合物分选技术与设备

回收聚合物的价值取决于原始树脂与回收树脂的市场价格比及其分类产品的质量。混杂塑料价值通常不高而且生产出的产品性能不好、不稳定，然而分类后的回收塑料却可以用于生产价值较高的制品或生产循环利用产品。

各种分选技术通常是在不同聚合物的化学、光学、电学或物理性能的差别上建立起来的，不同方法对分离废旧聚合物都是有效的，因为没有任何一种方法能满足所有标准的要求（如不同聚合物的分拣、分离组分的纯化、产品的生产效率、设备的成本等）。一种成功的聚合物分离方法要求快捷、可靠、经济，而且能够灵活处理各种污染及颜色的变化。

废旧聚合物的分选技术可分为人工分选、干法和湿法三种。通常认为，湿法比干法更易获得较高的分选精度。振动分选、光选、电选、风力分选、密度分选、浮选等在废旧聚合物分选方面均得到了不同程度的应用，其中浮选表现出了独特优势。

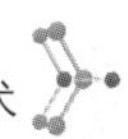

6.2.1 干法分选

1. 人工分选

人工分选（图 6-4）是在废旧聚合物通过一个移动着的运输带时，训练有素的工人通过观察其不同的特性将其分类整理。例如，PVC 瓶除了有回收标志印在瓶上外，还有许多其他特性区别于 PET 瓶。例如，色泽浅蓝，瓶上有脱坯造成的发白区域，这是由于 PVC 瓶在挤出时应力发白造成的。不同材质的聚合物制品在特殊光下具有不同的现象，借助各种光条件可大大方便手工分选。

图 6-4 人工分选图

人工分选适用于小批量的废旧塑料分选，采用此方法容易将较易识别的不同种类聚合物分开，例如 PVC 膜与 PE 膜、PVC 硬质制品与 PP 制品。人工分选是难以替代的，但是存在劳动强度高、效率低的问题，并且由于人工操作失误难免，往往造成生产出的产品只能用在价值较低的产品上。

2. 光选

光选是基于不同塑料在光谱性能上的差异而进行的自动化分选，又分为吸收光谱（如红外、紫外吸收光谱）、发射光谱（如荧光光谱）和散射光谱（如拉曼光谱）三种类型。不同塑料具有不同的红外光谱，红外光谱特征峰等存在差别；射线能检测出 PVC 中的氯。当红外光谱或射线照射在皮带运输机上的块状塑料混合物时，如果探测器获得“是”的信息，喷管喷出气流将其吹出，用这种方法可以分选多种塑料。光选法适合于块状塑料混合物中部分塑料的分选，对于破碎后的细粒塑料，由于光谱中的某些波段会发生位移，分选过程难以完成，此外光谱法难以分离黑色聚合物。图 6-5 为红外光分离 PVC 瓶和非 PVC 瓶的示意图。

3. 电磁分选技术

电磁分选技术是利用各种物料的电磁差异，在磁力及其他力作用下进行分选的技术。电选分为静电分选和摩擦带电分选，即利用电晕放电或摩擦带电使研究对象带电，

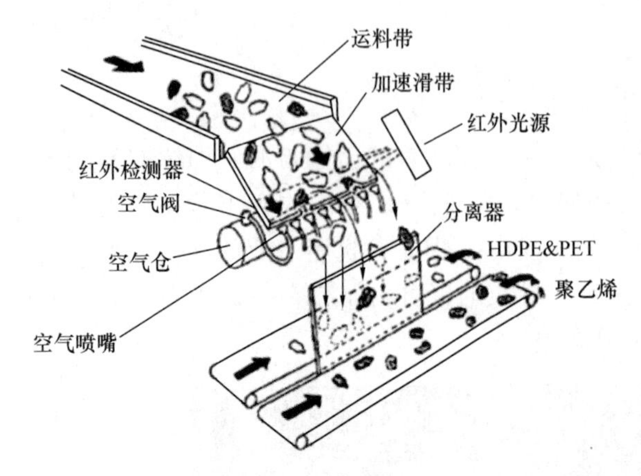

图 6-5　红外光分离 PVC 瓶和非 PVC 瓶的示意图

依次来分选带不同电性和电量的聚合物颗粒。Inculet 等人采用电选技术分离了 PMMA、PE、PVC 和 PA，产物纯度达到了 95%以上，回收率达到了 98%。由于塑料带电的差异不是十分明显，特别是对于实际的塑料废物，其带电性质与纯净塑料存在差别，而且电选受附着水分及湿度的影响较大，因此利用电选技术分选废旧塑料存在诸多局限。Hamous 公司研制了一种旋转桶摩擦生电分离器，塑料进入充电桶，充电桶就可以根据分离任务进行工作。图 6-6 是摩擦电筒分离器原理图。

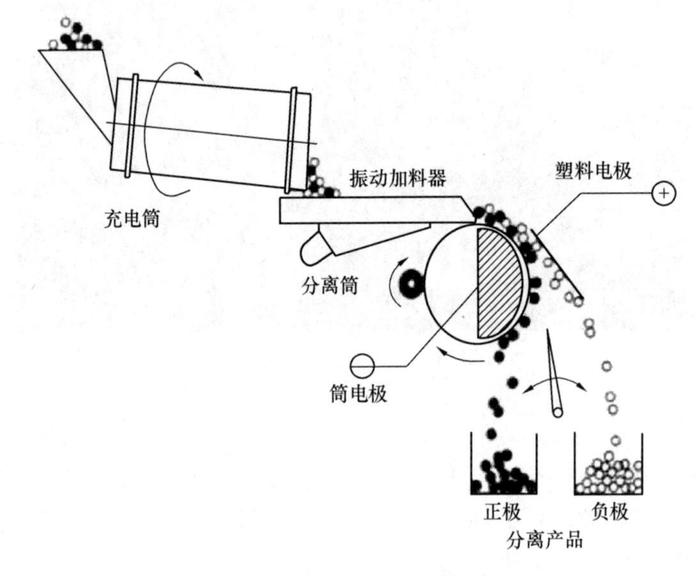

图 6-6　摩擦电筒分离器原理图

4. 风力分选

风力分选也称气流分选，是利用塑料颗粒在空气流中因粒径、形状、密度等差异予以分离。通过用气流吹动废塑料与其他材料的混合材料，密度大的材料下落距离较近，密度轻的材料下落距离较远，从而实现材料的分选。适合于密度差较大的物料之间的分选。其设备可以分为风力分选筒和风力摇床等几种，除了风力因素外，还利用了颗粒摩擦系数的差异。总体而言，风力分选更适合于金属与塑料的分选，用于废旧塑料之间分选的效率不高，同时风力摇床还存在处理能力不高的缺陷。螺旋气流分选设备图如图 6-7所示。运作时分离介质由分选机侧边进入，在风力作用下，高密度塑料向下沉降，低密度物料由分选机上部吹出，从而达到分离效果。气流分级机分选设备示意图如图 6-8 所示。其自身带有转动叶片或转子，借用叶片的转动使气流旋转，将所携带的固体颗粒按粒度分离其结构形式有很多种，广泛应用于微细粒级物料的干式分级。叶片转子型离心式气流分级机易于调节分级产物的粒度，分级区的气固浓度波动对分级粒度的影响显著降低，同时它还具有能耗低、生产能力高、不需要另外安装通风机和集尘器等优点。其缺点是通过环形断面的气流速度分布不均匀，致使分级的精确度不高，另外还容易导致物料在循环过程中被粉碎。

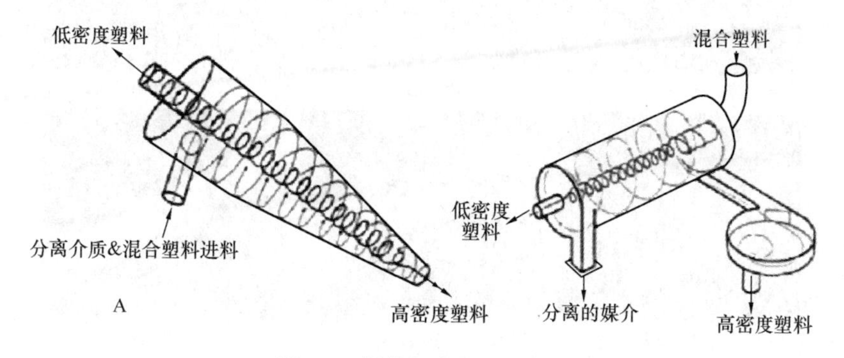

图 6-7　螺旋气流分选设备图

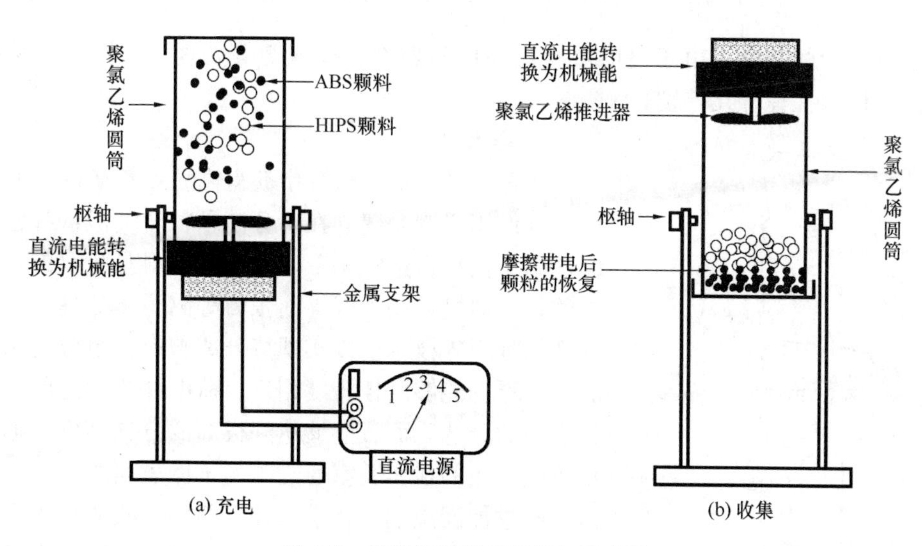

图 6-8　气流分级机分选设备示意图

5. 振动分选

振动分选技术是利用振动床的往复运动，带动床面上的物料产生振动作用。主要原理是利用物料与床面之间产生的摩擦力及惯性力，形成物料颗粒的不同位移运动，并通过物料颗粒间的位移差达到分离的效果。振动分选在处理密度相差较大的材料分选时效果较好。如图 6-9 所示，0s 时密度相差较大的塑料和金属混合在一起。由图中可以看出，随着时间的增加，金属与塑料形成了明显的分界线，金属物料与塑料物料的位移差越来越大，从而达到分离效果。

6.2.2　湿法分选

1. 密度分选

如果能够选择一种合适密度的介质，使得两种塑料中的一种漂浮而另一种下沉，就

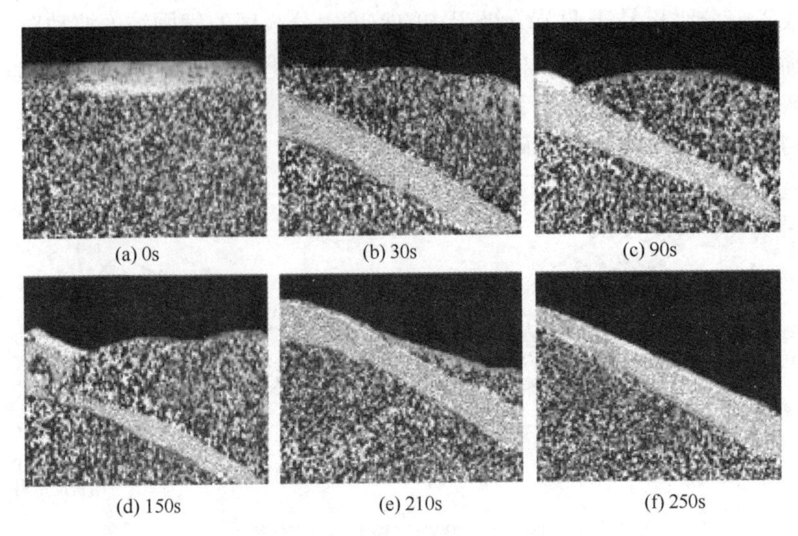

图 6-9　75%塑料与 25%金属混合材料的振动分选效果

可以实现二者的分离。由于废旧塑料往往用阻燃剂、增强剂等处理过，同一名称的塑料，其密度也往往存在差别。

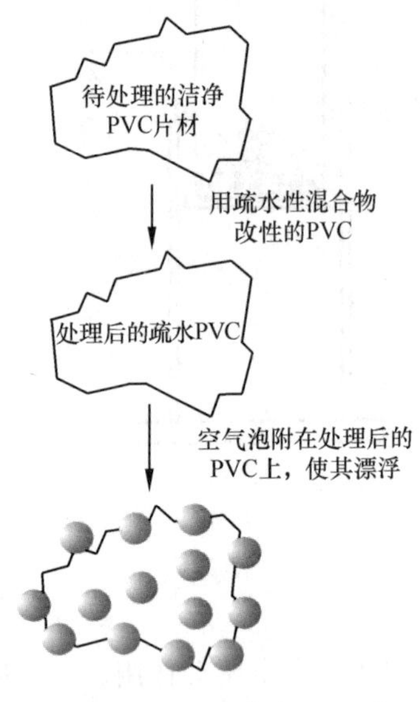

图 6-10　浮选法分离 PET 和 PVC 的示意图

2. 浮选法

浮选是矿物加工过程中获得高质量精矿的最有效手段，其作用机制是建立在待分离颗粒对气泡选择性固着的基础上。在自然状态下，大多数塑料是疏水的，即可浮的，但通过控制液气界面张力等离子体处理、表面活性剂的吸附等技术可以实现待分离塑料各组分的选择性润湿。浮选能够胜任密度相近、荷电性质相近的废旧塑料之间的分选，而且能够达到很高的分选精度。通过多年研究，人们在实验室通过等离子体表面改性（物理调控）和添加润湿剂（化学调控）两种方法实现了等体系混合塑料的浮选分离。而且在德国已经完成的半工业试验证明，采用等离子体物理调控技术或者采用添加适当润湿剂的化学调控技术均可以浮选分离吸尘器、仪表盘、汽车门中所含的废旧塑料，回收塑料的纯度达到了99%以上，回收率达到 92%～98%。图 6-10 为浮法分离 PET 和 PVC 的示意图。

6.3　聚合物基复合材料分离与回收技术

6.3.1　废弃复合材料国内外的应用现状

在工业发达国家，特别是欧洲，复合材料在许多应用领域中已经成功地取代了钢和铝，然而大多数复合材料废弃物仍然采用简单填埋或热分解处置，没有像金属一样得到

回收利用。尤其在德国、荷兰等国家，社会强烈要求为复合材料制品废弃物的回收利用立法，需要各有关大公司共同投资、联合建厂，同时还有政府的资助。回收加工复合材料废弃物，大多采用粉碎和热解法技术，已具备一定的规模，技术也日趋成熟。其主要研究方向大致分为两个方面：一是研究非再生热固性复合材料废弃物的处理新技术；二是开发可再生、可降解的新材料。德国在1991年建立了复合材料废弃物回收利用工业制品的ERCOM体系，并采取了一些实质性的相关举措。同时德国通过了一项要求汽车公司处置或回收利用废旧汽车的法案，要求汽车公司采用收集、分类、清洗、粉碎加工、新产品的开发工作流程来循环再利用复合材料废弃物。Mercedes Benz公司已经为德国的汽车修理店建立了一套收集和分解系统（MeRSY）。这个系统在1996年从轿车上回收聚合物部件（主要是热塑性聚合物）400吨，从卡车上回收聚合物部件（主要是SMC）400吨。这些聚合物部件在几个加工厂集中分解，用于制造新的PP、PC、PUR、SMC（热固性复合材料）等材料。2019年，Telekom公司在德国建立了回收电话亭和电器盒的分解系统，致力于通过对其进行分解并从中提取新材料。到目前为止，估计德国已有40%的废旧电话亭被回收利用。同时电器公司已开始设计一种使用回收材料制成的大理石外观的电器盒代替现在普遍采用的灰色电器盒。2003年，由Inoplast、NCI、Owens Corming、Vetrotex、Johns Manvlle、Reichhold、DSM、Polynt和欧洲复合材料行业协会（EuCIA）成立了欧洲复合材料回收公司。该公司的任务是为复合材料行业提供经济的回收利用方案，以履行其环境责任，并为行业的未来发展提供一个平台。欧洲复合材料回收机构ECRC的最初目的是找到可以满足欧盟最近实施的废弃汽车（ELV）指令要求的解决方案。但随着复合材料制品的广泛使用，ECRC正在通过物流、破碎、研磨的循环程序开发复合材料废弃物新制品。有迹象表明，火车枕木、耐火砖、水泥和石膏是复合材料废弃物回收利用的研究方向。日本复合材料回收再利用主要有两种方式：一种是粉碎作为填料使用；另一种是将回收料粉碎到一定程度添加到水泥中，回收能量。由于复合材料废弃物本身热能较低（8.4～16.7kJ/kg），需要和热能值较高的PP、PE薄膜按质量比1∶1混合，达到20.9～25.1kJ/kg的水泥所需燃料的要求。本秩父小野田公司进行了以复合材料废弃物为原料的水泥性能研究。

目前，我国对复合材料废弃物主要处理方法为：先通过收集复合材料废弃物，采取集中填埋和焚烧的方法，填埋原则上通常选择在山沟或荒地，也有些单位采取就近掩埋，这种方法造成土壤的破坏和大量土地的浪费。焚烧一般采用直接燃烧，这种方法比较简单，不会造成土地浪费，但由于燃烧中产生大量毒气，造成环境污染。有关我国处理复合材料废弃物的其他应用方法尚未见文献报道。

近几年来，随着社会环境保护意识的增强，我国已开始着手对复合材料废弃物回收再利用进行研究分析。如北京玻璃钢研究设计院承担了国家科技部“热固性复合材料（SMC）综合处理与再生技术研究项目”的研究工作，目的是开展复合材料废弃物研究，形成一套适合中国特色的玻璃钢复合材料废弃物回收再利用技术，向复合材料行业推广，实现复合材料工业的可持续发展。目前该项目正在进行中，该项目主要解决以下问题：

① 粉碎设备的研究；

② 不同尺寸粉碎料的利用方式研究；

③ SMC 废弃物生产线研究。

该项目通过几年的努力，在 SMC/BMC 中的应用等方面已取得阶段性成果。研制生产了 SCP-640 型玻璃钢专用破碎机，处理能力为 300kg/h，建立了一条热固性（SMC）废弃物回收利用示范生产线。日常生活中回收的非中空类废旧塑料多为盆、筐、水果篮、塑料凳等民用日常杂品，主要成分为 PP、PE、PS/ABS 和其他杂质，其中杂质主要为金属、泥沙、硅胶、玻璃、标签、残留液体、轻质物料、木屑纸屑等。国内某公司针对此类混合废旧塑料设计了以风力分选、颜色分选、NIR 分选为主，并辅以人工分选、电磁分选和人工智能的分选技术方案。该方案的处理量可达 4.5 吨/小时。其工艺流程见表 6-10。以日杂非中空类废旧塑料为原料，该分选技术方案通过联合使用风选机、颜色分选机和 NIR 分选机，实现对混合废旧塑料中的 PP、PE、PS/ABS 按照颜色和材质进行分类，并配合磁选机和金属探测器，以及人工智能将塑料混合物中的各种杂质剔除，并回收分选系统尾料、衍生料中的可再生资源，从而提高废旧塑料的纯度和回收率。该分选技术方案借鉴国外先进分选技术，结合我国国情，建立现代化的资源回收处理系统。国家 2007 年发布的《当前优先发展的高技术产业化重点领域指南》中明确规定，固体废弃物的资源综合利用是国家优先发展的领域之一。与此同时国家发展改革委计划通过产学研相结合，逐步着手研究复合材料废弃物的回收再利用，并提出未来国内复合材料回收再利用的发展方向是借鉴国外的先进经验，集中建厂、分区域统一处理，与水泥、电厂联合起来，以市场化的方式，由行业组织牵头，充分发挥产学研的作用，联合有实力的企业，利用国家提供的相关政策支持，系统解决复合材料废弃物回收再利用问题，促进行业的可持续发展。

表 6-10 日杂非中空类废旧塑料的分选工艺流程

序号	分选工艺	主要设备	备注
1	破碎	初破碎机	原生物料经过初破碎处理后，使粒径尺寸得到控制，有利于后续分选工作和提高回收率
2	电磁分选	鼓磁选机	去除经由初破碎机开包后的铁丝和其他黑铁金属
3	人工分选	人工预分选平台	通过人工干预将一些大件废物从系统分离出来，也可以在处理非中空类塑料时，进行人工分选来提取特殊要求的塑料
4	筛分分选	下倾式三角盘分选筛	将物料中的细小物料经筛孔从系统中排除，以减少后端处理中的误差和对设备的研磨
5	风力分选	单鼓分选机	将物料根据密度分离成轻质物料和重质物料
6	人工智能	Max-ATTM	收集经风力分选吹出的轻质物料中的 2 维片状破碎料，提高回收率
7	颜色分选	颜色分选机	将经风力分选后的重质物料中的黑色塑料分选出来
8	NIR 分选	NIR 分选机	将塑料按照不同的材质进行分选
9	金属剔除	金属探测器	在物料最后阶段，进一步去除金属杂质，提高塑料品质
10	NIR 分选	NIR 分选机	将已经按照材质分类的塑料，再次通过 NIR 分选，将杂质去除，实现进一步提纯

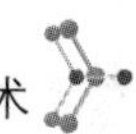

6.3.2 聚合物基复合材料回收的基本流程

目前，复合材料废弃物来源主要有制造期间产生的废弃物和使用年限过后需报废的产品。两者都可能含有油污、粘接剂、金属丝等杂质，因此在回收过程中，应根据废弃物的来源确定需采用的回收工艺。图 6-11 为聚合物基复合材料回收工艺流程图。

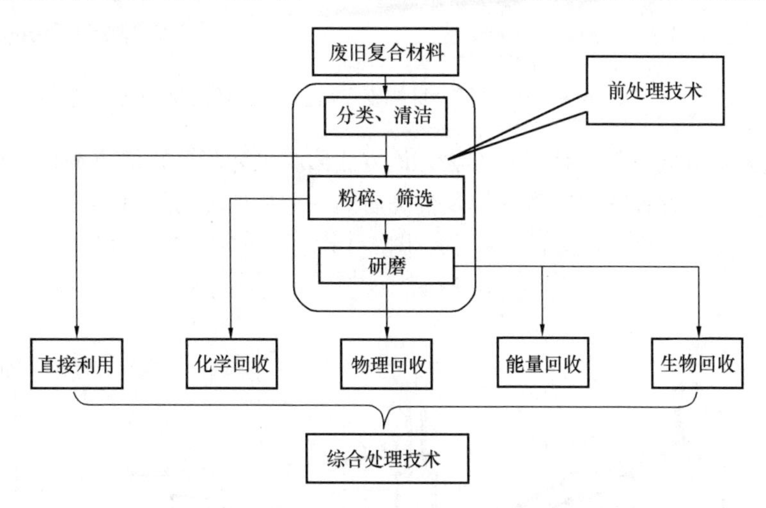

图 6-11 聚合物基复合材料回收工艺流程图

6.3.3 聚合物基复合材料的回收技术

目前，国内外处理复合材料废弃物的方法不尽相同，总体来说，可以分为三类方法：化学回收、能量回收和物理回收，以及三类方法的回收对比，见表 6-11。

表 6-11 废旧聚合物复合材料回收对比

类型	方法	适用范围	回收产物	用途
化学回收	热解法	包括被污染的复合材料废弃物	热解气、热解油固体副产物	作为燃料和复合材料的填料
能量回收	焚烧法	仅用于树脂含量高的废弃物	热量	发电、热源
物理回收	破碎法	仅适用于未被污染的废弃物	粉料	复合材料涂料、铺路材料等

1. 化学回收

化学回收是利用化学改性或分解的方法使废弃物成为可以回收利用的其他物质，如热解法。热解法是借鉴聚合物、橡胶高温分解产生有用的化合物的回收方法，将复合材料废弃物在无氧情况下，加热分解成为保存能量成分的热解气和热解油以及以 $CaCO_3$、玻纤为主的固体副产物。热解法已由美国 Conrad 工业公司和 Wind Gap、Beers 公司进行了数十吨 SMC 废弃物热解试验，证实热解法是可行的。图 6-12 为 ReFibers 公司对复合材料废弃物的高温热解回收工艺示意图。

2. 能量回收

能量回收是将含有有机物或者完全为有机物的废弃物通过焚烧等处理，将燃烧产生

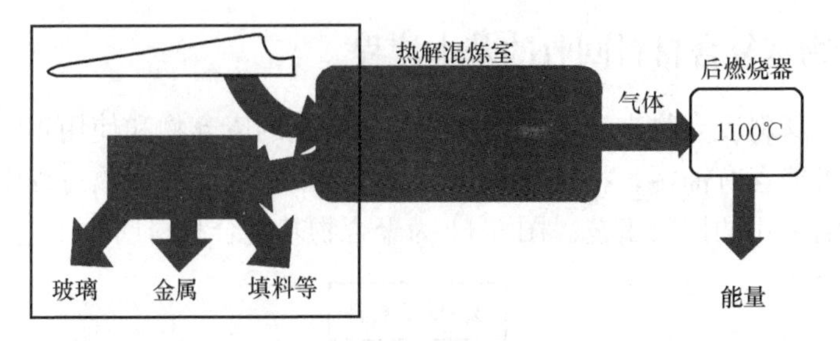

图 6-12　ReFibers 公司对复合材料废弃物的高温热解回收工艺示意图

的热量转化为其他能量的一种回收方法。该方法回收工艺简单，但成本相对较高，同时因废弃物在焚烧过程释放出有毒气体及焚烧后的灰分在填埋时会对环境、土壤造成二次污染，从长远角度考虑，此方法不可取。图 6-13 为复合材料废弃物能量回收流程图。

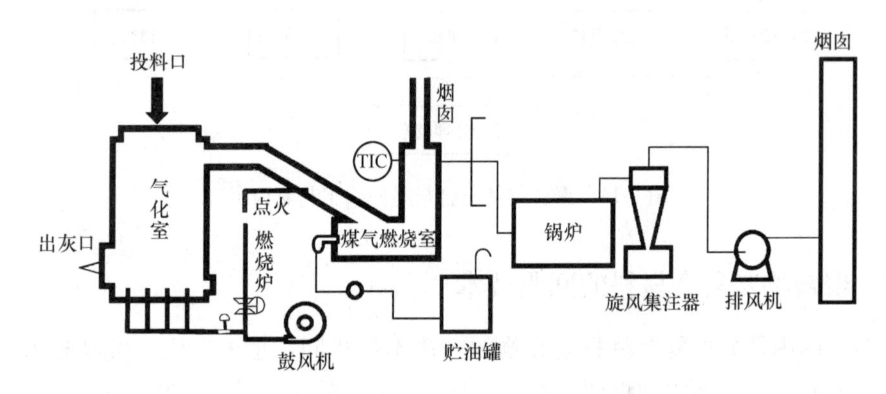

图 6-13　复合材料废弃物能量回收流程图

3. 物理回收

物理回收是将废弃物粉碎或熔融态作为原材料使用的方法。该方法生产成本较低、处理方法简单，但采用该方法需要先判断向废弃物加入添加剂的种类和数量，这需要借助试验来完成。加入废弃物的量在不影响制品整体性能的前提条件下才可使用。目前，这种回收方案已是国外应用最为普遍的一种方法。美国 GE Plastics、PPG 两家公司合资生产的 Azd 牌玻璃纤维增强热塑性复合材料 GMT 已用于生产 Jaguar300 车保险杠，废弃的保险杠经过粉碎机粉碎后与 GMT 新料按质量比 20∶80 的比例掺混再复合成新的片材，其性能无明显下降。日本油墨化学工业株式会社以 BMC 制品的废弃物为对象开发了适合于资源再利用的新型人行道铺路材料。有迹象显示，建筑行业、铁路行业都对复合材料回收有一定兴趣，因为利用复合材料质轻、耐腐蚀性能可以生产水泥、石膏、墙砖、铁路枕木等；同时重新研磨的聚合体可以作为热塑性树脂的很好的填料，可以在加工过程中带来额外的效果，比如利用废弃物填料的加入可降低制品电阻率，来制备火车导轨的枕木。

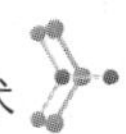

思政小结

随着社会经济飞速发展，人类城市生活垃圾产量逐年增多，其中废旧塑料的比例也呈逐年上升趋势。目前，我国城市生活垃圾中可回收物比例已超过30%，主要为塑料、纸类、橡胶、金属和玻璃等，其中废旧塑料所占比例相当大。废塑料对生态环境影响不可忽视。国内对生活垃圾和填埋场废塑料的分选方式，多为通过成套分选设备将其分类，分选出的废塑料根据当地市场需求或政府要求寻求出路。分选方法主要利用废塑料的物化性质，通过相应的分选设备将废塑料从生活垃圾中分出。目前，国内仍未建立相对完善的垃圾废塑料分选技术和资源化利用决策支持技术体系，在垃圾废塑料分选和将其资源化利用工艺上均缺乏科学的研究基础，关于两者间联系的研究则更加薄弱。因各国国情不同，欧洲及日本、美国等发达国家源头分类工作较为细致，后预处理和资源化利用体系较完善。美国在废塑料回收利用方面根据宪法执行垃圾分类和资源化利用，日本、美国相关单位通过研发水力旋风分离器对垃圾中塑料进行分选；美国某工学院研制了利用溶剂的选择性分选废弃塑料技术。生活垃圾的源头分类直接关系废塑料分选分离难度和再生产品品质，我国垃圾分类政策施行时间较短，对于国外垃圾处理和资源化利用技术，我国只可借鉴不可成套照搬，对符合国情的生活垃圾废塑料分选技术及其资源化利用技术间联系的研究分析势在必行。资源循环科学与工程专业是为了满足国家节能减排，低碳经济及循环经济等战略性新兴产业对高素质人才的迫切需求而设立的新兴交叉学科专业，涉及化学工程、材料科学、环境工程、经济管理、应用化学、信息工程、机械智造等诸多学科交叉与融合。当前形势下，国家对具有扎实专业知识、优秀实践能力和良好科学素养的资源循环领域专业技术人才有强烈需求。

思考题

（1）如何从外观上区分热塑性聚合物和热固性聚合物？
（2）废旧聚合物的分选技术有哪些？
（3）浮法分离 PVC 和 PET 的原理是什么？
（4）简述聚合物基复合材料回收的基本流程。
（5）聚合物基复合材料的回收技术分为哪几类？

7 废旧塑料循环利用技术

教学目标

教学要求：了解废塑料的来源、种类、废旧塑料循环利用方式；掌握废旧塑料制品直接再利用技术；掌握废旧塑料改性与成型技术；掌握热塑性塑料再生利用技术；掌握热固性塑料回收与再利用技术；了解废旧塑料再生利用加工设备。

教学重点：废塑料的循环利用技术及其发展趋势。

教学难点：明晰热固性塑料和热塑性塑料的差异和循环利用途径。

7.1 概　　述

7.1.1 废旧塑料的来源

只要有人的地方，就会有塑料废弃物。各种塑料包装物、购物袋、农膜、编织袋、饮料瓶、塑料盆、塑料壶、塑料桶、玩具、文具、塑料鞋、车辆保险杠、家用电器外壳、电脑外壳、废聚氯管、工业废旧塑料制品、塑料门窗、聚酯制品（聚酯薄膜、矿泉水瓶等）以及塑料成型加工过程中的废料等，随处可见。

随着塑料工业的发展，废旧塑料的数量也在不断增加，其主要来源有以下几个方面：合成高分子材料过程中产生的废料、加工过程中产生的废料、二次加工中产生的废料和高分子材料在应用中产生的废料。

1. 在合成高分子材料过程中产生的废料

包含在聚合过程中粘在搅拌器和釜壁上的黏附料，在聚合过程中由于温度变化、交联反应、搅拌快慢及操作不慎造成的废料，产生的不合格产品，搬运过程、包装过程中遗落的粒料。

2. 在加工过程中产生的废料

从合成树脂变成塑料产品要经过塑料加工这一环节，在塑料加工中产生的废料是加工过程中产生的废料的主要来源，这主要包括加工过程中的废品、废料、注口溢料飞边、试模时的损失料以及在真空热成型或压制模制品时的损失料、冲压的边角料和修剪的边缘，这种废料比较单一，比较干净，可以掺入适当比例的新料再使用，对制品的性能影响不大。

3. 二次加工中产生的废料

二次加工通常是指将成型加工生产的高分子半成品，经转印的热成型加工、机械加工等制成成品的过程。在二次加工中产生的废料往往要比加工过程中产生的废料更难处理，处理成本也更高。

4. 高分子材料在应用中产生的废料

高分子材料应用是比较广泛的，可用于各行各业，包括农业、商业、渔业、医用、家电、航空航天、机械等部门。

来自日常生活和生产使用过程中的报废塑料比较复杂，这类塑料制品的表面脏物多，之间夹杂各种杂物以及混有多种不同塑料废品，因此必须经过处理才能回收利用。在回收过程中，先将长短、形状不一的废料送入破碎机进行切割或破碎，然后用水清洗，将泥沙、脏物洗掉，以提高废品的清洁程度，经过干燥装置干燥后，把水含量降低到最低限度。

来自塑料制品成型加工生产过程中所产生的废品、残次品、边角料、下脚料、试验料、混合料等废料污染较小，通常经破碎即可利用；而来自塑料制品使用和消费过程中的废料，如农用塑料、包装用塑料、日用塑料、医用塑料和塑料快餐盒等，由产品变为废弃物的周期为1～2年，甚至时间更短，且用量占整个塑料用量的70%～80%。塑料管材板（片）材、型材、合成革等一类产品，由制品变为废弃物料的时间周期为5～10年。塑料结构制品由制品变为废弃物的时间周期较长，为20～50年，但其用量极小，这类废弃物通常是两种或多种塑料及其他物质（如纤维、木粉、填料等）的混合体系。

7.1.2 废旧塑料循环利用的类别

1. 直接再生利用和改性循环利用

直接再生利用是相对于改性再生利用而言的。直接再利用是指废旧塑料直接塑化或破碎后塑化，即经过相应前处理破碎塑化后，再进行成型加工制得再生塑料制品的方法。直接再生利用也包含加入适当助剂组分（如稳定剂、防老化剂、软化剂、着色剂等）进行配合。加入助剂仅可以改善加工性能、外观或起抗老化作用，并不能提高再生制品的基本力学性能。直接再生利用的缺点是再生制品的力学性能降幅较大，不宜做高档次的制品；优点是工艺简单、再生制品的成本较低。

改性循环利用是通过物理改性法或化学改性法使废旧高分子材料的某些应用性能达到或超过原制品的性能，或具有与原制品不同的特殊用途。物理改性法是采用混炼工艺制备多元组分的共混物和复合材料；化学改性法是采用交联改性、接枝共聚改性、氯化改性或加入特殊制剂等。改性利用的缺点是工艺复杂、制品成本高；优点是制品使用价值高。目前，直接再生利用占主导地位，而改性利用将更有发展前景，是今后发展的主导方向。

2. 化学循环再利用

常用的化学回收技术有高温裂解、气化、降解等过程。热解技术一般可以得到的最终产品有两种：①化工原料（苯乙烯、乙烯、丙烯等）；②燃料（汽油、煤油、柴油等）。废旧塑料热解是将已清除杂质的塑料置于无氧或者低氧的密封容器中加热，使其裂解为低分子化合物。热解的基本原理是将塑料制品中的高聚物进行彻底的大分子裂解，使其回到低分子量状态或单体态。裂解所要求的温度取决于塑料的种类及回收的目的产物。温度超过600℃，热解的主要产物是混合燃料气，如CH_4、C_2H_4等轻烃；温度在400～600℃时，主要裂解产物为混合轻烃、石脑油、重油、煤油及蜡状固体。PE、

PP 的裂解产物主要是燃料气和燃料油，PS 热解的产物主要是苯乙烯单体。日常生活中的一次性餐盒在高温下，其主要成分聚苯乙烯就很容易分解生成芳香族化合物，其不仅对环境无污染，而且可以制得苯乙烯、甲苯、乙苯等化工原料。通过热解后，废旧塑料可以生成其他的可以使用的产物或者产品，使用价值更大，那么回收的可能性就变大，价值也变得更大。

3. 能量循环再利用

废塑料燃烧可释放大量的热，如一些烯烃的燃烧值超过了燃烧油的平均热值。由于有些废塑料在燃烧时会产生有害物质，所以一般需在专门设计的燃烧炉中进行燃烧。从发达国家的经验来看，废塑料高温燃烧取热是解决废塑料污染的一个重要途径。塑料及有关材料的燃烧热见表 7-1。

表 7-1　塑料及有关材料的燃烧热

品名	燃烧热（kJ/kg）	火焰温度（理论值）（℃）
PE	46000	2120
PS	46000	2210
PP	43360	2120
PVC	19000	1960
燃料油	44000	—
木粉	35199	—
纸类	17000	—
脂类	38000	—

7.1.3　国内外废旧塑料循环利用的现状和发展方向

1. 国内外废旧塑料循环利用现状

目前，国外在废塑料回收方面已积累了不少经验，他们把废塑料的回收作为一项系统工程，政府、企业、居民共同参与。德国于 1993 年开始实施包装容器回收再利用，1997 年回收再利用废塑料达到 60 万吨，是当年 80 万吨消费量的 75%。目前，德国在全国设立 300 多个包装容器回收、分类网点，各网点统一将塑料制品分为瓶、薄膜、杯、PS 发泡制品及其他制品，并有统一颜色标志。日本树脂再生利用成功的秘诀就在于建立了回收循环体制。回收循环体制管理的核心就是尽量减少回收环节，各厂家在建立销售网点的同时也要考虑建立回收网点。厂家负起回收利用自家生产的产品废旧物品的责任，在回收自家生产的废旧物品时，原标准零部件及其材料性能就容易把握，可以充分有效地再生利用，能够确保再生产品的性能。同时，还可以减少热回收，减少烦琐程序和环境污染。由于产品的模块化，使再生利用部分的技术研究开发方向更加明确。

随着我国塑料工业的迅猛发展，塑料的使用越来越广，生产量和用量也很巨大。目前电视机社会保有量约为 3.5 亿台，洗衣机约为 1.7 亿台，电冰箱约为 1.3 亿台，电脑 1600 万台，家用空调拥有量也很大。家电产品按正常的使用寿命 10～15 年计算，需报废的电视机平均每年 500 万台以上，洗衣机平均每年 500 万台，电冰箱每年约 400 万台，就此我国每年将淘汰 1500 多万台废旧家电。近年来，电子通信器材如电脑、手机、

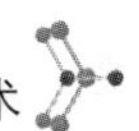

光盘等更新换代速度加快，每年报废数量急剧上升。由于我国尚未建立规范的废旧家用电器回收利用体系，大量家用电器超期服役和废旧家用电器任意处置的现象较为普遍，由此产生的安全隐患、能源浪费和环境污染问题越来越突出，已引起社会各界的关注。2022年，中国包装行业约消耗4920万吨塑料，其中软包装塑料消耗量约3280万吨，占67%左右，生活源塑料软包装使用量约为1600万吨，但是回收量约130万吨，回收率仅为8.7%。此外还有一些回收价值不大或者回收成本高、处置难度较大的如塑料复合材料、超薄包装材料、地膜、一次性塑料制品等对环境的影响也不容忽视。

在我国，废旧塑料家电制品和日常塑料用品因品类多样、成分复杂、回收利用成本较高，目前仅有部分废旧塑料得到了回收利用，如饮料瓶、电器塑料外壳等。我们常用的塑料袋、塑料餐具、复合包装的回收利用率并不高，究其原因是污染度高、混杂性高、难清洗、难分离，阻碍了其高值高质回收，经济价值低。国外多对废旧塑料进行焚烧处置，这一方面会产生二氧化碳，污染环境，另一方面浪费资源。填埋虽可在一定时间范围内解决集中处理废弃塑料的问题，但场地选择日趋困难。我国废旧塑料制品还未做到全部有序回收处理，部分未处置的塑料制品进入环境中，被称为“白色污染”。

所以要做到塑料制品的回收利用，需要采取一些措施，比如提高塑料家电的回收价格，对于一些很难回收的塑料，也要提高价格并重点回收；制定良好的规章制度，约束塑料制品的丢弃与乱扔。

2. 发展方向

随着回收塑料新技术、新装备的不断出现，废旧塑料的处理与回收体系也得到了不断完善：在新技术应用方面，超临界方法、纳米新技术的研究与应用扩大了回收塑料高质化应用领域；在流程工艺设计方面，新技术、新装备的有效集成与整合，使废旧塑料回收体系与绿色清洁生产进行了有机结合，并综合考虑了区域可集聚的废旧资源的产量、成本与环境影响等因素，构建了节能、环保、高效的废旧塑料回收处理系统。

节能、减排和高质化是决定废旧塑料回收利用产业持续发展的关键，其发展与石油化工、非金属矿、生物质（农林业）等上游产业密不可分，随着石油价格的持续升高和废旧塑料回收技术的日益成熟，利用废旧塑料开发高新技术产品、提高改性塑料产业的市场竞争力已成为行业的共识，国内排名前十名的改性塑料企业，如广州金发、上海杰事杰等公司均设立了回收塑料改性高质化利用事业部，分别在深度和广度上开展了差异化新产品开发。目前国内利用废旧塑料研发的新产品已广泛应用于交通、鞋服、文体用品、电子电器、建筑装饰、环保、农林渔牧业、新能源等国计民生及新兴产业领域。

改性利用是废旧塑料再生利用的发展方向，能极大拓展废旧塑料的再利用领域。为提高再生塑料的性能，需要对其进行各种改性，如无机离子填充改性、增韧改性、纤维增强改性以及合金化改性。改性后的再生塑料可以作为专用料或者替代新料。

7.2　废旧塑料直接再利用

直接再利用（或称简单再生）是指废旧塑料直接塑化或破碎后塑化，即经过相应前处理破碎塑化后，再进行成型加工制得再生塑料制品的方法。这种直接再利用废旧塑料的加工技术简单，该类再生制品广泛应用于农业、渔业、建筑业、工业和日用品的等领域。其不足之处是再生塑料制品的基本力学性能一般比新树脂低，这是制品在使用过程中的老化和再生利用过程中的分子链降解所导致的。

早在20世纪70年代，该技术就被江浙一带所采纳，如将废软聚氨酯泡沫塑料按一定的尺寸要求破碎后，作为包装容器的缓冲填料和地毯衬里料；或将废旧的聚氯乙烯制品经过破碎及直接挤出后用于建筑物中的电线护管。

直接回收利用的关键技术在于废旧高分子材料分离时的纯化程度，杂质含量的高低将很大程度地影响再生制品的质量。

7.2.1 直接再生利用的分类

依据废旧塑料的不同来源、不同使用目的可分为三类直接再生利用的方法。

（1）不需要分拣、清洗等预处理，直接破碎后塑化成型。这类再生利用的回收塑料包括两种。一种是制品生产过程中产生的边角料或不合格品，它们大都破碎后掺入新料中使用，但不适用于对力学性能要求苛刻的制品，再生料仅能加工成其他制品来利用，该类回收品不需要鉴别及清洗，再利用非常简便。第二种是随机使用，但不污染，也未混入其他类杂质的塑料制品（如一些包装材料、减震材料等）。

（2）必须经过清洗、干燥、破碎后造粒或直接塑化成型。如汽车配件、家电配件和外壳、农膜等废旧塑料制品。

（3）直接再生利用前需经过特别预处理，这类处理主要是针对交联和发泡的材料。例如，各种泡沫塑料制品，它们的溶剂为未发泡物料的数倍，给回收带来很大不便。因此，对回收的发泡类废旧品需经脱泡减容处理。现在已经有专用脱泡机问世。泡沫塑料的种类和发泡倍率不同，脱泡工艺及设备也不尽相同。又如，电缆护套的剥离往往需要特种处理方法，如远红外等装置，它可以从内部加热，比过去使用的电炉法耗电量少，且所制塑料的再生制品质量也能得到保障。此外，交联聚乙烯回收品、玻纤增强塑料制品等也需要经专门的处理后才能直接再利用。

7.2.2 直接再利用的一般方法

直接再利用的一般方法可以分为前处理、造粒和成型三个步骤，也有一些废旧塑料只需要前处理和成型两个步骤。图7-1为废旧塑料直接再利用工艺流程图。

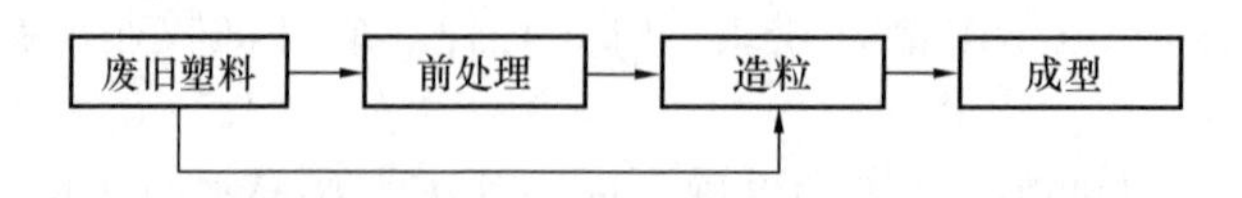

图7-1　废旧塑料直接再利用工艺流程图

1. 废旧塑料的预处理

来自于废弃包装物，如包装袋、购物袋、瓶、罐、箱及废旧农用膜的废旧塑料，在造粒前要经过预处理。预处理的过程主要包括分类、清洗、破碎和干燥等。分类的工作是将种类繁杂的废塑料制品按原材料种类和制品形状分类。按原材料种类分拣需要操作人员有熟练的鉴别塑料品种方面的知识，分拣的目的是避免由于不同种类聚合物混杂造

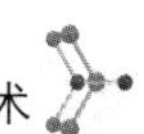

成的再生材料不相容而性能较差；按制品形状分类是为了便于废旧塑料的破碎工艺能够顺利进行，因为薄膜、扁丝及其织物所用破碎设备与一些厚壁、硬制品的破碎设备之间往往不能互相代替。对于造粒之前的清洗和破碎有三种工艺。

（1）先清洗后破碎工艺

污染不严重且结构不复杂的大型废旧塑料制品，宜采用先清洗后破碎工艺，如汽车保险杠、仪表板、周转箱、板材等。首先用带洗涤剂的水浸洗，然后用清水漂洗，取出后风干。因体积大而无法放进破碎机料斗的较大制件，应粗破碎后再细破碎，以方便给挤出造粒机喂料。为确保再生粒料的质量，细破碎后应进行干燥，常采用设有加热夹层的旋转式干燥器，夹层中通入过热蒸汽，边受热边旋转，干燥效率较高。

（2）粗洗-破碎-精洗-干燥工艺

对于有污染的异型材、废旧农膜、包装袋，应首先进行粗洗，除去砂土、石块和金属等异物，以防止其损坏破碎机。废旧塑料制品经粗洗后离心脱水，再送入破碎机破碎。破碎后再进一步清洗，以除去包藏在其中的杂物。如果废旧塑料含有油污，可用适量浓度的碱水或温热的洗涤液浸泡，然后通过搅拌，使废塑料块（片）间产生摩擦和碰撞，除去污物，漂洗后脱水、干燥。

（3）机械化清洗

机械化清洗的过程一般为：废旧塑料进入清洗设备之前，在一个干的或湿的破碎设备中进行破碎，干燥后被吹入一个储料仓，再由螺旋加料器将破碎料定量输入到清洗槽中。两个反向旋转的桨叶轴慢慢地输送物料通过清洗槽，产生的涡流漂洗掉塑料上的脏物。脏物沉入清洗槽底部，并在槽底按规定的时间间隔清除。经过清洗干净后的废料浮起，由螺旋输送器排出，大部分水被去掉。螺旋输入器将破碎料定量送入干燥系统。干燥系统由旋转干燥器和热风干燥器组成。从干燥系统输出的物料残余水分占1%～2%。清洗干净的料被送入储料仓，再由储料仓送往挤出造粒机造成颗粒料。

2. 造粒

废旧塑料在性能上与新树脂是不同的，这是由于它们经受过成型加工过程的热历程和剪切历程，并且在使用过程中经历了热、氧、光、气候和各种介质的作用，因此，再生材料的力学性能，包括拉伸强度和冲击性能均低于原生树脂，龟裂引起表面结构变化，外观质量也大不如前，颜色发黄、透明度下降。

各种材料的性能变化是不同的。聚烯烃料的变化比较小。由于加工，特别是多次加工造成的相对分子质量降低，可以通过交联反应加以补偿，因而，加工性一定程度上可以保持恒定。苯乙烯共聚物的情况有所不同，每经过一次加工过程，拉伸性能就降低一次。大约经过四次加工过程后，其韧性降低非常严重。而且橡胶相冲击改性剂的效用由于交联也被降低了，即使高抗冲聚苯乙烯，经过多次加工后其冲击韧性并不比通用聚苯乙烯好。废旧塑料性能可以通过掺混新料或添加特定的稳定剂和添加剂加以改善，如加入抗氧剂、热稳定剂，可以使废塑料造粒过程中减少热、氧作用产生的不良影响。在一些混杂的废塑料当中，还可以适当加入相容剂，如在聚乙烯和聚丙烯混杂的废塑料当中加入三元乙丙橡胶或乙烯-辛烯共聚物。在废塑料回收造粒中还可以进行填充改性，如在聚丙烯废膜中同时加入10%～35%的填充料，3%～6%的润滑剂，2%～4%的色母粒。填充剂为$CaCO_3$制得的再生料用于注射制品，可有效地缩短成型周期，改善制品的刚性，提高热变形温度，减小收缩率。润滑剂则改善了熔体的流动性。在一些工程塑料的回收利用中，也可以进行填充、增强和合金化。对于一些易吸湿的材料，如聚酰胺、聚对苯二甲酸乙二酯等，在加工中，水分会造成降解，使相对分子质量减小，熔体黏度降低，物理性能下降。加工之前应除去废塑料中的水分，充分干燥，以确保再生料的质量。不同类型和不同形状的废料，可采用的回收系统多种多样。与一般挤出造粒生产相比，废旧塑料再生的挤出造粒设备在如下方面有其特点。

（1）加料

废塑料制品破碎后物料的体积密度较小，尤其是废薄膜和纤维的破碎料，为了保证这种物料能准确地喂料且对熔融区和造粒机头供料充足，可采用加大加料段尺寸的设计形式。加大加料段的设计，对于不易输送的物料，像PP、PA和PET纤维废料也能令人满意地再生加工。对于PA、PET可采用加料段螺杆加热的方式提高输送效率，对PP料加料段料筒开槽，并对料斗座部分充分冷却，将大大改善喂料和输送性能。若加入的物料是薄膜、丝和带状边角料，可将加料口开得更大，以便于加料。

（2）塑炼

对于废旧塑料的塑炼要考虑到回收料是由不同的熔体流动速率、不同润滑剂成分、不同填充剂或不同类型的聚合物构成的混合料这样一个事实，所以，废塑料的塑炼应足够充分，以便使物料中的各种组分均化，质量均一。一般说来，废塑料的造粒过程只是再生而不进行填充和增强时用单螺杆挤出机，若在造粒的过程中还进行填充、增强和合金化的改性加工，则需采用混炼效果良好的双螺杆挤出机。就产量而言，双螺杆挤出机高于单螺杆挤出机。

（3）排气

大多数聚烯烃的再生无需排气，而吸湿性聚合物，如PA、PET，排气是必需的。有些废塑料上未清洗干净的污染物也可能是一些易挥发物，加热过程中会产生气体。排气段应保证熔融物料在此有较长的停留时间、高的熔体温度、强剪切变形和大的熔体表面积，以使熔体中的气体充分脱出。

（4）熔体过滤

熔体过滤的作用是滤去废旧塑料中的杂质。这些杂质会使得再生料的质量大大下降。杂质会造成吹膜时的破泡，纺丝时的断丝，注射成型中的喷嘴堵塞，并最终导致制品质量下降或全部不合格。允许的污染程度取决于最终制品所要求的级别和质量。再生料如用来生产薄膜，杂质颗粒应小于20μm，以便生产30μm厚的薄膜不至破泡。用于注射成型，杂质尺寸即使大于100μm也是可以接受的。因此，过滤网细度选择必须适应质量要求或二次原料的使用。过滤过粗对质量不利，而过细又影响经济效益。细的过滤网除产量低外，且换网频繁。否则，造成生产率降低，能耗增加。更换过滤网的时间间隔应大于30min。用于薄膜生产的再生塑料造粒，应使用一层粗网和两层细网；用于注射成型、挤出管材、型材应采用一层或两层粗滤网。所谓粗网，是指网目距离为500μm、网丝直径0.37mm的过滤网；细网是指网目距离为70μm、网丝直径为0.05mm的过滤网。

（5）切粒

经过破碎、清洗处理的塑料颗粒由造粒机进料口进入单螺杆或双螺杆拉丝机，在高温状态下，塑料处于熔融流动状态，在螺杆的旋转剪切挤压作用下，熔融状态的塑料通过拉丝机机头呈丝状挤出，塑料丝通过冷水槽进行冷却后，进入切粒机能被切成粒状。

但是，由于再生料常常是与一定比例的新料搭配在一起加工，如果颗粒尺寸相差太大，形状不规则，会造成新旧料加料不均衡，最终造成制品性能不均一。因此，将回收料建议采用水冷模面切粒，得到的粒料形状和尺寸与新料差别最小，最易与新料掺混均匀。

3. 成型

直接回收利用的成型加工虽然可以仿制热塑性塑料的加工工艺，但是由于热塑性塑料的特殊性，其成型工艺也不尽相同。首先，对废旧塑料制品需要经过鉴别、分选、清洗、干燥、粉碎或造粒（有的直接成型，不经造粒工序）等前处理。经过前处理的再生料则可加工成型成各种塑料制品，成型是将再生料制成所需形状的制品的过程。成型种类繁多，具体内容将在 7.3 节中介绍。

7.3 废旧塑料改性与成型技术

废旧塑料的简单直接再生利用的主要优点是工艺简单、再生品的成本低廉。其缺点是再生料制品力学性能下降较大，不宜制作高档次制品。为了改善废旧塑料再生料的基本力学性能，满足专用制品的质量要求，可以采用各种改性方法对废旧塑料进行改性以达到或超过原塑料制品的性能。对废旧塑料的改性再利用是很有发展前景的途径，将会越来越受到人们的重视。

7.3.1 废旧塑料改性

废旧聚合物从工艺上看，基本上是采用机械共混，见效快、一次性投资少，是值得推广的有效途径，适合我国再生利用废塑料的国情。从整体上看，废旧塑料不仅仅局限于共混改性，还包括化学改性（如采用交联反应、接枝反应和氯化反应等），不仅可拓宽再利用废塑料的渠道，而且还可以提高再生塑料的应用价值。

1. 无机粒子的填充改性

填充降低塑料的成本是指在树脂中加入成本低廉的填料，或称为填加剂。常用的填料主要为天然矿物及工业废渣等，此外还有木粉及果壳粉等有机填料及废热固性塑料粉等。填料是塑料助剂中应用最广泛、消耗量最大的一类助剂。

塑料填充的目的对于热塑性塑料，主要是降低成本；对于热固性塑料是降低成本与改性兼而有之。填充除降低成本外，还可以改善制品的某些性能。普遍可以改善的性能有刚性、耐热性（无机填料）、尺寸稳定性、降低成型收缩率及抗蠕变性等；有的还可以改善绝缘性、阻燃性、消烟性及隔声性等。重用填料包括：$CaCO_3$ 填料、滑石粉填料、硅灰石填料、高岭土填料、云母填料、硅藻土填料。

在废旧热塑性塑料中加入活化无机粒子，既可降低塑料制品的成本，又可提高温度性能，但加入量必须适当，并用性能较好的表面活性剂处理。

2. 废旧塑料的增韧改性

通常使用具有柔性链的弹性体或共混性热塑性弹性体进行增韧改性，如将聚合物与橡胶、热塑性塑料、热固性树脂等进行共混或共聚。近年又出现了采用刚性粒子增韧改性，主要包括刚性有机粒子和刚性无机粒子。常用的刚性有机粒子有聚甲基丙烯酸甲酯（PMMA）、聚苯乙烯（PS）等，常用的刚性无机粒子为$CaCO_3$、$BaSO_4$、白炭黑等。

3. 增强改性

使用纤维进行增强改性是高分子复合材料领域中的开发热点，它可将通用型树脂改性成工程塑料和结构材料。回收的热塑性塑料（如PP、PVC、PE等）用纤维增强改性后其强度和模量可以超过原来的树脂。纤维增强改性具有较大发展前景，拓宽了再生利用废旧塑料的途径。

4. 废旧塑料的合金化

两种或两种以上的聚合物在熔融状态下进行共混形成的新材料即聚合物合金，主要有单纯共混、接枝改性、增容、反应性增容、互穿网络聚合等方法。合金化是塑料工业中的热点，是改善聚合物性能的重要途径。

5. 废旧塑料制备共混型热塑性弹性体

采用动态硫化将废旧塑料与橡胶进行机械共混，可获得共混型热塑性弹性体。所谓动态硫化指的是橡胶和塑料在共混过程中边混合边发生选择性交联的过程，采用动态硫化制备出的热塑性弹性体则称之为热塑性硫化弹性体（thermoplastic vulcanizates，TPVs）。动态硫化的概念最早由Gessler在1962年提出来，接着Fisher于1972年申请了部分动态硫化PP/EPDM共混物的专利，到了20世纪70年代末至80年代初Coran等人对全动态硫化技术进行了系统深入的研究，并使PP/EPDM型TPV成功实现了商业化。从此，无论是科技界还是工业界都对动态硫化技术产生了极大兴趣。例如，可以采用回收农膜与再生胶厂的废胶粉为基本组分，通过共混配合和动态硫化可得到类热塑性弹性体材料，该材料具有显著的社会效益和经济效益。除了采用回收农膜外，其他如回收PE、回收PP、回收PVC料也可以。回收弹性体既可以用废胶粉，也可以用胎面再生胶。

6. 化学改性

用化学改性的方法把废旧塑料转化成高附加值的其他有用的材料，是当前废旧塑料回收技术研究的热门领域。化学改性指通过接枝、共聚等方法在分子链中引入其他链节和功能基团，或是通过交联剂等进行交联，或是通过成核剂、发泡剂进行改性，使废旧塑料被赋予较高的抗冲击性能、优良的耐热性、抗老化性等，以便进行再生利用。目前国内在这方面已开展了较多的研究工作，用化学改性的方法把废旧塑料转化成高附加值的其他有用的材料，已成为当前废旧塑料回收技术研究的热门领域，并涌现出了越来越多的成果。

7.3.2 成型工艺

直接回收利用和改性回收的成型加工虽然可以仿制热塑性塑料的加工工艺，但是由于热塑性塑料的特殊性，其成型工艺也不尽相同。首先，对废旧塑料制品需要经过鉴别、分选、清洗、干燥、粉碎或造粒（有的直接成型，不经造粒工序）等前处理。经过前处理的再生料则可加工成型成为各种塑料制品，成型是将再生料制成所需形状的制品的过程，是回收再利用的关键步骤。成型种类较多，如模塑回收PE盆、挤塑再生PVC硬质电线套管、吹塑再生PVC膜、注塑PE周转箱再生品等。有的由几套设备共复合成型，如共挤塑。下面主要针对重要的集中成型方法进行介绍。

1. 开炼法塑化与模压成型

开炼法塑化与模压成型工艺路线图如图 7-2 所示，主要的设备有双辊塑炼机、平板液压机和模具。开炼法压制成型工艺的优点是投资少、见效快，产品多样化；缺点是劳动强度较大。

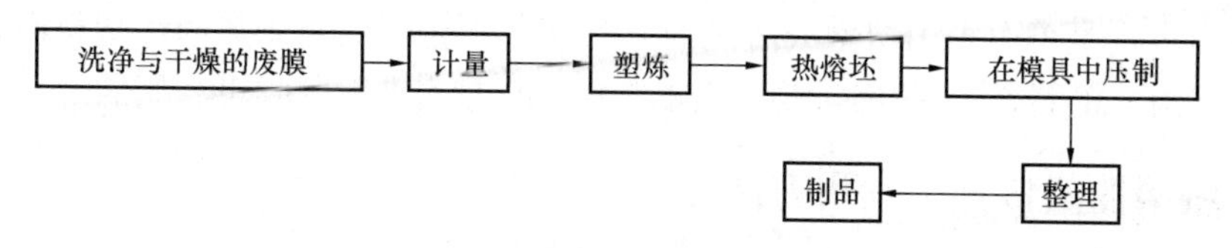

图 7-2 开炼法塑化与模压成型工艺路线图

2. 挤出法塑化与成型

此种工艺与开炼法塑化的主要区别在于使用的塑化设备不同。该工艺使用单螺杆挤塑机制备热熔料坯，并趁热立即将料坯放在液压机上的模具中进行冷压定型。此工艺的优点是生产效率高，劳动强度小。主要设备是单螺杆挤塑机、平板液压机和模具。图 7-3为挤出法塑化与成型工艺路线图。

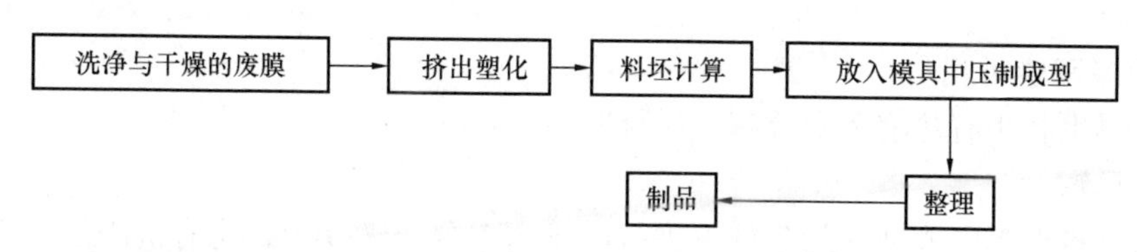

图 7-3 挤出法塑化与成型工艺路线图

3. 吹塑中空成型

吹塑中空成型与挤塑塑化压制成型的不同之处在于，熔融料坯放入中空成型中的磨具内，然后通入压缩空气吹胀而定型。此工艺的优点是可生产较大制件，生产的机械程度高，生产能力大。主要设备是单螺杆挤塑机、机头、中空成型机、模具、空气压缩机。图 7-4 为吹塑中空成型工艺路线图。

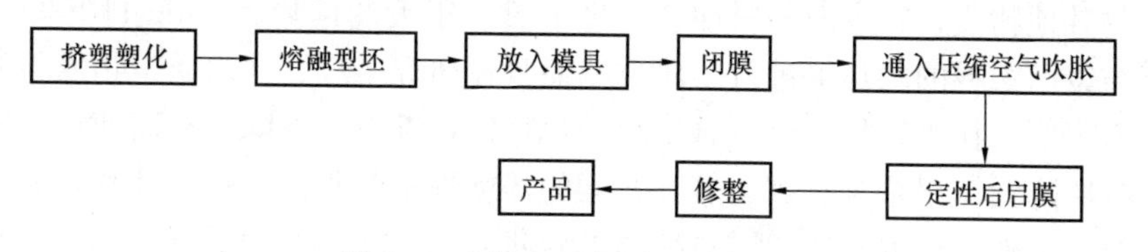

图 7-4 吹塑中空成型工艺路线图

7.4 热塑性塑料再生利用技术

7.4.1 热塑性塑料与热固性塑料

塑料按其热性能可分为两类：一类是热固性塑料，是指在受热或其他条件下能固化或具有不溶（熔）特性的塑料，如酚醛塑料、环氧塑料等，这主要是因为热固性聚合物形成了空间网络结构；另一类是热塑性塑料，热塑性塑料指具有加热软化、冷却硬化特性的塑料。我们日常生活中使用的大部分塑料属于这个范畴。加热时变软以至流动，冷却变硬，这种过程是可逆的，可以反复进行。如聚乙烯、聚丙烯、聚氯乙烯、聚苯乙烯、聚甲醛、聚碳酸酯等。

热塑性塑料与热固性塑料的结构和性能的差异，导致了回收方法上的不同。对于热塑性塑料而言，是可以采用熔融或溶液的方法使其再生，而对于热固性塑料而言，由于具有不熔（溶）的特性，是不能采用熔融或溶液的方法进行回收再利用的。

7.4.2 热塑性塑料再生利用方法

热塑性塑料的再生利用方法主要有三种：第一种为采用熔融或溶解方法进行的材料回收，第二种为化学再生利用，第三种为能量再利用。第一种方法一般不适用于热固性塑料的回收，而第二种、第三种方法为热固性和热塑性树脂通用的回收方法。

1. 熔融（溶液）再生

该方法将废塑料加热熔融后重新塑化，其过程为：废旧塑料收集→分类→清洗→破碎→熔融→造料→加工制品或熔融直接挤出制品，该过程与废旧料的直接再利用和改性再利用一致。

2. 化学再生利用

化学再生利用有热解和醇分解/水分解两种方法。

（1）热解

热解是指在无氧或缺氧的条件下进行的不可逆热化学反应，将有机固体废弃物热解后最终生成可燃气、热解焦油和焦炭。废旧塑料油化技术原料来源丰富，可以处理混杂的废旧塑料，减小了塑料分拣的工作量，应用前景广泛，在美国、日本等国已得到应用，比如日本利用催化裂解装置，成功地将废旧塑料裂解生成了汽油。

国内也有该技术成功应用的实例，如北京某公司利用农膜、饮料瓶、食品袋等废旧塑料，运用废旧塑料油化技术生产出 90 号汽油和 0 号柴油，转化率为 70%，具有较高的经济效益。城市废塑料中经常混有其他物质，运用共热解法可以同时处理废旧塑料和其中包含的其他物质，在废旧塑料回收处理上具有很大的优势。Yang H S 等不仅对木质纤维素与废旧塑料的共热解进行了研究，而且还研究了煤、非木质生物质与塑料的共热解。研究表明，在进行热解反应时塑料的热稳定性都有所下降，从而使得废旧塑料的降解温度有所降低。但是含有氮、氯等元素的热塑性塑料和部分热固性塑料并不适合作为热解原料。另外，热解时通常需要很高的温度，反应设备的要求高，工艺流程复杂，增加了处理成本和回收难度。

（2）醇分解/水分解

对于一些在热解时会产生有害气体的塑料，如 PA、ABS 等含有氯、氮等元素的塑料，不宜热解回收，则可以使用醇分解或水分解技术来降低回收难度，提高回收效率。日本帝人公司研究了利用 EG 将废弃 PET 瓶分解为 DMT 和 EG 的循环利用工艺。在 EG 沸点和 0.1MPa 的条件下，把粉碎后的 PET 瓶溶解在 EG 中，此时 PET 瓶就会解聚为对苯二甲酸双羟基乙二醇酯（BHET）。过滤后，在甲醇沸点和 0.1MPa 的条件下，BHET 与甲醇通过酯交换反应，就会生成 DMT 和 EG。表 7-2 为几种热塑性塑料的分解工艺。

表 7-2 几种热塑性塑料的分解工艺

塑料品种	分解后生成的单体	分解工艺
PA	己内酰胺	加水分解
PET	DMT/EG	甲醇/乙二醇分解
PU	多元醇	乙二醇分解
PC	双酚 A	加水分解

3. 能量再生利用

废塑料燃烧可释放大量的热，如聚乙烯、聚丙烯的燃烧值超过了燃烧油的平均热值。由于有些废塑料在燃烧时会产生有害物质，所以一般需在专门设计的燃烧炉中进行。从发达国家的经验来看，废塑料高温燃烧取热是解决废塑料污染的一个重要途径，不仅可减少废旧塑料的体积，同时回收其热能，不需经过预处理，尤其适用于较难分选的混杂型废旧塑料，操作方便，成本低，效率高。

美国的废旧塑料制作垃圾固形燃料技术（即 RDF 技术）应用广泛，这种技术是在废旧塑料中加入石灰、木屑、纤维等添加剂，经过混合、干燥、加压、固化，压制成直径为 20～50mm 颗粒，这样便于运输、保存和燃烧。如果用于发电，其发电效率也会提高到 30%以上，与直接燃烧相比高 50%。

德山公司水泥厂先将不含氯的废旧塑料进行粉碎，再利用空气送入水泥窑，进行了回转窑喷吹废旧塑料试验。结果显示废旧塑料的平均发热量比煤粉高，并且在试验的过程中无需特殊措施，对水泥的质量无任何影响。随后，该厂建设了产量为 10000t/a 的废旧塑料制备装置，在水泥回转窑废旧塑料回收利用方面获得了较好的效果。

7.5 热固性塑料回收与再利用技术

热固性塑料由于具有很多优点，如价格低、剪切模量和杨氏模量高、刚性好、硬度高、压缩强度高，耐热、耐溶剂、尺寸稳定、抗蠕变、阻燃和绝缘性好等，广泛地应用于电器和电子工业，机械、车辆、滑动元件、密封元件及餐具生产。以前，其发展速度不如热塑性塑料快，但进入 20 世纪 80 年代后，热固性塑料的应用有所回升，每年增长速度大于 3%。热固性塑料在加工过程中，大分子之间发生化学反应而形成交联结构，其制品具有不溶不熔的特点。长期以来，人们一直认为废旧热固性塑料不能回收利用，因而将其当成垃圾处理，不仅造成环境污染，又会耗费大量人力。

近年来人们认识到其回收利用的重要意义，因而，废热固性塑料的回收量日益增多且对其开展大量的研究工作，目前已取得了一些成果。

7.5.1 废热固性塑料用做填料（简称热固填料）

废热固性塑料成本十分低廉又易粉碎成粉末状，因此，可作为填料。由于热固填料本身具有聚合物结构因此同塑料的相容性好于无机填料。实质上是不同聚合物之间的共混改性，如果将热固填料加入同类塑料中（如 PF 填料加入 PF 树脂中）则这种填料可不必经过处理而直接加入，相容性很好。但如果将热固填料加入其他种类塑料中则其相容性往往不够理想。因此填料在加入前往往要进行改性处理，处理方法有：①活性处理，将热固填料用偶联剂进行表面活性处理，可选用的偶联剂有氨基硅烷等；②加相容剂，可促进聚合物类填料同聚合物的相容，可选用的相容剂有马来酸酐改性聚烯烃和丙烯酸改性聚烯烃；③加无机填料，超细（1.8μm）滑石粉用硅烷处理可促进热固填料同塑料的相容性，加入量为10%～30%。

添加热固性填料往往能提高以下几方面性能。

（1）提高耐热性

废热固填料不仅起降低成本的作用，更主要的是起改善其耐热性的作用。废热固填料的耐热性都很好，其热变形温度在150～260℃范围内，填充玻璃纤维的还可达300℃以上。因此，这种填料加入通用热塑性塑料中，可改善其耐热性。

（2）提高耐磨性

废热固填料的耐磨性都很好，摩擦系数低（0.01～0.3）。这些填料加入到非耐磨塑料中可提高其耐磨性，如加入聚氯乙烯鞋底中可制成耐磨鞋底。

（3）改善阻燃性能

热固填料大都属于自熄性难燃填料，如脲醛、三聚氰胺甲醛、有机硅、聚氨酯及聚酰亚胺等。酚醛塑料填料属于慢燃填料。因此这种填料加入后，可提高塑料的阻燃性能。

（4）提高尺寸稳定性和耐蠕变性

不管加入何种塑料中，热固填料在改善其性能的同时，降低了其流动性。因此，在这种填料中，要加入适量润滑剂，主要有N,N′-乙撑双硬脂酰胺（可用于PF、氨基塑料填料）、聚四氟乙烯蜡（可用于PF）、轻甲基酞胺（可用于氨基塑料、PF）、硬脂酸锌（可用于氨基塑料、PF及不饱和聚酯中）。

7.5.2 废热固性塑料生产塑料制品

废热固性塑料不能通过重新软化使之流动而重新模塑成塑料制品，但可将其粉碎后，混入黏合剂而使其互相黏合为塑料制品，此制品仍然具有很好的使用性能。废塑料的粒度影响产品质量。粒度太大，产品表面粗糙；粒度太小，产品表面无光泽，且强度太小，并需消耗大量黏合剂，增加成本。要求粒度大小适中，一般为20～100目，粒度还应呈正态分布，不应完全均匀。黏合剂可以选用环氧树脂类、酚醛树脂类、聚氨酯和异氰酸酯类等。例如，废聚氨酯热固性塑料的再生方法为：先将废料粉碎至8～10mm粗粒，再用另一粉碎机进一步粉碎至50 ～80μm细粒，与黏合剂按85∶15的比例，在搅拌器内混合均匀。按制件所需的质量，取一定量此混合物置于成型模具内；在压力为10～120kg/cm^{3}条件下热压1～3min，即可得到新的模塑制品，可用做汽车挡泥板。

7.5.3 废热固性塑料生产活性炭

活性炭是一种重要的化工产品，可广泛用于吸附、离子交换剂。用废热固性塑料生产活性炭成本低、性能好。用废塑料生产活性炭的研究从1940年就已开始，其技术关键在于高温处理形成的炭化物使具有乱层结构并难以石墨化的炭化物形成具有牢固键能的主体结构，需要采取的措施有：

① 注意炭化时的升温速度不能太快，一般以每分钟 10～30℃为宜；

② 应引入交联结构；

③ 加入适当添加剂。

形成立体结构的炭化物还要进行活化处理，以增大其表面积，提高吸附能力。在炭化温度 60 ℃、碳化时间 30min、活化用水蒸气于 100℃时，酚醛塑料的活性炭生产率为 12%，产品表面积为 19m/g；脲醛塑料的活性炭生产率为 5.2%，产品表面积为 1300m/g；密胺塑料的活性炭生产率为 2.6%，产品表面积为 750m/g。用酚醛废塑料生产活性炭的工艺为：先将废料粉碎成粉末，在炉内升温，升温速度为每分钟 10～30℃，升温到 600℃，持续 30min 即可使其炭化形成炭化物；将此炭化物用盐酸溶液进行处理，使其中灰分被溶解除掉，从而增大炭化物比表面积。将处理过的炭化物，再升高到 850℃，用水蒸气进行活化，即得到活性炭产品。该产品的吸附能力好，对十二烷基苯磺酸钠的吸附力大于市售活性炭的 3～4 倍。

7.5.4 废热固性塑料裂解小分子产物

废塑料的裂解方法有热裂解、催化裂解及加氢裂解等。其共同机理为分子链断裂，生成小分子产物，如单体等。废热固性塑料一般采用加氢裂解的方法使其中 C═C 键被氢化，抑制高温下炭析出，防止炭化现象产生。在加氢裂解时，也需采用催化剂。常用的催化剂为分解和加氢两组分双功能型，如铂-二氧化硅、钒-沸石、镍-二氧化硅等。如废酚醛塑料在 40～50℃下进行加氢裂解时，如不用催化剂，得到 30%小分子液体；如加入活性炭载附白金作为催化剂，可得到 80% 的小分子液体，该液体中含有 40%～50%苯酚单体，其余为其他小分子产物，如甲酚、二甲酚、环已醇、碳氢气体和水等。加催化剂可提高液体产量是因为酚醛塑料骨架结构中的氢氧基或醚键的氧及游离甲基，被吸附在白金催化剂的活性表面上，促进加氢作用的发生。再如，废密胺塑料在氧化镍存在下，也可发生氢裂解。这种裂解在反应温度为 200℃时即开始发生，持续升温达到 30℃时，裂解速度加快，再升高到 40℃时，密胺会全部加氢裂解。与酚醛不同的是，其裂解产物不是液体，而是气体。其裂解气化率可达 68%，其中 37%为氨气，31%为甲烷。

7.5.5 废热固性塑料降解生产低聚物

废塑料低交联度或成为线形聚合，则又可重新模塑成新的制品。降解的方法主要有热降解、机械降解、辐射降解和氧化降解。

在这方面见过的报道很少，但见到过交联聚乙烯的降解再生，该方法是否可用于热固性塑料，还未加验证。交联 PE 的降解是采用热降解和机械降解同时并用，在一个双辊开炼机上将废交联 PE 加热并受辊隙剪切作用而使交联被破坏，可重复使用。在降解过程中，时间延长、降解温度提高和辊隙的减少都有利于降解。热固性聚酰亚胺（PI）膜是一种新兴的功能膜。其回收方法为：先将 PI 膜进行碱化处理，再进行酸化处理。酸碱处理后，再用水洗并干燥。最后，将此膜溶于溶剂中，即制成 PI 溶液。此溶液可用于制漆，如生产包线漆、浸渍漆或重新作为 PI 膜生产原料。上述方法回收率可达 95%。

7.5.6 废热固性塑料生产改性高分子

废热固性塑料中含有苯环、氨基等可反应基团。利用这些可反应基团进行高分子反应可生成新的高分子材料。如，将废 PF 塑料用浓硫酸进磺化反应得到的新聚合物可作为阳离子交换剂。将其先氯甲基化后，再进行胺化，可得到阴离子交换剂。

7.6 废旧塑料再生利用成型设备

相当一部分塑料加工设备既适用于新料的加工成型，也适用于废旧塑料制品的加工生产。但也有不少专门用于生产回收塑料制品的成型加工设备，因为再生塑料的性能毕竟不能与原树脂完全相同。如用于回收塑料造粒的单螺杆挤出机，针对再生塑料塑化时间要短、塑化要好的要求，螺杆结构特点是加工压缩比，设计成变螺杆直径、变螺距、变螺槽深等。

在生产过程中，所需成型加工设备及其相应配套的辅助设备有四大类，如图 7-5 所示。其中，塑化与混熔设备、成型加工设备是主要的两大类，对回收塑料制品的质量起主导作用。在实际操作中，有的机械设备起到双重作用，如挤出机，当配以成型机头或口模后，可以连续进行塑化混熔与成型加工。但这种情况下需要一次性混合、塑化均匀，不经造粒而直接成型，自然也就要求螺杆挤出机的结构具备这种功能。另外两个配套设备系列（即前处理、后处理设备）也是废旧塑料回收中不可缺少的机械设备。目前，越来越多的国内企业投入到该部分的研发和生产中。以下是对成型加工设备及其辅助设备的一个简要介绍。

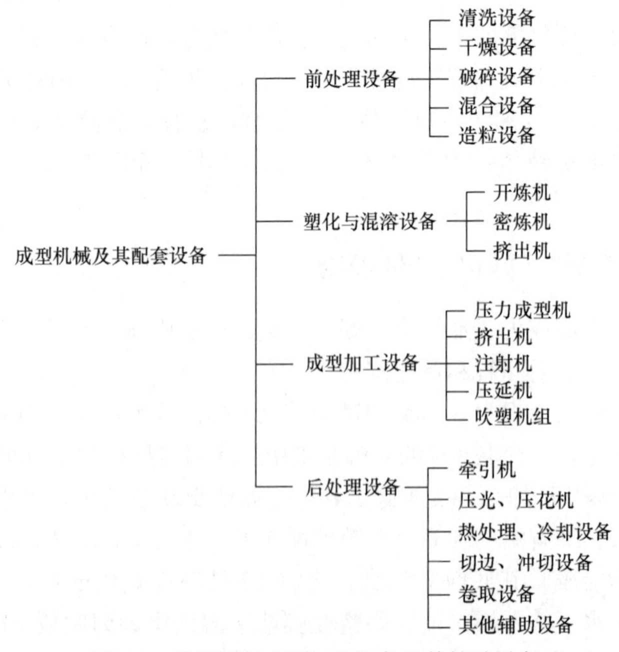

图 7-5 废旧塑料成型加工设备及其辅助设备

7.6.1　废旧塑料的预处理设备

1. 废薄膜清洗机

（1）有水清洗设备

图 7-6 为薄膜清洗生产线。废旧薄膜首先由皮带输送机输送到带水破碎机进行破碎，破碎后进入摩擦清洗机进行摩擦清洗，接着进入漂洗池进行漂洗，漂洗结束后进入干燥系统。清洗线除此之外还配有污水处理装置。该薄膜清洗线，结构设计紧凑、合理、生产效率高，是手工清洗所不能比拟的。

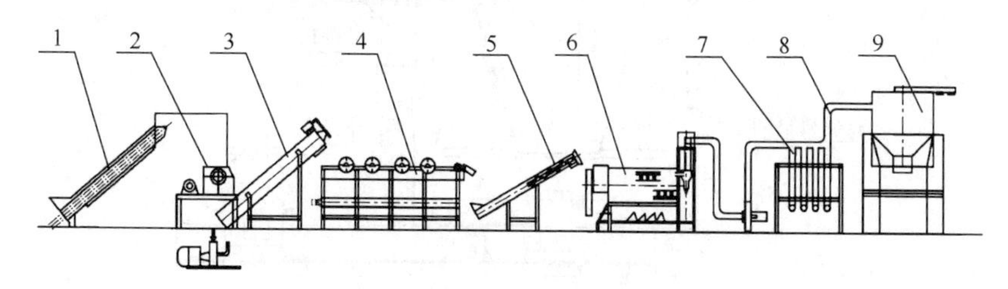

图 7-6　薄膜清洗生产线

1—带输送机；2—带水破碎机；3—摩擦清洗机；4—薄膜漂洗机；5—螺旋送料机；6—脱水机；7—干燥系统；8—风送系统；9—旋风料

（2）无水清洗装置

目前，在废塑料薄膜的回收利用过程中，都是采用大量清水对废塑料薄膜上的杂质和粉尘进行清洗，然后再进行后道的加工处理。采用这种清洗方式需要大量的清水，清洗下来的水还会对环境造成二次污染。因此，近几年来，对废塑料薄膜进行无水清洗已成为废塑料回收行业研究的一个方向。

张家港某公司研发了一种无需用水就能将废塑料薄膜中的杂质及粉尘去除掉的废塑料薄膜无水清洗装置。废塑料薄膜无水清洗装置包括设置在离心机底座上的转鼓，设置在转鼓上方的外壳，所述的转鼓底部设置有进料口，转鼓上设置有自下而上口径逐步增大的圆锥形筛网，筛网、外壳及转鼓之间形成一分离空间，筛网的内壁设置有若干根通气管道，通气管道上分别开设有若干出气孔，出气孔均面对筛网的内壁，外壳的侧壁上开设有出料孔，出料孔通过管道与储料仓相连通，与锥形筛网的向上开口相对应的外壳顶部设置有吸尘口，吸尘口通过排污管道与排污料仓相连通。该装置结构简单合理，能在无水情况下对废塑料薄膜进行清洗，可节约大量水资源，且能避免废塑料薄膜清洗后的二次污染。

如图 7-7 所示，该废塑料薄膜无水清洗装置工作时，被撕碎的废塑料薄膜由管道送入离心机底部的进料口，物料随着转鼓的转动进入由筛网、外壳及转鼓之间的分离空间，物料中较重的颗粒在离心作用下由底部排出，较轻的废塑料薄膜则随着转鼓及筛网的转动逐步向上飘起，同时与废塑料薄膜中的杂质、粉尘等分离，干净的废塑料薄膜则由外壳侧壁上的出料孔送出，飘浮的粉尘继续向上飘起，由于筛网内具有一定的负压，这些粉尘穿过筛网的网眼再经外壳顶部的吸尘口排出，由于筛网的网眼有可能被飘起的废塑料薄膜及粉尘堵住网眼，此时紧贴在筛网内表面上的通气管道间歇性地向外吹气，将吸附在筛网表面的塑料薄膜和粉尘吹落，使粉尘能方便地通过筛网的网眼，从而达到废塑料薄膜与粉尘分离的效果。

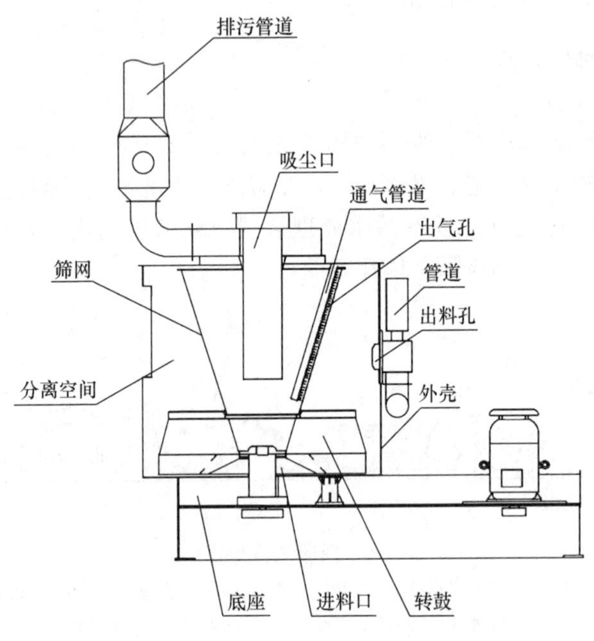

图 7-7 无水清洗装置简图

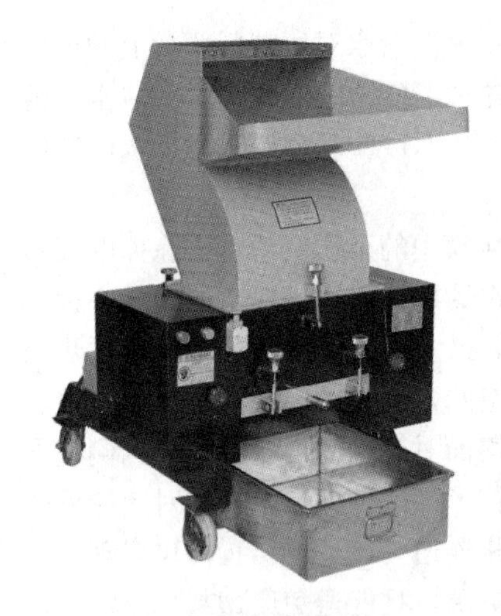

图 7-8 PET 专用破碎机

2. 废旧塑料的破碎、造粒设备

(1) 回收塑料破碎设备

不同材质和形状的制品的破碎设备结构差异很大。例如图 7-8 为回收 PET 瓶的破碎机，型号为 LGP50/80，该机型主要使用于 PET 瓶的破碎，机架采用牢固的焊接钢结构，具有广泛的通用性；破碎腔体分为上、下两部分，上箱体可用机械装置或液压装置开启，便于检修和拆装；主轴采用特殊材料加工而成，经动、静平衡，具有韧性好、不易变形、工作稳定等特点；旋转刀采用高合金 D2 制作，具有强度高不易断裂等特点，并且采用阶梯形安装方式，使破碎料渐次进入，切削平衡轻快；破碎机上的筛网拆装方便，网孔大小可根据客户要求制作；牢固的轴承座装置安装在机器外部，防止粉尘进入轴承中，延长了机器的使用寿命，也减少了维修工作。旁边用双螺杆进行强制计量喂料，达到检修方便、喂料均匀等特点，能延长刀具的使用寿命。

(2) 回收造粒设备

针对混杂薄膜体积大、厚薄不均、不易进样，同时黏度大、不易拉条造粒等问题，为节能降耗、提高自动化程度，设计出了强制压实进料的水环造粒机，确保了出料大小均匀。图 7-9 为回收薄膜水环造粒设备。

图 7-9 回收薄膜水环造粒设备

7.6.2 塑化与熔融混合设备

1. 开炼机

开炼机是开放式炼塑机的简称，在塑料制品厂，人们又都习惯称它为两辊机。开炼机是塑料制品生产厂应用比较早的一种混炼塑料设备。在压延机生产线上，开炼机在压延机前、混合机后，作用是把混合均匀的原料进行混炼、塑化，为压延机压延成型塑料制品提供混合炼塑较均匀的熔融料。生产电缆料时，开炼机能直接把按配方混合好的粉状料炼塑成熔融料，再压塑成片状带，方便切粒机切成粒状。在地板革生产线上，可直接为布基革提供混炼塑化均匀的底层涂料，也可把回收的废旧塑料薄膜（片）在开炼机上重新炼塑回制。

开炼机结构简单，制造比较容易，操作也容易掌握，维修拆卸方便，所以，在塑料制品企业广泛应用。其不足之处是工人操作体力消耗很大，在较高温度环境中需要用手工翻动混炼料，而手工翻转混炼塑料片的次数对原料混炼的质量影响较大。

开炼机主要由辊筒、轴承、机架、压盖、传动装置、调距装置、润滑系统、辊温调节装置和紧急制动装置等组成，如图 7-10 所示。开炼机虽然大小不同，但其基本结构都是大同小异的。

图 7-10 双辊开炼机

2. 密炼机

密炼机全称为密闭式炼胶机，是在开炼机的基础上发展起来的。1820年发明开炼机以后，橡胶工业发生了根本的转变，但由于开炼机存在许多缺点，比如劳动强度大，效率低，粉尘大等，严重影响人的身体健康，于是人们开始考虑能否把这一加工设备用一个罩子罩起来，这样逐步发展成密炼机。因为它在密炼室里面工作，所以称为密闭式。由于开炼机工作是敞开的，故称为开放式炼胶机。一般介绍均认为密炼机是Banbury在1916年发明的，实际最早是由西德W&P公司的一名商业工程师（英国人）根据该公司的原型机台设计的，但由于Banbury密炼机发展较快，产量也大，应用较广，故人们一直认为它是最早问世的。

密炼机自出现后，在混炼过程中显示了其具有的一系列优点，如混炼时间短，生产效率高，操作容易，较好地克服粉尘飞扬，减少配合剂的损失，改善劳动条件，减轻劳动强度等。由于它在很大程度上是凭经验发展起来的，因而在发展早期曾出现过认为塑炼效率低，不能用它来塑炼的说法，但已经为生产实践所否定。因此，密炼机的出现是炼胶机械的一项重要成果，密炼机至今仍然是塑炼和混炼中的典型设备，并处于不断发展完善中。据国外资料统计，在橡胶工业中有88%的胶料是由密炼机制造的，塑料、树脂行业亦广泛应用密炼机（图7-11）。

图7-11　密炼机

在混炼室内，生胶的塑炼和混炼胶的混炼过程，比开炼机的塑炼和混炼要复杂得多，物料加入混炼室后，就在由两个具有螺旋棱的、有速比的、相对回转的转子与混炼室壁、上、下顶栓组成的混炼系统内受到不断变化的反复进行的强烈剪切和挤压作用，使胶料产生剪切变形，进行了强烈的捏炼。由于转子有螺旋棱，混炼时胶料反复地进行轴向往复运动，起到了搅拌作用，致使混炼更为强烈。

3. 塑料挤出机

塑料挤出机的主机是挤塑机，它由挤压系统、传动系统和加热冷却系统组成。而与其配套的后续设备塑料挤出成型机则称为辅机。塑料挤出机的挤出方法一般指的是在

200℃左右的高温下使塑料熔解，熔解的塑料在通过模具时形成所需要的形状。挤出成型要求具备对塑料特性的深刻理解和模具设计的丰富经验，是一种技术要求较高的成型方法。

挤出过程是这样进行的：将塑料从料斗加入料筒中，随着螺杆的转动将其向前输送，塑料在向前移动的过程中，受到料筒的加热，螺杆的剪切作用和压缩作用，使塑料由粉状或粒状逐渐熔融塑化为黏流态，塑化后的熔料在压力的作用下，通过分流板和一定形状的口模，成为截面与口模形状相仿的高温连续体，最后冷却定型为玻璃态，得到所需的具有一定强度、刚度、几何形状和尺寸精度的等截面制品。

挤出成型是在挤出机中通过加热、加压而使物料以流动状态连续通过口模成型的方法，也称为“挤塑”。与其他成型方法相比，具有效率高、单位成本低的优点。

挤出法主要用于热塑性塑料的成型，也可用于某些热固性塑料。挤出的制品都是连续的型材，如管、棒、丝、板、薄膜、电线电缆包覆层等。此外，还可用于塑料的混合、塑化造粒、着色、掺合等。

7.6.3 成型加工设备

1. 压力成型机

压力成型生产的主要设备是液压机，液压机在压制过程中的作用是通过模具对塑料施加压力、开启模具和顶出制品。模压成型主要用于热固性塑料的成型。对于热塑性塑料，由于需要预先制取坯料，需要交替地加热再冷却，故生产周期长，生产效率低，能耗大，而且不能压制形状复杂和尺寸较为精确的制品，因此一般趋向于采用更经济的注射成型。模压用的压制成塑机（简称压机），为液压式压机，其压制能力以公称吨数表示，一般有 40t 、 63t 、 100t 、 160t 、 200t 、 250t 、 400t 、 500t 等系列规格压机。多层压机有千吨以上。压机规格的主要内容包括操作吨位、顶出吨位、固定压模用的模板尺寸和操作活塞、顶出活塞的行程等。一般压机的上下模板装有加热和冷却装置。小型制件可以用冷压机（不加热，只通冷却水）专用于定型冷却，加热压机可专门用于热塑化，这样可以节能。压机按自动化程度可分为手扳压机、半自动压机、全自动压机；按平板的层数可分为双层和多层压机。

液压机工作原理如图 7-12 所示，它是以液压传递为动力的压力机械。压制时，首先把塑料加入敞开的模具内，随后向工作油缸通入压力油，活塞连同活动横梁以立柱为导向，向下（或向上）运动，进行闭模，最终把液压机产生的力传递给模具并作用在塑料上。模具内的塑料，在热的作用下熔融和软化，借助液压机所施压力充满模具并进行化学反应。为了排出塑料在缩合反应时所产生的水分及其他挥发物，保证制品的质量，需要进行卸压排气。随即升压并加以保持，此时塑料中的树脂继

图 7-12　压力成型机

续进行化学反应，经一定时间后，便形成了不溶不熔的坚硬固体状态，完成固化成型，随即开模，从模具中取出制品。清理模具后，即可进行下一轮生产。从上述过程可知，温度、压力、时间是压制成型的重要条件。为了提高机器的生产率和运行的安全可靠性，机器的运转速度也是一个不可忽视的重要因素。因此，作为压制用的塑料液压机应能满足该基本要求。

2. 注塑机

注塑机（图 7-13）是塑料注射成型机的简称，是热塑性塑料制品的成型加工设备。它是将颗粒塑料加热融化后，高压快速注入模腔，经一定时间的保压，冷却后成型为塑料制品。由于注塑机具有复杂制品一次成型的能力，因此在塑料机械中，它的应用最广。

图 7-13　注塑机

塑料注射成型机主要由注射、合模、机身、液压、电器、冷却、润滑等部件组成。注射部件的主要作用是将塑料均匀地塑化，并以足够的压力和速度将一定量的熔体注射到模具的型腔之中。合模部件的作用是实现模具的启闭，在注射时保证成型模具可靠地合紧以及脱出制品。液压和电气的作用是保证注射成型机按工艺过程预定的要求（压力、速度、温度、时间）和动作程序准确有效地工作。冷却和润滑是保证机器正常运转和取得合格制品必不可少的过程。

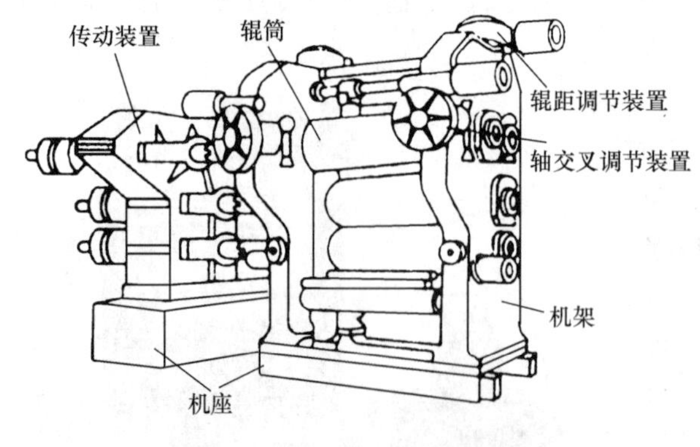

图 7-14　压延成型机结构图

3. 压延成型机

压延成型机（图 7-14）是生产薄膜和片材的主要设备，它是将已经塑化的接近黏流温度的热塑性塑料通过一系列相向旋转着的水平辊筒间隙，使物料承受挤压和延展作用，成为具有一定厚度宽度与割面光洁的薄片状制品。用于压延成型的塑料大多数是热塑性非晶态塑料，其中以 PVC 用得最多，另外还有 PE、ABS、PP、PVA 等塑料。压延成型的优点是压延成型具有较大的生产能力，较好的产品质量，还可制取复合材料，印刻花纹等；其缺点是所需设备庞大，精度要求高，辅助设备多，同时制品的宽度受压延机辊筒最大工作长度的限制。

整个压延过程可分为两个阶段：供料阶段包括塑料各组分的捏合、塑化、供料等；压延阶段包括压延、牵引、刻花、冷却定型、输送以及切割、卷取等工序。

4. 吹塑机

塑料挤吹中空成型机是利用挤出吹塑工艺生产塑料中空制品的高效设备，由挤出型坯和将型坯送入模具、再通入压缩空气吹胀两大部分组成。采用液压调速回路来改变型坯挤出速率、电液位置控制技术来控制型坯壁厚，以成型壁厚分布均匀或者有选择地增加壁厚的吹塑制品，在挤吹中空领域根据我国的特点开发了很多品种。从总体功能分：全自动，半自动；从成型工位数区分：单工位，双工位，三工位，四工位，六工位，八工位；从机头（模头）区分：连续挤出式（单机头，双机头，三机头，四机头，六机头，双层单机头，双层双机头，单层透明线单机头，双层透明线单机头），储料式；从塑化形式分：单机挤出塑化，多机挤出塑化；从合模驱动形式分：机械，液压，气动；从合模结构形式分：有拉杆，无拉杆；从合模机构运行形式分：水平径向平移，轴向水平平移，水平多工位回转，斜移模；按吹气形式分：上吹、下吹、侧吹等。

思政小结

小到一根吸管，大到一辆汽车，在我们的日常生活中，塑料无处不在。近年来，随着国家环境保护工作力度的不断加大，人们的绿色环境保护意识不断增强，关于塑料“白色污染”的讨论日渐增多。塑料本身不是污染物，塑料污染的本质是塑料废弃物不当管理造成的环境污染问题，塑料污染问题如此严重也是历史长期累积的结果。塑料物理化学结构稳定，在自然环境中可能数十至数百年都不会被分解，若被随意丢弃就会在环境中变成污染物永久存在并不断累积，会带来视觉污染、土壤破坏、水体污染等严重的环境危害。

塑料污染防治是当前国际社会共同面临的环境挑战。2022 年 3 月 2 日，第五届联合国环境大会续会通过了《终止塑料污染决议（草案）》，旨在推动全球治理塑料污染。我国政府高度重视塑料污染治理工作，早在 2007 年，国务院发布了《关于限制生产和销售塑料购物袋的通知》，是国际上较早开展塑料污染治理的国家之一。2019 年 9 月 8 日，国家发展改革委、生态环境部印发了《“十四五”塑料污染治理行动方案》，提出了积极推动塑料生产和使用源头减量，加快推进塑料废弃物规范回收利用和处置，大力开展重点区域塑料垃圾清理整治三项主要任务。2020 年 1 月 16 日，国家发展改革委、生态环境部印发了《进一步加强塑料污染治理的意见》，提出禁止、限制部分塑料制品的生产、销售和使用，推广应用替代产品和模式，规范塑料废弃物回收利用和处置，完善支撑保障体系等重点任务，要求到 2025 年，塑料制品生产、流通、消费和回收处置等环节的管理制度基本建立，多元共治体系基本形成，替代产品开发应用水平进一步提升，重点城市塑料垃圾填埋量大幅降低，塑料污染得到有效控制。

中国是目前全球废塑料回收利用成效最显著的国家。据《中国塑料污染治理理念与实践》报告统计，我国废塑料 2021 年材料化回收量约 1900 万吨，材料化回收率达 31％，是全球废塑料平均水平的 1.74 倍，回收利用废塑料在污染物减少与二氧化碳减排领域做出不小的贡献。中国将始终秉持“人类命运共同体”理念，继续做全球塑料污染治理的引领者与贡献者，与其他国家和地区共同努力，推动构建塑料和人与自然和谐共生的新发展格局。

思考题

(1) 废旧塑料的主要来源有哪些？

(2) 废旧塑料的循环利用方式有几类？

(3) 什么是直接再利用？什么是改性利用？请列出各自的优缺点。

(4) 什么是废旧塑料热解？热解的基本原理是什么？

(5) 燃烧废弃塑料的方式有哪几种？

(6) 废旧塑料改性循环利用的途径有哪些？

(7) 热塑性塑料再生利用技术有哪几类？

(8) 常用的热固性塑料回收与再利用技术有哪些？

8 废旧橡胶循环利用技术

教学目标

教学要求：了解废橡胶的来源、种类和再生利用概况；掌握废旧橡胶回收技术与设备；掌握活性胶粉生产技术与应用；掌握再生橡胶的改性与应用。

教学重点：废旧橡胶各类回收利用方法的优缺点；废旧橡胶循环利用新技术。

教学难点：废旧橡胶回收技术的基本原理。

8.1 概 述

8.1.1 废旧橡胶资源的概况

随着现代工业的迅猛发展，橡胶的消耗量不断增加，加剧了橡胶资源短缺的局面，同时产生的大量废旧橡胶也加重了对环境的污染。废旧橡胶的有效处理和综合利用不仅有利于环境保护，而且还能使宝贵的橡胶资源得以再生。因此，回收废旧橡胶具有重要的社会效益和经济效益。

1. 废旧橡胶的来源和种类

废旧橡胶的来源复杂多样，主要来源于废弃轮胎和橡胶制品，其次来自橡胶工厂生产过程中产生的边余料和废品。根据橡胶制品适用范围的不同，其橡胶的种类也不同，而随着橡胶种类的增加和产量的提高，几乎各个领域都使用了不同数量和胶种的橡胶制品。因此，了解废旧橡胶的来源和种类，对废旧橡胶的回收和循环利用有重要作用。

（1）轮胎

轮胎主要是汽车轮胎、拖拉机轮胎、飞机轮胎、手推车胎、自行车胎等，可分为外胎和内胎，外胎的橡胶主要使用天然橡胶、顺丁橡胶、丁苯橡胶等，内胎的橡胶主要使用天然橡胶、丁基橡胶、丁苯橡胶等。

（2）胶管和胶带

胶管和胶带类制品主要使用氯丁橡胶、丁腈橡胶、丁苯橡胶、顺丁橡胶、乙丙橡胶、天然橡胶、丁基橡胶等。

（3）胶鞋

胶鞋使用的橡胶品种主要是天然橡胶、丁苯橡胶、顺丁橡胶、氯丁橡胶、丁腈橡胶、聚氨酯橡胶等。另外，橡塑并用材料、热塑性弹性体在胶鞋中也有部分应用。

（4）工业橡胶制品

工业橡胶制品主要有密封材料、减震材料、胶板、防水卷材等。因为工业橡胶制品的应用领域广泛且多样，所以几乎使用了所有的橡胶种类。

2. 废旧橡胶的产量

废旧橡胶制品以废旧轮胎最多，其他包括鞋底、橡胶管、橡胶带、垫板等制品。我国废橡胶总量的70%来自于废旧的汽车轮胎。据统计，2020年我国废旧轮胎产量为1390万吨，同比下降4.1%。近几年，家用汽车成为中国居民的热点消费产品，截至2020年年末，全国民用汽车保有量28087万辆，其中私人汽车保有量24393万辆，占机动车总量的86.84%。汽车的热销带动了汽车零部件行业的发展，汽车零部件更换量也较往年增幅较大。因轮胎的寿命有限，轮胎便成为汽车零部件更换的主要产品，年更换的废旧轮胎达8000万条，总质量达140万吨，并且随着我国汽车工业的快速发展，废旧轮胎产生量以每年15%左右的速度在递增。

3. 废旧橡胶的危害

为了满足市场不断提高的材料性能要求，橡胶朝着高强度、耐磨、稳定和耐老化的方向发展，但是同时造成了废弃后的橡胶长时间不能自然降解的问题，大量的废旧橡胶造成了比塑料污染（白色污染）更难处理的黑色污染，也浪费了宝贵的橡胶资源。全世界每年有数百万吨废橡胶产生，数量如此巨大，如何对其进行有效处理已成为全世界普遍关注的问题。丢弃的废旧轮胎100年都无法降解，破坏农作物生长，严重污染环境，被称为“黑色污染”。废旧轮胎是易燃物品，一旦引起火灾，火势蔓延十分迅速，扑救时间长，不仅耗费大量人力物力，而且燃烧生成的大量黑烟对空气造成严重污染。此外，长期露天堆放的废旧轮胎，占地多，易滋生蚊虫并传播疾病，影响人类健康，是固体废弃物中危害最大的垃圾之一。由于暴利的驱使，一些不法商贩收购废旧轮胎用于土法炼油，产生大量有毒气体、废水和噪声，给周边环境造成严重的二次污染。

通常人们处理固体废弃物的方法有填埋、焚烧等，但这些方法对废旧轮胎都不适用。因为废旧轮胎有着很高的弹性和韧性，在−50～150℃范围内不会变化，降解需要数百年的岁月，直接填埋将影响农作物生长。如果将其焚烧，释放出来的烟雾和一氧化碳又会严重污染大气。针对这一现状，急需寻找一条既能解决废旧轮胎环境污染问题，又能将其转化成可利用再生资源的可持续发展之路。

8.1.2 废旧橡胶的再利用

废旧橡胶作为可资源化的高分子材料，其回收和高质化利用越来越受到各国绿色环保组织和资源化产业部门的重视。目前废旧橡胶回收利用可简单分为直接再利用、加工再利用和循环再利用3种形式。图8-1为废旧橡胶再生利用产业链示意图。

1. 直接再利用

直接利用的方法之一是通过捆绑、裁剪、冲切等方式，将废旧橡胶制品改造成有利用价值的物品。例如最常见的是用于码头和船舶的护舷；美国在20世纪90年代开始将废旧轮胎与钢筋混凝土结合，用于加固防洪堤坝，效果显著；用废旧轮胎制成人工鱼礁，特点是耐久性好、组装简易、成本低、集鱼效果好、对海水污染小。虽然直接利用是一种非常有价值的回收利用方式，但应用范围窄，用量小，不能从根本上解决废旧橡胶引起的环境与资源问题。另一种直接利用的方法是直接焚烧回收能量。废旧橡胶的热

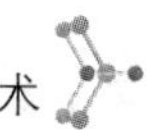

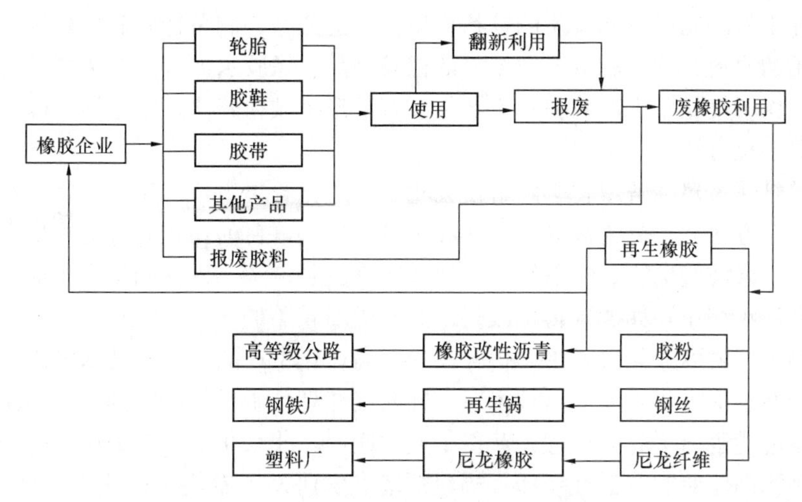

图 8-1 废旧橡胶再生利用产业链示意图

值高于木材和煤炭，目前英国有至少 5 座电厂利用废旧轮胎为燃料。1995 年建于伍尔弗汉普顿市的英国第一家轮胎燃烧动力发电站，被称为英国最干净的发电站。该电站每年可以处理英国 23%的废轮胎，并且在成本上可与常规燃料相竞争。近几年来日本以废旧轮胎为主燃料的锅炉发展快速，住友公司在其白河厂和名古屋厂都安装了以废旧轮胎为燃料的锅炉，不仅可用于向厂内供气，还可用于发电。普林斯顿轮胎公司与日本水泥公司共同研究了废旧轮胎作为水泥燃料的试验。该方法主要考虑轮胎含有铁和硫，它们是水泥所需要的组分，轮胎中的橡胶及炭黑是燃料，可提供水泥燃烧所需的能量。因为水泥窑身较大，所以轮胎在窑中（1500℃）停留时间较长，产生的黑烟和臭气很少，此项技术可基本解决废旧轮胎污染问题。

2. 加工再利用

旧轮胎的加工再利用，也叫轮胎翻新，是指将对有修复价值的旧轮胎经局部修补、加工、重新贴覆胎面胶之后再进行硫化，恢复其使用价值的一种工艺。旧轮胎翻新量在逐年递增，2020 年我国翻新轮胎产量为 68.6 万条，2021 年我国翻新轮胎产量达到 72.3 万条，预计 2026 年我国翻新轮胎产量将达到 93.6 万条。在良好的使用、保养条件下，一条轮胎可以翻新多次，每翻新一次，可重新获得相当于新轮胎 60%～90%的使用寿命，平均行驶里程大约为 5 万～7 万 km。通过多次翻新，可使轮胎的总寿命延长 1～2 倍，而翻新一条废旧轮胎所消耗的原材料只相当于制造一条同规格新轮胎的 15%～30%。近年来，美国、欧洲、日本等发达国家开发应用了一种新型的、被称为“预硫化翻新”（俗称“冷翻新”）的轮胎翻新技术。“预硫化翻新”技术是将预先经过高温硫化而成的花纹胎面胶粘在经过磨锉的轮胎胎体上，然后安装在充气轮上，套上具有伸缩性的耐热胶套，置入温度在 100℃以上的硫化室内进一步硫化翻新，这项技术可确保轮胎更耐用，提高每条轮胎的翻新次数，使轮胎的行驶里程更长，平衡性更好，使用也更加安全。

3. 循环再利用

循环再利用是将废旧轮胎通过物理和化学方法加工而制成的各种产品加以利用，废旧轮胎再循环利用主要有生产胶粉、再生橡胶、热分解回收化学材料等方式。

将废旧轮胎经加工破碎成各类胶粉后再利用是当前国际上再生利用的主导方向，废旧轮胎经加工粉碎制成不同类型的胶粉可用于高速公路、制备橡胶砖、建筑用防水卷材以及新轮胎的原料，并可制成各类繁多的橡胶制品、橡胶水泥等，是废轮胎再生的绿色环保产业。用于废轮胎生产胶粉的方法主要有常温机械粉碎法、常温湿粉碎法和低温冷冻粉碎法等多种方法。

再生胶是通过热降解或化学降解使废轮胎中硫化胶再生，可用于轮胎、胶板和胶带等制品，制造方法大致分为简易再生法和脱硫再生法，目前比较先进的再生方法是高速混合脱硫法、微波脱硫法、放射线脱硫法和超声波脱硫法。发达国家出于成本及环境因素，产量在逐年缩小，如德国再生胶仅占处理废旧轮胎的1%。另外，在诸如超声波脱硫法等新型工艺的商业化过程中，仍存在一些商业化生产的成本和技术障碍。我国的四川大学采用磨盘形力化学反应器技术对难回收废弃高分子材料，特别是废旧轮胎、废旧交联聚乙烯电缆进行了有效处理，获得了成功应用；北京化工大学采用反应型双螺杆脱硫技术处理废旧轮胎制备活性胶粉；福建师范大学研发了专用于硫化键的稀土塑解剂，对热固性聚合物进行超细化、氧化断链配位，提高其相容性和流动性。

废旧轮胎经过热裂解可提取具有高热值的燃料气体，富含芳烃的油及碳黑等有价值的化学产品。日本资源环境技术综合研究所开发出用废旧轮胎回收燃料和碳黑的新技术，每吨旧轮胎可回收燃油550kg、碳黑350kg，回收率达90%，回收的燃料油中硫黄含量少，因而不用脱硫即可当成燃料使用，回收的碳黑中含有机混合物，可以用于制作橡胶制品。韩国动力资源研究所研制成功用废旧轮胎批量提炼石油和碳素的新技术，方法是将废旧轮胎和废油以1∶2的比例混合，经加热后提取相当于原料40%～50%的石油，并可从剩余物质中再提取30%的碳素。聚合物资源绿色循环利用教育部工程研究中心（依托福建师范大学）在废橡胶的裂解过程中，引入超临界技术，迅速溶解废旧橡胶将其分解成液相混合油品，提高液相混合油品收率，有效地克服了热裂解和催化裂解存在的问题，最大限度地利用了资源，保护了环境。引入超临界技术，可有效缩短裂解反应时间，克服结焦问题，提高废旧橡胶的裂解效率，降低能耗，减少二次污染。但废旧橡胶的导热系数低，裂解过程反应时间长、易结焦、不能连续生产、液相混合油品收率低且质量差。

8.2 废旧橡胶回收技术与设备

8.2.1 废旧橡胶的分离

废旧橡胶制品中一般都含有非橡胶成分，如纤维和金属等，因此对废旧橡胶的回收需要对非橡胶部分进行分离。另外，有些废旧橡胶制品体积较大，如轮胎、传送带等，还需要进行切胶、洗涤除杂等处理，才能进行下一步的回收工艺。就废旧轮胎生产胶粉来说，最早是将前期处理和粉碎分开的，如今随着胶粉生产技术设备的进步，废旧轮胎的前期处理已同粉碎工序连接在一起连续生产胶粉。

1. 非橡胶成分的去除

将废旧橡胶制品根据橡胶种类进行分类，以便进行非橡胶成分的去除处理。

以废旧轮胎为例，一般要去除胎圈。去除胎圈有两种方法：一种是把轮胎横向切断

后去除胎圈，这种方法只适用于轿车轮胎规格大小以下的小型轮胎；另一种是使用旋转割胎圈机［图 8-2（a）］除去胎圈，具体方法是将废旧轮胎置于旋转割胎圈机上，转动固定轮胎的转盘，由刀将胎圈割除，这种方法适用于大型轮胎胎圈的去除。根据粗碎机生产能力的大小，有时不仅要割除胎圈，而且还要将胎侧去除，这种情况下应该使用配有两把割刀的割胎圈机，同时去除胎圈和胎侧。随后是胎面的分离，可采用胎面分离机［图 8-2（b）］通过割刀在左右运动剥取分离胎面得到胎面胶。

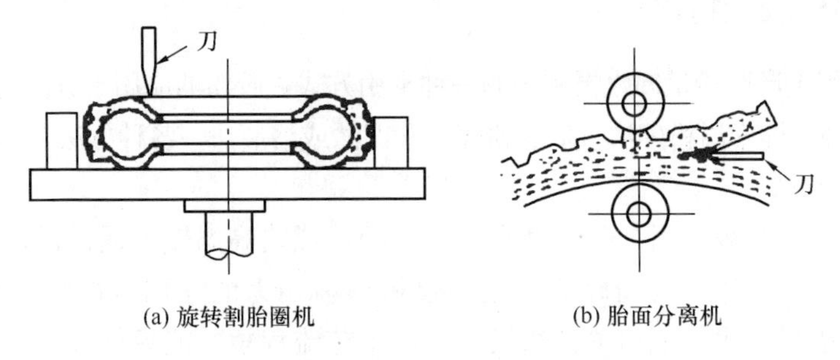

图 8-2　旋转切割胎圈机和胎面分离机

2. 切胶

废旧橡胶经过分类和去除非橡胶成分之后，往往大小长短不一，厚薄不均，一般要先将其切成一定规格大小，以便后续的洗涤和粉碎，提高回收质量。切胶设备有曲辊切胶机和回转式切胶机。中小型胶粉生产厂一般是在曲辊切胶机中进行的，切胶的具体要求是：①轮胎胎面胶宽 10cm、厚度在 3cm 以下的，切割长度不大于 25cm；胶面胶宽 10cm、厚度在 3cm 以上的，切割长度不大于 15cm。②胶带、胶管等长条废胶，厚度在 10cm 以下，切胶长度要求应不大于 30cm。③胶鞋类和零星模压小尺寸橡胶制品等不可切胶。④其他的废旧橡胶应视具体情况确定切胶的尺寸大小。目前，已有一些大型液压剪切机可放宽切胶尺寸，并连同胎圈一起切断，而后用液压胎圈拉丝机将胎圈上的钢丝拉掉。大型胶粉生产厂应采用回转式切胶机，其与洗胶设备的联动线结构如图 8-3 所示。

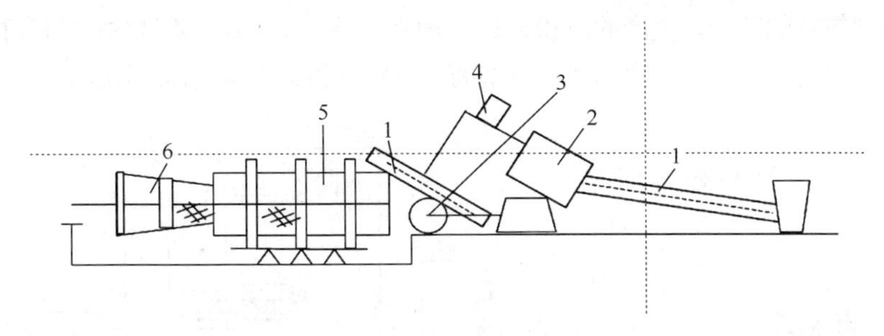

图 8-3　切胶、洗胶联动线结构示意图

1—胶带机；2—喂料辊；3—滚切刀；4—吸尘口；5—洗胶转鼓；6—甩水鼓

3. 洗涤

大部分回收的废旧橡胶制品由于在生产和生活中长期使用，夹带许多尘土杂质，特别是废旧轮胎，如果不清除，在粉碎过程中会造成尘土飞扬，更重要的是会影响到再利用的效果。因此，废旧橡胶在粉碎前应尽量除去这些夹带在废旧橡胶中的泥沙杂质，提高再利用的效果。

废旧橡胶洗涤在我国采用的是一种锥形圆筒转鼓洗涤机。废旧橡胶洗涤是将切割好的废旧橡胶定量定时地投入到洗涤机中，投料要均匀，水量要充足，洗涤后的废旧橡胶要达到基本无泥沙杂质，并保持清洁、干燥，存放备用。由于水分对胶粉的性能影响较大，故洗涤后废旧橡胶的干燥相当重要，应干燥至水分在1%以下。一般情况下，切胶和洗涤加工线是连在一起的。

8.2.2 废旧橡胶的粉碎

用废旧橡胶生产胶粉是回收再利用的一种常用方式，胶粉的应用十分广泛。胶粉的生产方法一般有三种，即常温粉碎法、低温粉碎法和湿法或溶液法。各种方法有其自身的特点。

1. 常温粉碎法

常温粉碎法，一般是指加工温度在（50±5）℃或略高温度下通过机械作用粉碎橡胶制成胶粉的一种粉碎法。其粉碎原理是通过机械剪切力的作用对橡胶进行切断和压碎的。常温粉碎法具有比其他粉碎方法投资少、工艺流程短、能耗低等优点。同时，常温粉碎法生产的胶粉，其表面凹凸不平、呈毛刺状态。这种胶粉与冷冻低温粉碎胶粉相比，优点是具有较大表面积，有利于进行活化改性，而且将其配合在新胶料中与基质橡胶的结合力大。常温粉碎法是目前国际上采用的最经济实用的方法。

（1）常温粉碎法的主要工艺

最早的常温粉碎法是采用辊筒粉碎法，主要有粗碎和细碎2个工序。粗碎采用的设备是表面有沟槽的两辊粗碎机，并配有辅助装置和振动装置。对废旧橡胶制品进行粗碎后再按要求进行筛选，对不符合粒径要求的废旧橡胶重新返回粗碎机进行粗碎，直至符合要求，同时在粗碎过程中除去非橡胶成分。而细碎则采用表面不带沟槽的两辊细碎机，它是对粗碎后的胶粉的进一步粉碎加工，也进一步除去废旧橡胶中的非橡胶成分，其粉碎原理与粗碎原理基本相同。

废旧橡胶通过粗碎与细碎后，还要通过磁选机磁选，除去铁和纤维杂质，然后送外筛选机筛分出不同粒径的胶粉，生产的胶粉粒径一般在0.5～1.5mm。筛选时的剩余物可重新返回细碎机进行第二次细碎，一次循环。典型的常温辊筒粉碎的工艺流程图如图8-4所示。

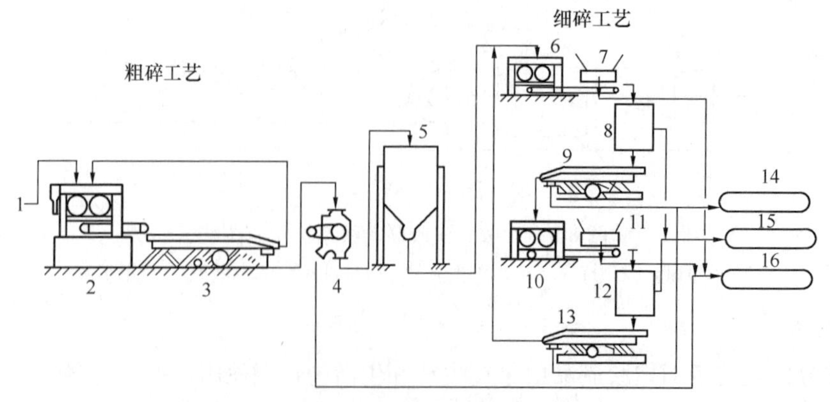

图8-4 典型的常温辊筒粉碎的工艺流程图

1—轮胎碎块；2—粗碎机；3，9，13—筛选机；4，7，11—磁选机；5—贮存器；6，10—细碎机；8，12—纤维分离机；14—胶粉；15—纤维；16—金属

辊筒法生产胶粉，如果辊筒速度超过 50m/s，则称为常温高速粉碎法，可同时粉碎橡胶和纤维材料。粉碎后的胶粉平均粒径可达到 70～80μm。随着橡胶破碎生产胶粉技术的进步，国内还相继开发了一系列的常温粉碎工艺。

（2）常温轮胎连续粉碎法

常温轮胎连续粉碎法是一种废旧轮胎连续粉碎生产胶粉的连续化方法。该方法由日本神户制钢所开发，日本关西株式会社采用此方法建成工业化胶粉生产线。此法也分粗碎和细碎两个主要工序，但采用的粉碎设备是一种旋盘式粉碎机。这种粉碎机既可用于粗碎，也可用于细碎。

粉碎过程是将废旧橡胶破碎成 50mm 左右大小的胶块，然后送入细碎机中粉碎。细碎机的壳体内有两个相互啮合、形状特殊的转子，通过它的旋转，对废旧橡胶施加剪切作用以粉碎废旧橡胶。粉碎机下面设有筛网，胶粉经筛网分离，达不到粒径要求的胶粉在粉碎机内循环，直至被粉碎到规定粒径，然后从底部排出。排出后的胶粉经磁选、风选以及振动分级之后，可获得符合不同粒径要求的胶粉产品。此法为连续生产，生产量高于常温辊筒法，生产流程如图 8-5 所示。

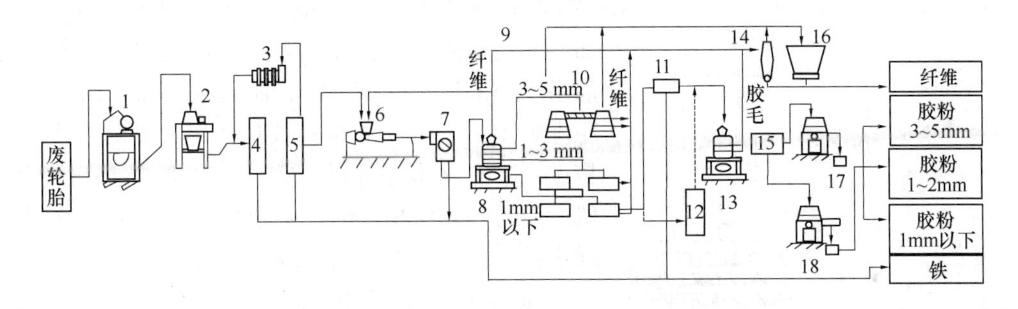

图 8-5　常温轮胎连续粉碎法

1，2—破碎机；3，6—细碎机；4，5—磁选机；7—磙鼓；8—振动分级筛；9—风选机；10—密度分选机；11—磁棒；12—微碎机；13—纤维分离机；14—旋风分离机；15—分级机；16—袋滤器；17—计量器；18—贮料斗

（3）挤出粉碎法

挤出粉碎法是采用螺杆挤出机将废旧橡胶粉碎来生产胶粉的新方法。这种挤出粉碎并非是单一的机械粉碎过程，而且还伴有化学反应过程（如氧化、裂解等）。因此，挤出粉碎法是一种集粉碎、混合和改性为一体的粉碎方法，由此得到的胶粉是由含不同结构、几何尺寸和改性组分组成的复合物。

德国 Burstoff 公司开发的挤出粉碎装置可生产 50～500μm 粒径胶粉。其工艺过程是利用轮胎切割机首先把废旧轮胎切割成 50mm×50mm 大小的胶块，然后采用辊筒粉碎机将胶块粉碎为 6mm 的胶粒，再经磁选除去钢丝杂物，接着将胶粉送入双螺杆挤出机，最后粉碎成粒径为 50～500μm 的胶粉，并进行冷却即为成品。其流程如图 8-6 所示。

俄罗斯聚合物制品试验厂也开发出采用挤出粉碎法生产胶粉的工业装置，其挤出粉碎机为螺杆偏心挤出粉碎机。我国沈阳化工学院对挤出粉碎法也进行了开发，并拥有胶粉生产挤出机技术专利。

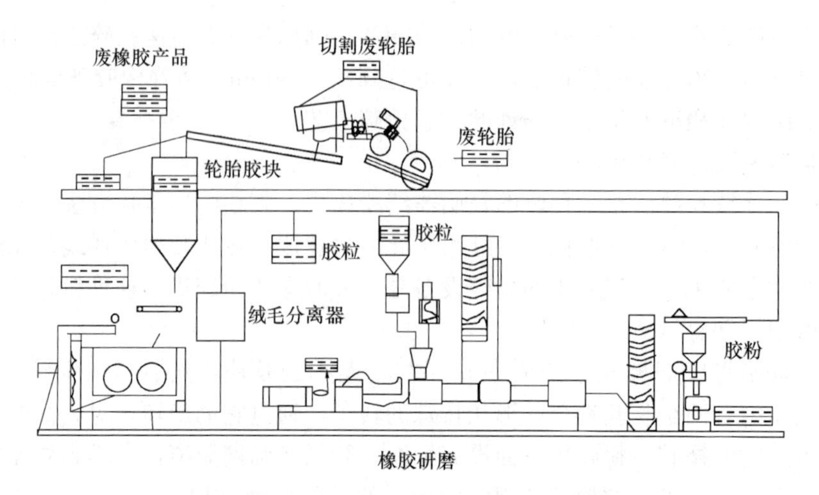

图 8-6 德国 Burstoff 公司的挤出粉碎流程图

(4) 高压粉碎法

高压粉碎法是一种比较节能的新型废旧橡胶粉碎法，是俄罗斯 G. SZOTS 等开发成功的。它与前述的粉碎工艺不同，这种粉碎方法是以高压柱塞逐步推挤废旧轮胎而进行粉碎的（工作原理如图 8-7 所示），通过高压作用使废旧轮胎被推挤进入带有许多小孔的机筒内，橡胶被挤出筒外，然后用另一方向相反的柱塞顶出被压扁的钢丝圈和纤维骨架材料，推挤出的胶粒经磁选和分选可得粒径在 5mm 以下的胶粉，然后可以根据需要送入旋盘式粉碎机进一步细碎处理，生产出粒径约 0.5mm 的胶粉。

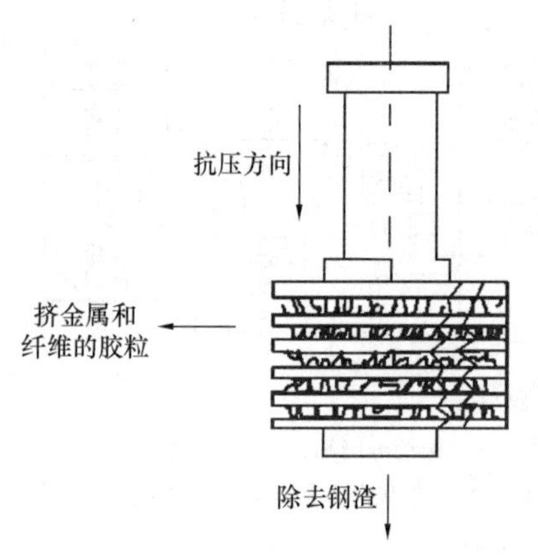

图 8-7 高压粉碎法

高压粉碎法可用于粉碎废旧橡胶制品，还可粉碎天然橡胶胶包，以便密炼混炼工艺，或严重焦烧的混炼胶、未硫化废帘布胶等。

(5) 微秒射流粉碎法

微秒射流法是以超快速水流为反应器直接对着轮胎进行切割、研磨、改性一步完成，以水为介质对整条废轮胎进行一次性微秒射流水刀切割，在微秒射流作用下，轮胎会转化为微细胶粉的颗粒，其表面分子结构会重组形成高双键、表面多孔隙，与此同时以稀土离子为处理剂，促使废旧橡胶形成表面无残留热应力、抗老化能力佳的胶粉。

(6) 爆炸法生产再生胶粉

爆炸是瞬间的物理和化学能量释放过程，在爆炸过程中化学能转变为机械能对外做功，引起被作用物质的变形、移动和破坏。爆炸的主要特征是爆炸点周围介质压力突然急剧上升，巨大的压力导致材料的粉碎。理论分析表明，粉碎同样质量的物质，爆炸法所需的粉碎能量要比机械粉碎所需的能量少十几倍。试验证实，用爆炸法粉碎硫化胶，耗能要比机械粉碎法减少 50% 以上，此外，炸药化学能的价格要比电能的价格便宜得多。

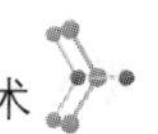

2003年莫斯科鲍曼技术大学研发出爆炸法制备胶粉新工艺，通过爆炸将废旧橡胶轮胎粉碎成微米级粉末。他们将轮胎切割成条，再将轮胎条卷成紧密的卷，将轮胎卷放入低温室冷却，然后放入特制的密闭爆炸室，引爆炸药，轮胎卷瞬间被粉碎为<50μm的粉末，再经过磁力分选机把金属微粒取出。据计算，一间这样的爆炸室平均每小时可处理约1t废旧橡胶轮胎。2006年5月在俄中科技开发交流中心，俄方提供的技术成果转移目录中就包括“汽车外胎和橡胶聚合物材料的爆炸粉碎生产线”，说明该技术已进入产业化开发阶段。

2006年，我国华中科技大学环境学院也研究了爆炸法处理废旧轮胎制造橡胶粉末的技术，采用的是室温爆炸法，选用的爆炸室为锥形结构，内壁有凸出的棱角，在锥形仓内爆炸的能量可得到充分利用，由于橡胶与钢丝的弹性和剪切模量不同，在巨大的爆炸压力作用下发生分离，形成橡胶碎块，橡胶碎块与仓内棱角的二次碰撞起到进一步的粉碎作用，也有利于橡胶与钢丝的彻底分离。由于室温爆炸法不能制成胶粉，还要配套机械粉碎装置进一步磨碎胶粒。周敬宣等人还探讨了硫化胶在爆炸作用下破坏的机理，橡胶变形速率与剪切模量和断裂韧性的关系，炸药用量的选择原则，研究了爆炸法与臭氧技术结合，处理废旧轮胎制造橡胶粉末的方法。

2. 低温粉碎法

橡胶低温粉碎即深冷粉碎，其基本原理就是通过冷冻将橡胶温度降至橡胶的玻璃化温度以下，使橡胶分子链段不能运动而脆化，从而易于粉碎，该方法可获得比常温粉碎粒径更小的胶粉。具体工艺是将切碎的胶料送入预冷箱，利用液氮或其他冷冻剂，将橡胶冷却至−100～−70℃，胶料在此温度下脆化后，进入低温粉碎机，在冷媒的制冷作用下研磨粉碎，形成精细胶粉。低温粉碎法所需的动力低、粉碎效果好，生产出的胶粉流动性好，且粒径比常温粉碎法小。然而，由于需要耗费大量的冷能用于橡胶的冷冻和粉碎，成本高，严重影响橡胶低温粉碎技术的经济性。

目前，低温粉碎方法主要有液氮法和空气膨胀制冷两种，另外，国内还研究出了利用天然气管网压力能制冷的低温粉碎法。随着国内液化天然气（LNG）产业的发展，LNG冷能利用引起了人们的高度重视，未来几年，我国将在沿海地区相继建成十几个LNG接收站，每年进口几千万吨的LNG，携带巨额冷能。而目前LNG接收站的冷能利用率还不到20%。于是，国内学者提出了将LNG冷能利用技术与橡胶低温粉碎技术结合起来的方法。在此基础上，为解决橡胶粉碎过程中的粉尘污染及胶粉变性等问题，本书作者提出了LNG液相冷媒深冷粉碎工艺，可有效降低低温粉碎成本，提高LNG冷能利用率。

（1）利用液氮制冷的低温粉碎法

液氮冷冻粉碎法是利用液氮作制冷剂，使废旧橡胶温度降低至玻璃化温度以下进行粉碎。大体上可分为两种工艺：一种是低温粉碎工艺，即利用液氮制冷使废旧橡胶制品冷至玻璃化温度以下之后对其进行粉碎；另一种是常温、低温并用的粉碎工艺，即先在常温下将废旧橡胶制品粉碎到一定粒径，再将其送到低温粉碎机中进行低温粉碎。图8-8为液氮制冷粉碎塑料或橡胶的装置。

液氮冷冻粉碎法的典型方法有美国UCC Buni0nCarbide Chirp公司1971年发明的UCC粉碎法，根据低温冷冻粉碎前有无预处理，该技术又可细分为两种，均能得到符

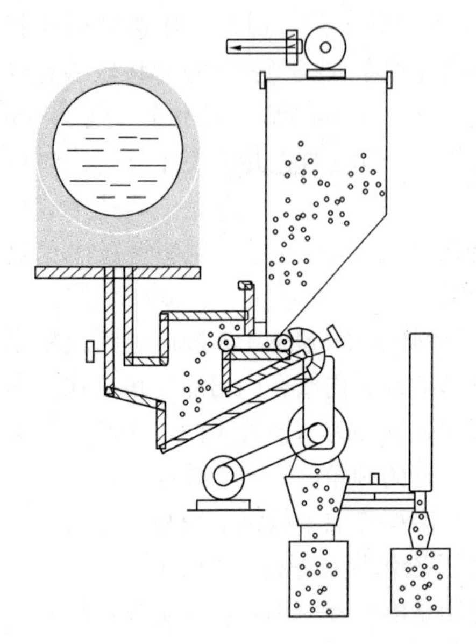

图 8-8 液氮制冷粉碎塑料或橡胶的装置

合粒度要求的胶粉。美国联合轮胎公司低温法生产胶粉工艺过程是废旧轮胎先在常温下破碎为胶块，然后直接用液氮喷淋胶粒，进行低温粉碎，所得胶粉粒径在 0.42mm 左右。乌克兰国家低温物理工程研究所也开发了液氮低温粉碎工艺（LN2），粉碎和磨碎 2 个主要工序均在低温下进行，可根据市场要求生产粒径为 1.25mm、0.4mm、0.2mm、0.1mm、0.05mm 的系列胶粉。俄罗斯和乌克兰联合开发了液氮电动脉冲低温粉碎法，基本原理是利用高压电场使液氮形成冲击波，作用在橡胶制品上使其粉碎。

液氮作为制冷剂具有的优点有：液氮沸点为 77K，制冷效果好；液氮为惰性物质，可防止橡胶氧化；所得胶粉粒度分布窄、流动性佳；液氮可直接输入粉碎机内，减少预冷时间，简化工艺及设备；可避免粉尘爆炸、臭氧污染与高强噪声；可提高粉碎机的产量；破碎所需动力低，可降低粉碎能耗。但是，液氮价格昂贵，且采用液氮冷冻粉碎法生产胶粉，液氮消耗量大，生产成本高。以美国 UCC 粉碎法为例，其制取 1 吨胶粉需消耗 1 吨液氮，而通过液氮喷淋冷冻法生产 1 吨胶粉甚至消耗液氮 1.5 吨，致使液氮费用在胶粉总成本中占有非常大的比重。因此液氮冷冻粉碎法生产胶粉的技术关键就是尽量减少液氮消耗量或降低液氮制取成本，目前国内外均已取得了一定进展。德国某公司研制了 INTEC RC400 废轮胎低温处理装置，处理生产 1 吨胶粉约消耗 0.55 吨的液氮。我国青岛某公司开发了 LY 型液氮低温粉碎法，生产微细胶粉的功耗降低了 126.4 千瓦时/吨，缩减了生产成本，大大提高了液氮制冷粉碎法的实用价值。

（2）利用空气膨胀制冷的低温粉碎法

研究表明橡胶只须冷冻到 193K 左右的硬化温度即可抵消胶粒粉碎时产生的摩擦热，在胶粉无老化变形的前提下实现细碎，不必冷冻到 168K 左右的脆化温度。而液氮冷冻粉碎法利用 77K 的液氮作为制冷剂，冷能浪费严重。基于这一观点，为了提高废旧橡胶低温粉碎法的经济可行性，我国独立开发了空气膨胀制冷粉碎技术。

空气膨胀制冷工艺与液氮低温粉碎工艺基本相同，但靠空气膨胀而制冷的，其胶粉生产成本低于液氮冷冻低温粉碎法。主要粉碎过程采用常温与低温并用的形式进行。即首先按常温粉碎法将废旧橡胶先粉碎成 2～4mm 大小的胶粒，然后将该胶粒通过空气膨胀制冷使橡胶呈玻璃态而进行低温粉碎，生产的胶粉为 60～120 目粒径。

目前国内已有多家研发单位和院校都进行了此项技术的研究，如 609 研究所、中国科学院低温技术实验中心、北京航空航天大学、大连理工大学和西安交通大学等。其中 609 研究所自行研发了空气循环低温粉碎法，并由南京飞利宁深冷工程公司在南京建立了处理废旧轮胎 8000～10000 吨/年，生产精细和微细胶粉 5000 吨/年的工业化生产线。同时，大连理工大学发明了涡旋式气流粉碎装置，其采用气波制冷机提供冷源，由低温辊压-锤式破碎机将废旧轮胎粉碎至胶粒，再由气流机粉碎成 20～80 目的胶粉。此外，

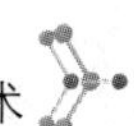

国外也出现了对空气膨胀制冷粉碎技术的研究及工业应用，美国波多黎各橡胶公司就利用该技术建成了处理废旧橡胶13500吨/年、生产胶粉9000吨/年的工业化生产线。

国内外研究和工业化运行表明，与液氮法相比，该技术具有节能、节水、成本低、效率高、实施性强的优点，但总体来说生产成本仍较高。

(3) 利用液化天然气（LNG）冷能的低温粉碎法

为了进一步减小废旧橡胶的低温粉碎成本，液化石油气（LNG）冷能的利用受到全世界越来越广泛的关注。直接利用LNG接收站使LNG气化复热过程中释放的大量冷能，不需专门生产冷量，可大幅降低生产胶粉的成本，同时减少了冷能不加利用排入环境而引起的冷能浪费和冷污染。

LNG常压下是−162℃的低温液体，其体积仅为气态时的1/600，气化时释放大量冷能，约为830kJ/kg。采用LNG冷能的低温粉碎法有两种：一种是先将LNG用于空气分离，然后用分离后的液氮冷冻胶粉进行粉碎；另一种以氮气为冷媒回收LNG的冷量，并将其用于橡胶低温粉碎。氮气与−150.0℃的LNG换热而获得冷量，温度降至约−95.0℃后输入冷冻室和低温粉碎机用于橡胶的冷冻和粉碎。具体工艺如下：废旧轮胎经初步破碎成一定粒度的胶粒后，再经磁选、筛分和干燥后送到预冷室进行初步降温，然后送入冷冻室冷冻，冷冻脆化后的胶粒在低温粉碎机中粉碎。图8-9为利用液化天然气（LNG）冷能的低温粉碎工艺流程图。

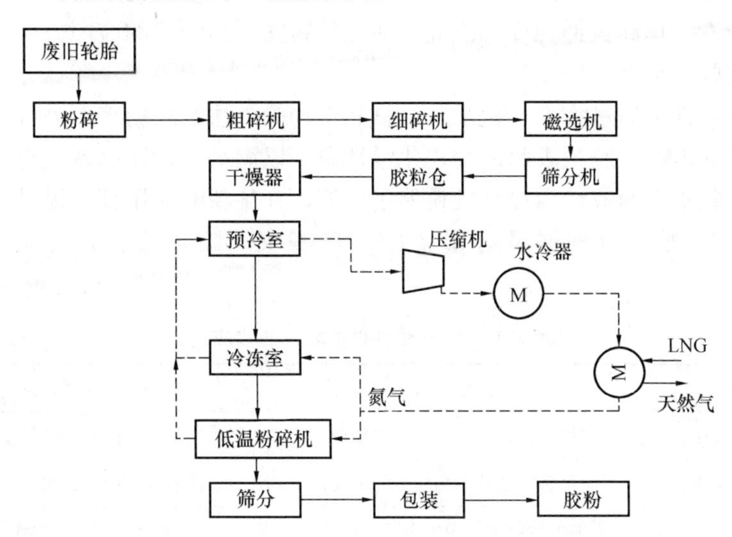

图8-9 利用液化天然气（LNG）冷能的低温粉碎工艺流程图

3. 湿法或溶液粉碎法

湿法或溶液粉碎法是一种在溶剂或溶液等介质中进行粉碎生产胶粉的方法。由此法生产的胶粉表面状态同常温法，但粒径较小，一般在200目以上，将其配合于新胶料中，胶粉性能优于常温粉碎法和低温粉碎法胶粉。

湿法或溶液粉碎法最早由英国橡胶塑料协会开发，美国采用该技术建成工业生产线。该法主要采用的粉碎设备是磨盘式胶体研磨机。其粉碎过程分3个步骤：第1步是废旧橡胶的粗碎，采用常温粉碎法进行。第2步是用化学药剂或水对胶粉进行预处理，预处理有3种方式，即使用脂肪酸（如油酸）和碱（如氢氧化钠）预处理；使用液体介质（如四氢呋喃、乙酸乙酯和三氯甲烷等）进行预处理；使用过量水预处理胶粉。第3步是将预处理的胶粉在磨盘式胶体研磨机中进行研磨粉碎，并经除碱、除溶剂或脱水干燥等处理后，即得超细胶粉。其中适量水预处理生产胶粉较适宜工业生产，但生产成本高，仅在高档制品和一些有特殊要求的材料中使用。日本开发了一种高压水冲击湿法粉碎生产胶粉新方法。其粉碎原理是利用一个内径为1～2mm的喷嘴喷射出245MPa以上压力的高压水来冲击废旧轮胎，进而达到粉碎目的来生产胶粉。这种方法省去了通常机械粉碎工艺所需的各种设备，简化了生产工艺，降低了加工过程的能耗。

俄罗斯开发了在水中湿法粉碎橡胶生产胶粉的新工艺。其原理是利用可视红外线激光液压脉冲技术，使橡胶在常温下呈脆性而进行粉碎。这种方法生产胶粉具有生产时间短、能耗低、加工过程安全、工作液体介质可无限循环使用等优点。

8.3 活性胶粉生产技术与应用

8.3.1 胶粉活化改性的意义

胶粉是再生胶生产中的初级产品，与再生胶相比，具有工艺简单、耗能低、无环境污染等优点。经表面活化后能与胶料产生良好的相容作用或共交联作用，可明显改善材料的动态疲劳性，提高拉伸强度。因此，活化胶粉在开拓胶粉的应用方面相当重要。广义地说，活化胶粉也是改性胶粉。

胶粉表面改性可通过物理、化学、机械和生物等方法对胶粉表面进行处理，根据应用的需要有目的地改变胶粉表面的物理化学性质，以满足现代新材料、新工艺和新技术发展的需要。胶粉表面改性为提高胶粉使用价值，开拓新的应用领域提供了新的技术手段，对相关应用领域的发展具有重要的实际意义。胶粉改性的主要方法和应用见表8-1。

表8-1 胶粉改性的主要方法和应用

改性类别	改性方法	应用范围
机械力化学改性	用机械力化学反应处理胶粉	作为胶料的活性填充剂
聚合物涂层改性	用聚合物及其他配合剂处理胶粉	改善掺用胶料或塑料的物理性能
再生胶脱硫改性	用再生活化剂和微生物等处理胶粉	与生胶、再生胶配合
接枝或互穿聚合物网络改性	用聚合物、单体和引发剂等使胶粉互穿聚合物网络	改善聚苯乙烯物理性能，改善相容性
气体改性	活性气体处理胶粉	改善橡塑的黏着性、相容性
核-壳改性	用特殊核-壳改性处理胶粉	改善橡塑的相容性
物理辐射改性	用微波、γ射线等处理胶粉	改善橡塑的相容性
磺化与氯化反应改性	用硫黄和氯化反应进行改性	做离子交换剂或橡胶配合剂使用

可见，胶粉表面改性使其由一般的填充材料变为功能性材料，同时为高分子材料及复合材料的发展提供了新的技术方法。胶粉表面改性因应用领域的不同而异，不同的应

用领域需要采用不同的表面改性方法，但总的目的是改善或提高胶粉材料的应用性能以满足新材料、新技术发展或新产品开发的要求。

8.3.2　胶粉活化改性技术

1. 机械力化学改性

机械力化学改性法是将化学反应原料添加于胶粉中，在一定条件下借机械作用使胶粉产生化学反应而改性胶粉的一种方法。其方法简单、实用、效果好，应用广泛。

机械力化学改性法使用的机械及化学原料有多种。开炼机法改性采用的改性剂为硫黄质量分数2%，促进剂M质量分数1.2%；或硫黄质量分数2%，促进剂CZ质量分数0.7%，邻苯二甲酸酐质量分数5%（溶于乙醇），二辛基酞酸酯或高芳烃油质量分数8%～10%。改性工艺条件是将粒径为0.3～0.4mm的胶粉在开炼机上捏炼15遍，辊距0.15mm，速比为1∶1.17，辊温55℃或85℃。延长捏炼时间，可加大改性剂的结合量，提高胶粉表面降解程度，从而提高掺用胶料硫化胶的拉伸强度和拉断伸长率。提高捏炼温度，也可以加大改性剂的结合量，缩短捏炼时间，但不能高于85℃，否则掺用胶料硫化胶的拉断伸长率会下降。

机械力化学改性的操作条件，最好不依赖延长处理时间或增大改性剂的起始浓度来提高改性剂的反应结合量，而应依靠增大引发断链反应的反应速度常数，也就是通过增大机械强度来完成。

反应器法采用的改性剂为胺衍生物、C-亚硝基芳胺衍生物等。其改性工艺条件是使用带涡流层的ABC-150型反应器，将0.25mm的胶粉在反应器中处理180s。采用这种设备在工业化生产条件下是一种技术十分复杂的操作工艺，稍有疏漏就会大幅度提高改性胶粉的生产费用。另外还可采用N-（乙-甲基-乙-硝基）-4-亚硝基苯胺，每100份胶粉加上述改性剂质量分数为5%～10%，在表面处理前先用质量分数为0.5%～5%的叔胺、芳烃氧化物和醇类物质[摩尔比为1∶(1～10)]的反应产物预处理胶粉。

搅拌器反应改性则采用的改性剂为苯肼或促进剂D，质量分数为0.29%～0.4%，催化剂为氯化亚铁，质量分数为0.2%～0.3%，增塑剂可为二戊烯或妥尔油，质量分数为8%～17%，隔离剂为陶土或滑石粉。其工艺条件是在搅拌罐中搅拌反应7～15min，反应温度不超过80℃。搅拌反应时间一般为10min，最长不超过15min，搅拌过程是最重要的。各种材料应按顺序加料，先加胶粉，再加改性剂苯肼或促进剂D。然后一起投入妥尔油和氯化亚铁。胶粉应先预热至20℃再投料。该改性配方及性能见表8-2。

表8-2　胶粉机械力化学改性配方及性能

材料及物性	配方A	配方B	配方C
胶粉（颗粒0.4mm）	100	100	100
促进剂	0.3	0.5	0.5
妥尔油	10	13.9	17
氯化亚铁	0.25	0.30	0.30
甲醇	5	5	5

续表

材料及物性	配方 A	配方 B	配方 C
性能			
门尼黏度［100℃，（1+4）min］	36	50	37
硬度（邵尔 A 型）（度）	71	64	60
拉伸强度（MPa）	8.3	10.7	9.1
断裂伸长率（%）	230	310	320
相对密度	1.21	1.17	1.16

又如采用乙撑胺类化合物对胶粉的机械力化学改性，可使含胶粉混炼胶性能大大改善，且成本低，方法简单。具体改性过程是先将二亚乙基三胺与煤焦油混合均匀，再和胶粉一起直接投入高速搅拌机中搅拌，搅拌一定时间出料即为改性胶粉。

2. 聚合物涂层改性

聚合物涂层法是借助黏附力用聚合物对胶粉进行表面包覆的方法。通过聚合物涂层改性可制成热固性和热塑性两种改性胶粉。热固性胶粉一般采用液体橡胶（如丁苯橡胶）进行表面包覆；热塑性胶粉则采用液体塑料或热塑性弹性体（如聚乙烯、聚丙烯、聚氨酯等）进行表面包覆获得。用于涂层的聚合物一般还含有交联剂、增塑剂等材料，其对胶粉包覆后呈干态或粉末状混合物。包覆层在胶粉与胶料或塑料之间起着化学键的作用，在与胶料一起硫化或与塑料塑化成型时产生化学结合。其同基质高分子材料相容性好，故可加快其在高分子基质材料中的分散，获得性能良好的共混材料。聚合物涂层法采用的包覆工艺简便易行，效果较好，应用较普遍。

热固性胶粉制取，应根据结构相似相容原理，选用的液体聚合物——橡胶最好与胶粉成分相似，如 EPDM 胶粉采用液态 EPDM 处理；液态的丁二烯-丙烯腈共聚物则用于处理 NBR 胶粉；液态 SBR 则用于处理 SBR 胶粉。另外所选用的交联剂、增塑剂也尽量与基质胶一致。胶粉涂覆是在 TEC 处理装置中对粒径为 0.4mm 的胶粉进行包覆涂层（改性剂带正电，胶粉带负电，每 100 份胶粉涂覆 5 份液体聚合物混合物）。这种胶粉在胶料中具有很好的相容性，粒径大小对硫化胶物性影响并不明显，对保持基本物性不起关键作用。根据加工需要，对胶粉的粒径则应有所选择。用于平板模压制品、传递模压和注压制品的胶粉粒径为 0.4mm，而用于压延制品的胶粉粒径则为 0.2mm。掺入软质胶料中可提高弹性，降低压缩永久形变，而掺入硬质胶料中可提高抗冲击性，掺用量较高还可提高硫化速率，改性制品的永久形变、耐磨性、弹性和疲劳升温，并减少硫化胶中的气泡。

热塑性胶粉制取，采用的涂覆聚合物一般为聚乙烯、聚丙烯及其共聚物、聚苯乙烯及聚烯烃类热塑性弹性体等，并配以适量交联剂、增塑剂。改性的工艺条件是粒径为 0.2mm 的胶粉在 TEC 表面处理装置中分两次喷涂。先用质量分数为 2%～5%的同胶粉化学结构相似的液体聚合物喷涂，再用质量分数为 2%～5%的可同第一次涂层聚合物产生反应的聚合物或热塑性弹性体进行包覆涂层。加入的交联剂在掺入树脂期间同连续相基质分子产生反应，以改善其伸长率、弹性、低温屈挠性和抗冲击性。热塑性胶粉可高比例（10%～90%）掺用于塑料中。多数情况下掺用胶粉的塑料可在塑料的标准成型设备如注压、挤出成型设备加工。

3. 再生胶脱硫改性

胶粉的再生脱硫是通过在胶粉中加入再生活化剂或者通过加热或其他作用来打断硫化胶中的硫交联键，从而破坏其三维网状结构的改性方法。如用高温处理胶粉，胶粉中的硫交联键在再生活化剂、热、氧的作用下被破坏，表面产生较多的活性基团，有利于同胶料的化学键合，使胶粉在胶料中的分散性和硫化性得到改善，表 8-3 为胶粉高温再生脱硫处理时间对胶料性能的影响。与未改性的含胶粉的胶料相比，胶料的拉伸强度、扯断伸长率等物理性能均有较大的提高。

表 8-3 胶粉高温再生脱硫处理时间对胶料性能的影响

处理时间（s）	0	15	30	45	60	75	90
拉伸强度（MPa）	5.3	10.0	10.1	10.5	11.7	12.5	13.2
断裂伸长率（%）	430	580	590	600	600	580	590
永久变形（%）	4	8	12	10	10	12	12
300%定伸应力（MPa）	2.5	2.2	2.2	2.3	2.3	2.4	2.2
硬度（邵尔 A 型）（度）	44	46	46	46	46	43	46

低温脱硫再生法能耗小且节约劳动力，对环境污染小。其改性方法是在胶粉中混入少量软化增塑剂和脱硫剂，然后在室温或稍高的温度下，借助机械作用进行短时间脱硫再生得到脱硫胶粉。低温脱硫胶粉配合的硫化胶性能大大优于普通胶粉配合的硫化胶性能。

最新开发的生物表面脱硫技术为胶粉改性提供了一种新的途径。该方法不需高温、高压、催化剂，为常温常压下操作，操作费用低，设备要求简单，即利用微生物脱硫。其营养要求低，无二次污染。采用的微生物为嗜硫微生物，如红球菌、硫化叶菌、假单胞菌、氧化硫硫杆菌和氧化亚铁硫杆菌等。其改性的工艺是将胶粉与水溶液中的嗜硫微生物及营养物在常温常压下一起混合，经过一定的时间，便可从水溶液中分离得到脱硫胶粉。不同的微生物脱硫，产生的胶粉表面化学性质不同，应根据胶粉的应用领域，并经试验而选择相应的脱硫微生物。这种胶粉可掺用于新胶料（轮胎胶料等）中，使成本大大降低，并且质量达到或超过新胶料的水平。胶粉微生物脱硫是实用性强、技术新颖的生物工程技术在高分子材料中应用的代表，具有诱人的前景。

4. 接枝或互穿聚合物网络改性

胶粉接枝改性是通过加入接枝改性剂，在一定条件下使胶粉表面产生接枝的改性方法。这种方法生产的胶粉仅限于高附加值产品使用。典型的胶粉接枝反应是苯乙烯接枝改性。按采用的接枝引发剂不同，可分为本体接枝和自由基接枝。这种方法改性的胶粉适用于作为液体橡胶的填充剂和耐冲击树脂（如聚苯乙烯）的补强剂。

胶粉本体接枝改性，首先胶粉必须是经过异丙醇与苯的混合溶剂抽提过的低温粉碎胶粉。其接枝方法是将 20 份胶粉加入质量分数为 1%的过氧化二苯甲酰、苯乙烯单体中（苯乙烯 100 份），在冷库中放置 12h 后，滤出剩余的苯乙烯，再在氮气中于 80℃下加热 12h。所得反应物用苯回流 48h，除去非接枝部分。改性胶粉能显著提高聚苯乙烯材料的拉伸强度和扯断伸长率。自由基苯乙烯接枝胶粉是将用苯乙烯膨润过的低温粉碎胶粉置于水中，加入硫酸氢钠、硫酸铁和过硫酸，然后在快速搅拌机上进行氧化还原聚合接枝，放置12h后过滤并在空气中干燥，再于50℃下真空干燥24h后过滤并在空气中干燥，最后在50℃下真空中干燥24h。此接枝胶粉可赋予聚苯乙烯材料优良的耐冲击性。表8-4为苯乙烯接枝胶粉与聚苯乙烯树脂的并用料力学性能。

表8-4　苯乙烯接枝胶粉与聚苯乙烯树脂的并用料力学性能

处理方法	胶粉（60目）添加质量分数（%）	物理性能				
		弯曲模量（MPa）	拉伸模量（MPa）	拉伸强度（MPa）	断裂伸长率（%）	冲击强度（J/m）
未添加	0	3140	1500	31.0	2.22	3.0
未处理	20	2430	876	22.2	4.14	2.7
本体接枝	20	1930	1400	37.0	5.19	4.3
自由基接枝	20	2240	1080	26.9	3.33	4.8
铬酸处理	20	2630	1380	29.0	2.48	2.5
铬酸处理（加热）	20	2630	1210	28.5	2.95	2.9
硫酸处理	20	2500	959	23.7	2.88	2.5

苯乙烯改性的不饱和聚酯树脂在与胶粉共混改性中发生接枝和断键而实现改性胶粉。不饱和聚酯中的苯乙烯作为交联单体，它与聚酯有良好的相容性，在混合改性过程中可使胶粉充分溶胀，在热和氧作用下与胶粉进行接枝，而丙烯酸酯、醋酸乙烯类单体等也有同样作用。聚酯树脂用不饱和酸酐等合成，并用苯乙烯改性，合成时按比例配制苯酐、顺丁烯二酸酐、乙二醇和1,2-丙二醇，于150～190℃下反应制得。为达到接枝改性胶粉良好的性能，苯乙烯、不饱和聚酯在胶粉中的量有一个适宜值。这种改性方法不仅可使胶粉膨润，而且可使橡胶具有一定的塑性。

互穿聚合物网络改性胶粉是一种新型的特殊胶粉三组分复合材料。它由三组分网络彼此贯穿，共轭组分互穿网络材料的三组分是端羟基的聚丁二烯、苯乙烯和二乙烯苯。其改性工艺是端羟基聚丁二烯首先与甲苯二异氰酸酯反应生成预聚物，然后将预聚物、苯乙烯、二乙烯基苯与适当的扩链剂、引发剂、催化剂混合均匀，最后与胶粉混合并充分搅拌，停放一段时间待初步凝胶化后放入模型，在100℃下加压硫化4h，使表面固化，即为改性胶粉。这种改性胶粉掺入天然橡胶中的硫化胶力学性能见表8-5。

表8-5　改性胶粉掺入天然橡胶中的硫化胶力学性能

物理性能	无胶粉	改性胶粉（质量份）				未改性胶粉（质量份）
		20	40	60	80	10
拉伸强度（MPa）	19.0	18.0	19.0	17.0	16.0	11.0
断裂伸长率（%）	670	650	640	610	590	380
永久变形（%）	26	24	23	21	22	32
硬度（邵尔A型）（度）	40	42	44	47	49	49

注：1. 配方：天然橡胶100，硬脂酸0.5，氧化锌5，促进剂M1.0，硫黄3.5，胶粉（40目）变量；

2. 硫化条件：143℃，20min。

互穿聚合物网络改性剂也可采用聚己二酸乙二醇酯、甲苯二异氰酸酯、苯乙烯、3,3-二氯-4,4-二氨基二苯甲烷和过氧化二苯甲酰。这种共轭三组分体系，公共网络的聚苯乙烯分别和聚氨酯、胶粉形成界面共轭互穿，从而将聚氨酯与胶粉有效地结合起来，提高了改性后胶粉的性能，而与其他的聚合物相容性提高，有助于胶粉的利用。又如酚醛树脂对胶粉互穿聚合物网络改性，其方法是采用酚醛树脂预聚物单体、水和胶粉混合搅拌反应约 10h，控制反应温度使之缩聚成预聚物而不产生交联，使酚醛树脂与胶粉形成互穿聚合物网络结构，同时酚醛树脂与基质胶相互扩散，产生共交联，使界面保持较好的黏合，构成稳定的多相体系。该体系与未经处理的胶粉-基质胶复合体系相比，拉伸强度提高 2.5 倍，扯断伸长率提高 2 倍左右。

5. 气体改性

气体改性就是采用混合活性气体处理胶粉表面，方法是使胶粉颗粒最外层置于可对其表面化学改性的高度氧化的混合气体中，从而使胶粉改性。如用氟与另一种活性气体氧、溴、氯、CO 或 SO_2 进行胶粉表面改性处理。处理后的胶粉颗粒最外层分子的主链上生成了极性官能团，如羟基、羧基和羰基，具有高比表面能，而且易被水浸润。由于其具有高比表面能，故易于分散在聚氨酯、橡胶、环氧树脂、聚酯、酚醛树脂和丙烯酸酯等高分子材料中。如在聚氨酯泡沫材料中，可改善聚氨酯材料的性能，并降低生产成本，改进性能见表 8-6。

表 8-6　聚氨酯加入气体改性胶粉前后性能

性能	纯聚氨酯	聚氨酯/胶粉（100/20）	
		30 目	60 目
拉伸强度	12.3	15.9	17.5
断裂伸长率	90.9	148.9	146.9
撕裂强度	144.4	460.3	337.2
65%瞬间弹性变形力（N）	484	543	702
湿摩擦因素（静态）	0.75	0.99	—
湿摩擦因素（动态）	0.81	1.01	—

在聚氨酯、丁腈橡胶，聚乙烯-醋酸乙烯/聚乙烯等材料中，加入改性胶粉也可获得良好的使用性能，且成本大大降低。值得一提的是聚氨酯在鞋底材料应用中，它在湿表面上非常容易打滑，而在聚氨酯材料中加入 10～25 份气体改性胶粉，可将其湿摩擦因素提高 20%，达到与纯橡胶材料相当的水平，而聚氨酯材料的其他主要物理性能基本得到保留。这项重要改进为改性胶粉在聚氨酯系列产品中工业化应用提供了广阔的市场空间，已经应用于胶辊、体育用品、停车场屋顶、运动场地板和轮椅轮胎等产品中，获得较好的经济效益。

6. “核-壳”改性

胶粉“核-壳”改性是胶粉改性的一个由芯到表面进行改性的新方法。其分为两种：一种是核改性；另一种是壳改性。核改性剂由松化剂和膨润剂组成，松化剂为含硫类化合物，松化剂能调整改性胶粉与基质胶之间的网络均匀性，使共混胶在外力场中应力分布较均衡，同时由于两相界面区域分子间相互渗透性的增强，提高了界面抗破坏的能力。在松化剂改性胶粉中辅以界面改性剂，则胶粉添入基质胶中性能更佳。

胶粉壳改性一般采用的是界面改性剂，其目的是在胶粉表面建立合理的胶粉-基质胶过渡层结构。胶粉经过壳改性后，即通过防硫迁移，调节共硫化速度，增强胶粉与基质胶界面过渡层中的“低模量层”，交联密度提高，交联网络的均匀性得到改善，从而赋予共混胶优异的综合性能。

7. 物理辐射改性

物理辐射改性胶粉主要是对胶粉进行辐射处理。主要有微波法和γ射线法两种。微波法是一种非化学的、非机械的一步脱硫改性法，其利用微波切断胶粉的硫交联键，而不切断碳-碳键，使胶粉表面脱硫而改性。其主要设备由脱硫管道、能被微波穿透的材料等制成。胶粉通过管道中的钢质螺杆送入管道，开动微波发生器，并靠调节输送速度来改变微波剂量，使胶粉改性。γ射线改性胶粉是因为聚合物侧基原子（如氢）和聚合物链段经射线辐照后会分裂生成接枝自由基。方法是将胶粉与单体、溶剂一起放入玻璃瓶中，用液氮冷却，真空密封，用Co源辐射，吸收剂量约为10kGy/h，辐照后在70℃下干燥至恒重，随后在丙酮中萃取除去单体和溶剂，得到均聚物，即γ射线辐射改性胶粉。表8-7为不同处理方法的胶粉与LLDPE共混物的性能情况，与LLDPE混容性效果好的胶粉依次是湿法胶粉、低温法和常温法。

表 8-7　不同辐射方法的胶粉与 LLDPE 共混物的性能

处理方法	RP-1	RP-2	RP-3
未处理	9.7	10.7	12.0
等离子体处理	10.2	10.5	—
电晕处理	9.9	10.9	—
电子束射线处理注量 1kGy	12.9	13.1	13.6
电子束射线处理注量 25kGy	13.1	13.4	13.9

8. 磺化与氯化反应改性

磺化反应是采用 SO_3 在一定条件下发生磺化反应的改性方法。一般采用粒径为0.5～3mm的胶粉进行磺化反应制成阳离子交换剂。这种方法改性的胶粉与离子交换树脂相比，离子交换能力略低，但很适合净化 Cu^{2+}、Cd^{2+}、Zn^{2+} 和 Ni^{2+} 等重金属离子。

胶粉的氯化反应有溶液法、悬浮法和固相法3种。其中固相法是胶粉直接与氯气接触而氯化改性。氯化改性胶粉由于胶粉表面极性增强，故其与极性高聚物（如聚氨酯、丁腈橡胶等）相容性提高。

8.3.3　活性胶粉的应用

1. 胶粉直接加工成型

胶粉尽管是一种交联结构材料，表面活性差，但仍存在一定量的不饱和键，因而可以在配合硫化剂、软化剂等助剂后直接模压硫化成型。其成型制品可用于对力学性能要求不高的各类垫片和吸声材料。如要制成各种装饰材料，可采用复合工艺，即在胶粉片材上复合各种色彩的橡胶膜片以掩饰其黑色，或采用染色技术对胶粉染色后，成型加工出各种彩色制品。胶粉直接加工成型，其工艺简单，生产成本低，但性能一般，仅适合一般要求制品。

2. 胶粉改性沥青

将胶粉、沥青、高效乳化剂在一定温度下进行搅拌乳化，可以制成水乳型防水涂料。它可用于地下建筑和屋面防水涂层。这种涂料可用机械喷涂工艺进行施工，这样施工不仅效率高、涂层均一，而且增强了涂层与基面的黏结强度。这种用胶粉改性沥青的涂料属于水乳型涂料，安全可靠、成本低，在高温下变形很小，在低温时仍有一定柔性。

用硫化胶粉改性沥青铺设的路面比一般沥青道路弹性好、行驶噪声低、耐重压、不易磨损，可增加行车舒适度，大大提高公路的安全性和可靠性。由于胶粉中含有抗氧化剂，可减缓路面老化，最显著的特点就是改变了普通沥青对温度的敏感性，能使路面夏季高温不淌，冬季寒冷不脆。国外将硫化胶粉改性道路沥青用于高等级公路已有 30 年以上历史。到 20 世纪末，美国铺设的胶粉改性沥青路面已超过 1.1 万 km。此外日本、俄罗斯、加拿大、瑞典、韩国、芬兰等亦已成功地将胶粉改性沥青用于修建高速或高等级公路。1996 年以来，天津、北京、上海、辽宁、四川、湖北、广东等省市都在积极推广胶粉路面的试用。橡胶粉改性沥青材料是一种高附加值的材料，但是废胶粉改性沥青的成本一般来说将比纯沥青增加 20％～60％。

3. 胶粉制防水卷材

当前建筑用高分子防水材料大致可分为防水卷材（或片材）、防水涂料、防水密封膏和防水砖等四类。其中，防水砖是近几年开发成功的一种新型防水建筑材料，它是由疏水型高分子胶黏剂与无机多孔粉状材料压制而成的密度小、防水性能好的薄层砖型材料。

上述四种防水材料以防水卷材用量最多、范围最广。胶粉与氯化聚乙烯、聚氯乙烯可以多种配方和工艺制得不同档次的防水卷材。此类防水卷材的突出特点是易于黏结，使铺设层形成不漏水的整体，防水效果好；在寒冷的气候不脆裂，在炎热气候不变形；该防水卷材属于热塑性产品，加工过程中所产生的边角料可回收再利用；价格较便宜，有相当的市场竞争力。

4. 胶粉与生胶并用

胶粉与新胶掺用可制备多种橡胶制品，特别是活化的精细胶粉用途更多，可掺用于胎面胶。

制品的用途、性能与胶粉的掺用量和粒度有关，还与胶粉的活化性有关。胶粉的活化性越强，制品的性能越好，而且还能在保证制品性能的前提下提高胶粉的掺用量，从而降低成本。

一般来说，胶粉的粒径越小，掺用后的制品性能越好。因为胶粉越细，比表面积越大，与基体胶料的分子间相互作用越强，界面相容性也越好，从而提高了制品的性能。

5. 胶粉与树脂并用

橡塑并用体系的改性具有双重含义：若以树脂（常为热塑性树脂）为基体，称为橡胶（或泛指弹性体）对树脂的增韧改性；而以弹性体为基体，则称为树脂对弹性体的增强改性。

胶粉与热塑性树脂的机械共混，实质是橡塑共混。采用不同橡塑配比可制得多种共混体。

以橡胶为主体的橡塑共混体，可分为硫化型和非硫化型两种，而硫化型又有动态硫化和静态硫化之分。

一般来说，胶粉可填充于所有热塑性树脂，但较有实际意义的有聚乙烯、聚丙烯、聚苯乙烯、聚氯乙烯、氯化聚乙烯、ABS 树脂等。

用胶粉掺用的热塑性树脂，多用模压、层压、压延和挤塑成型直接加工成制品。

8.4 再生橡胶的改性与应用

8.4.1 废旧橡胶的再生

橡胶是线型直链高分子聚合物塑性体，其相对分子质量为 10 万～100 万。它是通过硫黄等物质在一定条件下进行化学反应，形成网状三维结构形态的无规高分子弹性体。因此，要想用再生方法使硫化橡胶再回到线形具有塑性结构的高分子材料，首先必须设法切断已形成的以硫键为主的交联网点，即再生橡胶生产过程中所必不可少的“脱硫”工艺。然而，从脱硫的具体历程来看，硫黄并没有从橡胶中脱掉，实际上仍然如数残留于橡胶之中。确切地说，脱硫只不过是硫键交联网点的断裂，而所称的脱硫则是一个极为复杂的变化过程，因此，再生橡胶可以说是硫的断链过程。

橡胶再生的目的就是把硫化橡胶通过物理和化学手段，将橡胶中的多硫化物转化为二硫化物，二硫化物再进而转为一硫化物，而后再将一硫化物切断，促其成为具有塑性的再生橡胶。橡胶硫化交联及脱硫断裂模型示意如图 8-10 所示。不过，目前工业上常用的拌油蒸汽加热、化学再生药剂、机械粉碎轧压等脱硫方法，大都往往不加区别地把橡胶交联网点与橡胶主链同时切断，导致主导橡胶的结构遭到严重破坏。以目前的再生技术来说，橡胶交联网点仅能减少 50％左右，有效硫键交联网点的切断不过是硫化橡胶的 5％，与此同时，橡胶分子主链也有 33％遭到损坏，因此，橡胶的相对分子质量也随着相应下降。

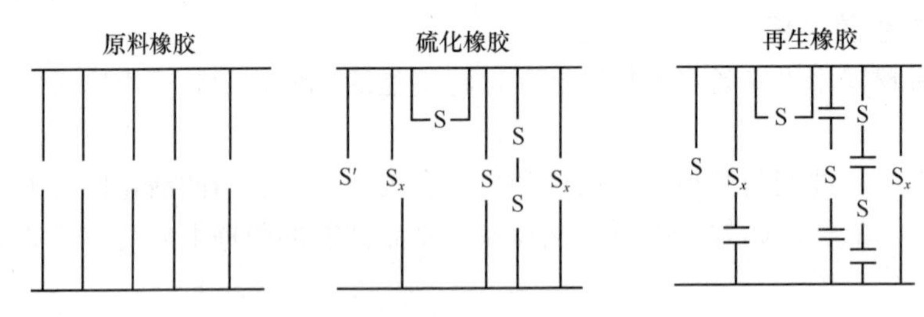

图 8-10　橡胶硫化交联及脱硫断裂模型示意

S代表多个硫原子连接

1. 蒸汽法

（1）油法

将胶粉与再生剂混合均匀，送入卧式脱硫罐内，用直接蒸汽加热。蒸汽压力为 0.5～0.7MPa，脱硫时间为 10h 左右。此法工艺设备简单。

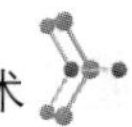

（2）过热蒸汽法

将胶粉与再生剂混合均匀，放入带有热电器的脱硫罐中，直接通蒸汽，用热电器将温度提高到220～250℃，使胶粉中的纤维得到破坏，蒸汽压力为0.4MPa。

（3）高压法

将胶粉与再生剂混合均匀放进密闭的高压容器内，通入4.9～6.9MPa直接蒸汽进行脱硫再生。此法对设备要求高，投资较大。

（4）酸法

首先用稀硫酸浸泡胶粉，破坏其中的纤维物质，然后用碱将酸中和进行清洗，再直接通入蒸汽进行脱硫再生。此法需要耐腐蚀设备，耗用酸碱量大，工艺及设备复杂，成本高，产品易老化。

2. 蒸煮法

（1）水油法

此法脱硫设备为一台李氏带搅拌的脱硫罐，在夹套中通过0.9～0.98MPa的蒸汽，罐中注入温水（80℃）作为传热介质。脱硫时将已用机械除去纤维的胶粉和再生剂加入罐中，搅拌时间约3h。此法虽然设备较多，但机械化程度高，产品质量优良且稳定。

（2）中性法

中性法与水油法基本相似，区别在于中性法不提前除去纤维，而是脱硫过程中加入氯化锌溶液以除去纤维。效果不如水油法好。

（3）减法

用氢氧化钠（浓度为5%～10%）来破坏胶粉中的纤维，然后用酸进行中和并清洗，再以直接蒸汽加热进行脱硫再生。此法设备易腐蚀，产品质量低劣，方法落后。

3. 机械法

（1）密炼机法

该法所采用的密炼机为超强度结构，转子表面镀硬铬或堆焊耐磨合金。转速为60～80r/min，上顶栓压力为1.24MPa，操作温度控制在230～280℃，时间7～15min。此法生产周期短，效率高。

（2）螺杆挤出法

该法所用的主机为螺杆挤出机（与橡胶挤出机相似），螺杆直径有6in、8in、12in三种。机壳内有夹套，用蒸汽或油控制温度（200℃左右）。操作时将胶粉与再生剂提前混合均匀送入该机，胶料在螺杆的剪切挤压作用下，经过3～6min即可从料斗排出。此法能连续生产，周期短，效率高，产品质量优良，但由于螺杆与内套磨损较大，对设备的材质要求较高。

（3）快速脱硫法

该法所用的主机为一结构特殊的搅拌机（与塑化机相似），罐内有一挡料装置。搅拌速度可调节，由直流电机带动。转速分为两档，低速控制在720r/min，高速为1440r/min，搅拌10min后，隔绝空气逐渐冷却，冷却是在冷却器中进行的。此法的生产周期短，搅拌速度快，工艺不易控制，产品质量不够稳定，比较适合废合成橡胶再生。

（4）动态脱硫法

将胶粉和再生剂混合均匀后，放入能旋转的脱硫罐中，使胶粉在动态下均匀受热，达到再生目的。此法产品质量稳定。

（5）连续法

将胶粉与再生剂混合均匀后，放入带有一对空心螺杆的设备中，利用油浴加热，温度控制在240～260℃，进行连续脱硫，胶料经过15min后即可达到脱硫再生目的。

4. 化学法

（1）溶解法

将胶粉和软化剂放入一个电加热的搅拌罐中，加入40%～50%的软化剂（以胶粉为100%），一般采用重油或残渣油等。温度控制在200～220℃，搅拌2～3h。反应后的产物为半液体状的黏稠物。产品可直接用于橡胶制品，代替部分软化剂，也可作为防水、防腐材料应用于建筑行业。

（2）接枝法

在脱硫过程中，加入一些特殊性能的单体（如苯乙烯、丙烯酸酯等），在200～230℃的高温作用下，使单体与胶料反应，在经过机械处理后，得到具有该单体聚合物性能的再生胶（如耐磨、耐油等）。此法反应过程较难控制。

（3）分散法

在开炼机上加入胶粉和乳化剂、软化剂、活化剂等，再进行搅和压炼，然后缓缓加入稀碱溶液，使胶粉成为糊状，再加水稀释，从开炼机上刮下来，加入1%浓度的乙酸，使其凝固，最后经过干燥压片，即为成品。此法设备简单，工艺操作不易控制，为间歇式生产。

（4）低温塑炼法

将胶粉与有机胺类或低分子聚酰胺、环烷酸金属盐类、脂肪族酸类和软化剂、活化剂等混合均匀，放置在80～100℃温度下塑化一定时间，即可通过氧化-还原反应达到再生目的。此法节省能量，设备简单，但产品可塑性低。

5. 物理法

（1）高温连续脱硫法

将胶粉与再生剂按要求混合均匀，然后送入一个卧式多层的螺杆输送器中，输送器有夹套和远红外线加热装置，胶料在输送过程中受到远红外线的均匀加热，达到再生目的。此法为连续性生产，周期较短，质量较好，设备不复杂，是正在探索的一种新方法。

（2）微波法

将极性废硫化胶粉粉碎至9.5mm大小的胶粒，加入一定量的分散剂，输送到用玻璃或陶瓷做的管道中，使胶料按一定速度前进，接收微波发生器发出的能量。调节微波发生器的能量，致使胶粉分子中的C—S和S—S键断裂，达到再生目的。

8.4.2 再生橡胶的改性

废旧橡胶的再生，单靠加热和机械处理很难达到再生目的，必须加入软化剂、活化剂、增黏剂、抗氧剂等才能生产出高质量的再生橡胶，这些废旧橡胶再生的配合剂简称再生剂。胶粉和再生剂在脱硫过程中的实际投料比例及数量就是再生配方。

1. 软化剂

1）软化剂的作用

（1）渗透膨胀作用

软化剂的成分比较复杂，其中低沸点物在再生过程中能渗透到橡胶分子中，由于受热而膨胀，使橡胶分子链之间和填充剂在橡胶分子链之间的作用力减弱，有助于断链。同时增大分子之间的距离，降低了结构化的可能。

（2）增黏增塑作用

软化剂中的高沸点物在高温脱硫后能保留在胶料中，起到增加胶料黏性和塑性的作用。

2）软化剂的分类

（1）植物油类

植物油类包括松焦油、妥尔油、松香、松香裂化油、松节油、双戊烯、双萜烯等。

（2）矿物油类

矿物油类包括煤焦油系，如煤焦油、煤沥青、古马隆树脂等，以及石油系，如重油、裂化油、石油沥青、残渣油等。

2. 活化剂

1）活化剂的作用

在脱硫过程中，能加速脱硫过程的物质称为再生橡胶的活化剂。使用活化剂可大幅度缩短脱硫时间，改善再生橡胶工业性能，减少软化剂的用量，提高再生橡胶制品质量。活化剂在高温下产生的自由基能与橡胶分子的自由基相结合，阻止橡胶分子断链后的再聚合，起到加快降解的作用。

2）活化剂的分类

活化剂种类较多，有硫酚类、硫酚锌盐类、芳烃二硫化物类、多烷基苯酚硫化物类、萘酚类、苯酚亚砜类、苯胺硫化物类等。从制备工艺和活性看，硫酚类活性较高，但质量不稳定，毒性大；硫酚锌盐类活性低，制备工艺复杂；芳烃二硫化物类活性较高，制备工艺简单，且毒性相对较小；多烷基苯酚硫化物和苯酚亚砜类都有较高活性，但制备工艺较复杂，且价格高。国外采用硫酚类较多，我国多应用芳烃二硫化物类。

3. 增黏剂

增黏剂是为了增加再生橡胶的黏性以获得良好加工性能的助剂。松香是再生橡胶生产常用的增黏剂。

松香是由松树分泌的树脂经加工而成，为透明黄色或橙黄色固体，主要成分是松脂酸及松脂酸酐，加热时呈黏稠状物，能提高再生橡胶黏性和耐老化性能。松香一般不单用，如松焦油、妥尔油作为软化剂时可不加松香，与煤焦油等并用时可加 3%，但最多不得超过 5%，否则将使再生橡胶的耐老化性能下降。松香质量技术指标见表 8-8。

表 8-8 松香质量技术指标

品种	相对密度	软化点（环球法）（℃）	不皂化物（%）	酸值（mgKOH/g）	机械杂质（%）
松香	1.10～1.50	≥70	—	≥164	≤0.07

除此之外，随着石油化工的发展，石油树脂作为一种新型的再生橡胶增黏剂也获得应用。如C_5石油树脂、C_9石油树脂和二甲苯树脂 RX-80 等。另外古马隆树脂也可作为增黏剂应用于再生橡胶中。

8.4.3 再生橡胶的应用

再生橡胶具有价格低、生产加工性能好的优点，可替代部分橡胶或单独作为橡胶，应用于各种橡胶制品的生产。再生橡胶在应用上具有以下优点：

① 有良好的塑性，易与生胶和配合剂混合，节省加工时间，降低动力消耗；

② 收缩性小，能使制品有平滑的表面和准确的尺寸；

③ 流动性好，易于制作模型制品；

④ 耐老化性好，能改善橡胶制品的耐自然老化性能；

⑤ 具有良好的耐热、耐油、耐酸碱性；

⑥ 硫化速度快，耐焦烧性好。

其应用上的缺点有：

① 弹性差。再生橡胶是由弹性硫化胶经加工处理后得到的塑性材料，其本身塑性好，弹性差，再硫化后也不能恢复到原有的弹性水平。因此，应用时要注意选择好掺用量，特别是制作弹性好的产品，应尽量少用再生橡胶。

② 屈扰龟裂大。再生橡胶本身的耐屈扰龟裂性差，这就是因为废硫化胶再生后其分子内的结合力减弱所致。对屈扰龟裂要求较高的一些特殊制品，掺用再生橡胶要斟酌使用，并注意使用量。

③ 耐撕裂性差。影响耐撕裂性能的因素较多，其中配合剂分散不均，制成的橡胶制品不仅物理机械性能低，耐老化性差，而且抗撕裂性也弱。再生橡胶在脱硫工艺过程中，由于拌料不均，再生剂分散不好，也是造成再生橡胶耐撕裂性差的一个因素。

1. 再生胶直接加工成型

再生橡胶直接加工成型是指不掺用生胶的纯再生胶直接硫化加工而成的制品。纯再生胶不仅可以用适当配方和工艺加工成防水卷材，而且可以直接用再生胶生产铺地片材、各类机械垫片、缓冲垫、挡泥片、微发泡吸声材料、保温材料、布鞋底等多种再生胶制品。

在用纯再生胶生产各种制品时，应注意再生胶的来源，因为再生胶的种类和性能常因为生成厂家不同而有明显的差异。因此首先要检查其胶分、硬度、黏结性和加工性能；其次再根据制品的性能要求调整软化剂等的用量。适当增大硫化和促进剂的用量，可使其不易发生喷霜和焦烧。在配方中可用适量胶粉，以使混炼胶具有较小的收缩形变，并可改善加工性能。

2. 再生胶与热塑性树脂并用

再生胶与热塑性树脂共混，常因树脂品种、橡塑配比、硫化工艺及配方的不同而制得多种不同的再生胶橡塑制品，其开发和应用前景十分广泛。

就通用热塑性树脂而言，再生胶可与 PE、PP、PS 及 PVC 共混并用，但最适用的共混体系当推再生胶与 PE 并用。PE 的软化点较低，共混时不致因过高的熔混温度而过分损伤胶料的力学性能；同时，二者的溶解度参数相近，相容性较好。而 PVC 与再生胶共混，则必须加入增溶剂。PP 的塑化温度较高（170℃以上），所以再生胶/PP 共混体系也不如再生胶/PE 共混体系更适用。橡塑比（R/P）是一个关键性参数，若要生成类橡胶制品，R/P 一般控制在 60/40 或更大，这也可以称为热塑性树脂对再生胶的补强。反之，减小 R/P 比例，即以树脂为主体，则制得类塑胶型制品，也可说是再生胶对树脂的增韧。

再生胶/PE 共混体系采用动态硫化，可制得共混型热塑性弹性体。用再生胶制备共混型热塑性弹性体是高分子共混的一个新进展。再生胶/PE 共混体系若采用静态硫化，也可制得热塑性弹性体，这在理论和实用上都具有深远的意义。运用发泡工艺，可由再生胶/PE 共混体系制得由软泡到硬泡、微发泡到高发泡的系列制品。总之，再生胶与热塑性树脂的并用，无论在品种上还是制品的档次上，均比胶粉与树脂的并用优越。再生胶与废旧热塑性塑料回收品的机械共混和再生胶与热塑性树脂的并用工艺基本相似，这为制备全再生产品开辟了一条有效途径。

3. 再生胶与热塑性片材制复合胶板

将回收橡胶制品如废轮胎，首先切成 5～10mm 的碎块，用胶黏剂制成胶板型坯，将回收 PVC 制成相应规格的片材，然后通过黏合工艺，彩色 PVC 片材与胶板型坯黏合、压制、固化成彩色封面的胶板，胶板厚度与幅宽可根据使用要求定制，该胶板可用在化工生产防护板、垫板，也可用于铺地材料。再生胶与热塑性片材生产复合胶板流程图如图 8-11 所示。

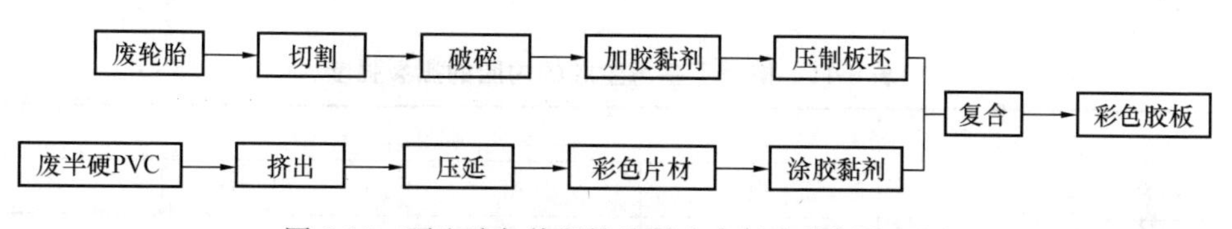

图 8-11　再生胶与热塑性片材生产复合胶板流程图

4. 再生胶与废旧热塑性塑料回收品共混

再生胶与废旧热塑性塑料回收品共混，可制得全回收物再生品，生产成本低，综合性能好。

再生胶与废旧热塑性塑料回收品并用，仍以再生胶/PE 体系为主，亦适用于动态硫化或静态硫化。也可根据不同配比制得从类橡胶软质品到类塑料增韧型硬质品等一系列的橡塑制品。

如果用废旧 PE 薄膜时，需经过洗净、分拣、烘干后用开炼机在回收料软化温度以上，直接与再生胶实施共混动态硫化，不必将薄膜进行破碎。

如果采用回收塑料的粒料时，再生胶也应切粒，并在密炼机或挤出机上与配合剂和添加剂一并进行高速捏合，其后续工艺与再生胶/PE 树脂体系的共混及动态硫化相同。

5. 再生胶与生胶并用

再生胶与生胶并用已经广泛应用于各个领域，以掺用丁基再生胶制内胎为例。丁基再生胶可以单独或与生胶并用生产一些橡胶制品，用于生成内胎。内胎是薄壁制品，对气密性等技术指标要求颇高，掺用再生胶无疑直接关系到产品的质量。国产丁基再生胶的主要性能见表 8-9。

表 8-9 国产丁基再生胶的主要性能

性能	国产丁基再生胶
丙酮抽出物（%）	9.8
灰分（%）	9.6
拉伸强度（MPa）	5.9
断裂伸长率	595

掺用丁基再生胶的内胎，其力学性能虽略低于未掺用再生胶的产品，但仍高于国家标准（表 8-10）。

表 8-10 掺用丁基再生胶的内胎的力学性能

性能	未掺用再生胶	掺用再生胶	国家标准
丙酮抽出物（%）	12.8	11.2	>8.4
灰分（%）	670	654	>450
拉伸强度（MPa）	17.3	22.4	<28.0
断裂伸长率	12.8	11.3	>3.5

掺用丁基再生胶后，混炼胶的门尼焦烧时间变短，通过调整硫化体系和工艺条件可改善加工操作的安全性。掺用丁基再生胶的内胎，最明显的效果就是撕裂强度有所提高（表 8-11）。

表 8-11 掺用丁基再生胶的内胎的撕裂强度

项目		配方用量			
		O	A	B	C
配方组分	丁基胶	100	100	100	100
	丁基再生胶	0	10	20	30
	配合剂	96.5	96.5	96.5	96.5
	合计	196.5	211.5	216.5	22.5
撕裂强度（$kN \cdot m^{-1}$）		31	40	38	39

思政小结

橡胶作为一类典型的高分子材料，在国防及民用领域均占有举足轻重的地位。我国是橡胶资源极度匮乏的国家，每年 75%以上的天然橡胶和 40%以上的合成橡胶依赖进口，橡胶资源总体对外依存度超过 70%，比石油、铁矿石更大，远远超过国家战略资源安全警戒线。废旧橡胶是可再生利用的资源，做好废旧橡胶的循环利用，是促进我国环保事业发展，建设资源节约型、环境友好型社会的一项重要措施。多年来，我国废旧橡胶处理及资源化利用取得了显著的成绩，但目前也面临不少问题，如废旧轮胎翻新率低、废旧橡胶循环利用技术不完善、循环利用企业规模较小、再生产品应用范围不广等。因此，对于政府而言，应该站在宏观层面、战略层面去完善法律法规，引导废旧橡胶利用企业的发展方向及发展路线。对于企业而言，应该规范企业管理法规，把握市场走向，使生产出的产品适应市场的需要，企业得以不断发展。对科研机构和高校而言，在创新、完善技术的同时，更应该积极投身于工艺实践中，将知识转变成效益。三方共同合作，共同前进，才能真正意义上促进我国废旧橡胶资源化、循环化的发展。

思考题

(1) 废旧橡胶的来源有哪些？

(2) 废旧橡胶的鉴别方法有哪些？

(3) 废旧橡胶的循环利用方式有哪几种？

(4) 废旧橡胶的粉碎方法有哪些？列出各方法的优缺点。

(5) 再生胶粉活化改性的方法有哪些？

(6) 活化胶粉有哪些应用？

(7) 什么是再生胶？再生胶的生产原理是什么？

(8) 再生胶有哪些应用？

9 废旧纺织品循环利用技术

教学目标

教学要求：了解纺织纤维和我国废旧纺织品综合利用概况；掌握废旧纺织品循环利用途径；掌握废旧纺织品物理法回收、化学法回收、耦合回收和能量回收典型技术。

教学重点：废旧纺织品各类回收利用方法的对比和选择。

教学难点：废旧纺织品循环利用新技术的发展现状。

9.1 概　　述

9.1.1 纤维

纤维是一种细而长的物质，直径可以从几微米到十几微米，长度则从几毫米几十毫米到上千米，长径比通常在 10^3 以上。纺织纤维是指长度达到数十毫米以上，具有一定的强度、一定的可挠曲性和一定的服用性能，可以生产纺织制品的纤维。纤维的基本性能要求有：

① 一定的长度和长度整齐度；

② 一定的细度和细度均匀度；

③ 一定的强度和模量；

④ 一定的延伸性和弹性；

⑤ 一定的抱合力和摩擦力；

⑥ 一定的吸湿性和染色性；

⑦ 一定的化学稳定性。

特殊用途的纺织纤维还应具备一些特殊的性能，如阻燃、抗菌、防水、抗紫外线等。

9.1.2 纤维的分类

纤维按照来源可分为两类：天然纤维和化学纤维。

1. 天然纤维

天然纤维是指自然界原有的，或从人工培植的植物中、人工饲养的动物皮毛中获得的纤维。根据其来源可分为植物纤维（如棉花等）、动物纤维（如羊毛、兔毛、蚕丝等）、矿物纤维（如石棉等）。

（1）植物纤维

植物纤维是从植物上取得的纤维，其主要组成物质是纤维素，也称为天然纤维素纤

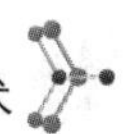

维，包括种子纤维、韧皮纤维、叶纤维、果实纤维等。种子纤维是指一些植物种子表皮细胞生长成的单细胞纤维，如棉、木棉。韧皮纤维是从一些植物韧皮部加工而来的纤维，如亚麻、苎麻、黄麻。叶纤维是从一些植物的叶子或叶鞘取得的工艺纤维，如剑麻、蕉麻。果实纤维是从一些植物的果实取得的纤维，如椰子纤维。

(2) 动物纤维

动物纤维是由动物的毛或昆虫的腺分泌物中得到的纤维，其主要组成物质是蛋白质，也称天然蛋白质纤维，包括毛发纤维（如羊毛、骆驼毛、兔毛、牦牛绒等）和丝纤维（如桑蚕丝、柞蚕丝等）。

(3) 矿物纤维

矿物纤维是从纤维状结构的矿物岩石中获得的纤维，主要组成物质为各种氧化物，如二氧化硅、氧化铝、氧化镁等，其主要来源为各类石棉，如温石棉、青石棉等。石棉纤维是天然纤维状的硅质矿物的泛称，是一种被广泛应用于建材防火板的硅酸盐类矿物纤维，也是唯一的天然矿物纤维。由岩石、矿渣（工业废渣）、玻璃、金属氧化物或瓷土制成的无机纤维称为人造矿物纤维，如玻璃纤维、陶瓷纤维等。

2. 化学纤维

化学纤维是指用化学方法和机械方法加工制造出来的纤维，可分为人造纤维（如黏胶纤维等）和合成纤维（如锦纶、涤纶、腈纶等）。

(1) 人造纤维

人造纤维是以利用天然高分子为原料，经化学加工制得的纤维，如黏胶纤维（Viscose Rayon）、醋酸纤维（Cellulose Acetate）、铜氨纤维（Cuprammonium Fibers）等。

以棉或其他天然纤维为原料生产的再生纤维素纤维，如竹纤维、大豆蛋白纤维、牛奶蛋白纤维、天丝等，其含湿率符合人体皮肤的生理要求，光滑凉爽、透气，抗静电，染色绚丽，湿强低，吸湿性好，穿着舒适，可纺性好，可与各种纤维进行混纺、交织，用于各类服装及装饰用纺织品。

(2) 合成纤维

合成纤维是由合成的聚合物经纺丝后形成的纤维。发展合成纤维的目的是解决穿衣的问题，一个年产量 20 万吨的大型合成纤维工厂，相当于 400 万亩高产棉田一年的产棉量，或相当于 4000 万头绵羊一年的产毛量。涤纶、锦纶、腈纶、丙纶、氯纶和维纶是最常用的六大合成纤维品种。常见的合成纤维材料见表 9-1。

表 9-1 常见的合成纤维材料

类别	学名	单体	主要重复单元结构式	商品名称
聚酯纤维	聚对苯二甲酸乙二酯纤维	对苯二甲酸或对苯二甲酸酯、乙二醇或环氧乙烷	$-\overset{O}{\overset{\|\|}{C}}-C_6H_4-\overset{O}{\overset{\|\|}{C}}-O-(CH_2)_2-O-$	涤纶、Terylene、Dacron
	聚对苯二甲酸丁二酯纤维	对苯二甲酸或对苯二甲酸二甲酯、1,4-丁二醇	$-\overset{O}{\overset{\|\|}{C}}-C_6H_4-\overset{O}{\overset{\|\|}{C}}-O-(CH_2)_4-O-$	Finecell、Sumola

续表

类别	学名	单体	主要重复单元结构式	商品名称
脂肪族聚氨酯纤维	聚己内酰胺纤维	己内酰胺	$-NH(CH_2)_5\overset{O}{\overset{\Vert}{C}}-$	锦纶 6、尼龙-6、Kapron、Perlon
	聚己二酰己二胺纤维	己二胺、己二酸	$-HN(CH_2)_6NH\overset{O}{\overset{\Vert}{C}}(CH_2)_4\overset{O}{\overset{\Vert}{C}}-$	锦纶 66、尼龙-66、Nylon
芳香族聚氨酯纤维	聚间苯二甲酰间苯二胺纤维	间苯二胺、间苯二甲酸	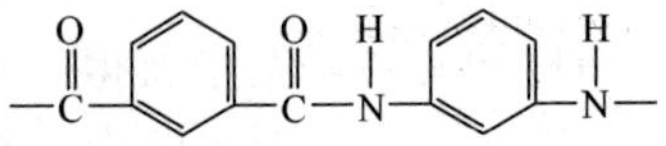 —C(=O)—(间苯环)—C(=O)—NH—(间苯环)—NH—	芳纶 1313、Nomex
	聚对苯二甲酰对苯二胺纤维	对苯二胺、对苯二甲酸	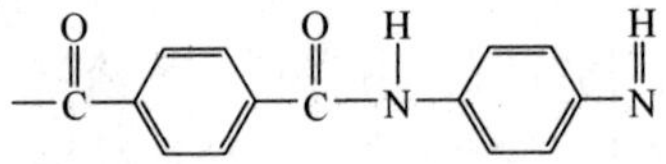 —C(=O)—(对苯环)—C(=O)—NH—(对苯环)—N=H	芳纶 1414、Kevlar
聚丙烯腈纤维	聚丙烯腈纤维（系丙烯腈与15%以下其他单体的共聚物纤维）	除丙烯腈外，第二、三单体有：丙烯酸甲酯、醋酸乙烯、苯乙烯磺酸钠、甲基丙烯磺酸钠、甲叉丁二酸等	$-H_2C-\underset{CN}{\underset{\vert}{CH}}-$ (共聚结构未表明)	腈纶、Cashmilan、Orlon、Courtelle
	改性丙烯腈纤维（系含15%以上第二组分的丙烯腈共聚物纤维）	丙烯腈、氯乙烯	$-H_2C-\underset{Cl}{\underset{\vert}{CH}}-CH_2-\underset{CH}{\underset{\vert}{CH}}-$ (无规共聚物)	腈氯纶、Dynal、Kanekalon
		丙烯腈、偏二氯乙烯	$-H_2C-\underset{CN}{\underset{\vert}{CH}}-CH_2-\underset{Cl_2}{\underset{\vert}{CH}}-$ (无规共聚物)	改性聚丙烯腈纤维、Verel
聚烯烃纤维	聚丙烯纤维	丙烯	$-H_2C-\underset{CH_3}{\underset{\vert}{CH}}-$	丙纶、Pylan、Meraklon
	超高分子量聚乙烯纤维（相对分子质量＞10^6）	乙烯	$-CH_2-CH_2-$	Spectra 990、Dyneeme
聚乙烯醇纤维	聚乙烯醇缩甲醛纤维	醋酸乙烯酯	$-H_2C-\underset{OH}{\underset{\vert}{CH}}-$ (缩醛化后结构未表明)	维纶、维尼纶、Kuraon、Mewlon
	聚乙烯醇-氯乙烯接枝共聚物	氯乙烯、醋酸乙烯	聚乙烯醇（PVA）、聚醋酸乙烯（PVC）的接枝共聚物	维氯纶、Cordelan

续表

类别	学名	单体	主要重复单元结构式	商品名称
聚氯乙烯纤维	聚氯乙烯树脂	氯乙烯	$-H_2C-\underset{Cl}{\underset{\vert}{CH}}-$	氯纶、Leavil、Rhovyl
	氯化聚氯乙烯纤维	氯乙烯	$-H_2C-\underset{Cl}{\underset{\vert}{CH}}-\underset{Cl}{\underset{\vert}{CH}}-\underset{Cl}{\underset{\vert}{CH}}-CH_2-\underset{Cl}{\underset{\vert}{CH}}-$	过氯纶、Pece
	氯乙烯与偏二氯乙烯共聚纤维	氯乙烯、偏二氯乙烯	$-H_2C-\underset{Cl}{\underset{\vert}{CH}}-CH_2-\underset{Cl_2}{\underset{\vert}{C}}-$ (无规共聚物)	偏氯纶、Saran
弹性纤维	聚氨酯弹性纤维	聚酯、聚醚、芳香族二异氰酸酯、脂肪族二胺	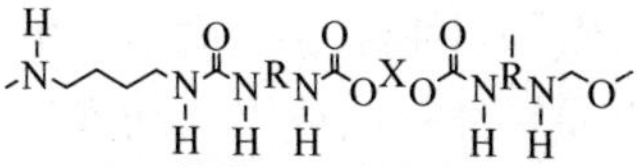 (R: 芳基; X: 聚酯或聚醚)	氨纶、Lycra、Dorlustan、Vairin
再生纤维	黏胶纤维	天然高分子化合物	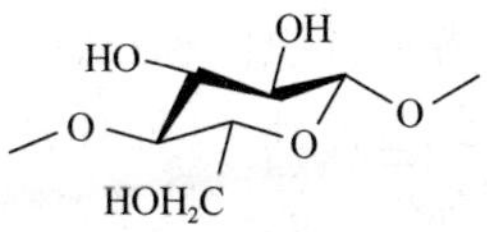 OH, HO, O, O, O, HOH_2C	黏胶纤维、Courtaulds、Model、Topel

涤纶纤维是聚对苯二甲酸乙二醇酯纤维，产量占合成纤维的80%。涤纶表面光滑，强度高，吸湿性差，弹性接近羊毛，定型好，尺寸稳定性高。耐热性和热稳定性在合成纤维织物中是最好的。耐磨性好，仅次于锦纶，耐光性好，仅次于腈纶，染色性较差，但色牢度好，不易褪色。涤纶纤维面料的纯纺、混纺或交织的产品种类较多。目前，涤纶织物正向着仿毛、仿丝、仿麻、仿鹿皮等合成纤维天然化的方向发展。

锦纶产量占合成纤维的第二位，主要品种有尼龙-6、尼龙-66、尼龙-610、尼龙-1010等。锦纶由于酰胺键的存在，氢键作用使分子间作用力较大，在所有纤维中强力、耐磨性最好，耐用性极佳。锦纶织物的弹性及弹性恢复性极好，但小外力下易变形，故其织物在穿用过程中易变皱折。通风透气性差，易产生静电；吸湿性在合成纤维织物中较好，比涤纶服装穿着更舒适。锦纶织物属轻型织物，在合成纤维织物中仅列于丙纶、腈纶织物之后，因此，适合制作登山服、冬季服装等及工业用布等。锦纶织物有良好的耐蛀、耐腐蚀性能，但耐热耐光性都不够好，熨烫温度应控制在140℃以下，因此在穿着使用过程中须注意洗涤保养的条件，以免损伤织物。

维纶纤维是聚乙烯醇缩甲醛纤维的商品名称，维纶织物的吸湿性优良，外观和手感似棉布，所以有“合成棉花”之称。穿着柔软，保暖性好，耐干热而不耐湿热（收缩），弹性差，织物易起皱，染色较差，色泽不鲜艳，纯维纶不适合做衣服，多与棉混纺（即维棉），主要用于针织物。维纶还应用于工业用途，如滤布、土工布、缆绳等。

腈纶是以聚丙烯腈为主要单体（含量大于85%，质量百分比）与少量其他单体共聚而得到的聚合物制成的合成纤维。常用的第二单体为非离子型单体，如丙烯酸甲酯、甲基丙烯酸甲酯等，用于减弱聚丙烯腈分子作用力，改善可纺性及纤维的手感、柔软性和弹性；第三单体为离子型单体，如丙烯磺酸钠等，主要用于改进纤维的染色性。腈纶纤维又称“人造羊毛”，具有柔软、膨松、质轻、弹性好、易染、色泽鲜艳、耐光、抗菌、不怕虫蛀等优点。腈纶可纯纺或与羊毛、棉等其他天然纤维混纺，制作毛线、毛织物、棉织物、人造毛皮、地毯、窗帘等，广泛应用于服装、装饰等领域。

丙纶是聚丙烯纤维，外观似毛绒丝或棉，有蜡状手感和光泽，质轻，密度是化纤中最小的，保暖性好，几乎不吸湿，但芯吸效果好，多用于混纺针织品和工业用布。丙纶于 1957 年正式开始工业化生产，是合成纤维中的后起之秀。由于丙纶具有生产工艺简单，产品价廉，强度高，相对密度轻等优点，所以丙纶发展得很快，当前丙纶已是合成纤维的第四大品种。聚丙烯纤维可与棉、毛、胶黏纤维等混纺做衣料使用，主要用于制作毛衫、运动衫、袜子、比赛服、内衣等，还可用于被絮、保暖填料和室内外地毯等，工业上丙纶主要用途有绳索、网具、滤布、帆布、水龙带、混凝土增强材料等，医学上丙纶可用于替代棉纱布，做外科手术衣服而耐高温高压消毒。

氯纶是以聚氯乙烯为原料经湿法或干法纺丝制得的合成纤维。氯纶具有自熄性，为一般天然纤维、化学纤维所不具备的。氯纶具有较好的保暖性、绝缘性且化学稳定性高，耐磨性好，但耐热、耐光性和导热性差，不能熨烫，不能用蒸汽消毒、沸水洗涤和高温染色，不可燃。多用于各种针织保暖衣、工作服、毛毯、帐篷、阻燃纺织品等。

除此之外，一些新型纤维也得到了广泛的应用。氨纶是聚氨基甲酸酯纤维的简称，是一种弹性纤维。具有高度弹性，能够拉长 6～7 倍，但随张力的消失能迅速恢复到初始状态，其分子结构为一个像链状的、柔软及可伸长性的聚氨基甲酸酯，通过与硬链段连接在一起而增强其特性。氨纶强度比乳胶丝高 2～3 倍，线密度也更细，并且更耐化学降解。氨纶的耐酸碱性、耐汗、耐海水性、耐干洗性、耐磨性均较好。氨纶一般不单独使用，而是少量地掺入织物中。这种纤维既具有橡胶性能又具有纤维的性能，多数用于以氨纶为芯纱的包芯纱，称为弹力包芯纱。随着人们对织物提出新的要求，如质量轻、穿着舒适合身、质地柔软等，低纤度氨纶织物在合成纤维织物中所占的比例也越来越大。

新型聚对苯二甲酸-1,3-丙二醇酯（PTT）纤维，俗称为弹性涤纶，兼有涤纶的稳定性和锦纶的柔软性，防污性能好，易于染色，手感柔软、干爽挺括富有弹性和垂感（弹性与锦纶相当，优于涤纶、丙纶），伸长性接近氨纶纤维，但比氨纶更易于加工（氨纶只能用于包芯纱），具有优异的伸长恢复性（伸长 20%仍可恢复其原有的长度），非常适合纺织服装面料。PTT 纤维适用性能广泛，适合纯纺或与各类纤维混纺，生产地毯、时装、内衣、运动衣、泳装及袜子等。

Coolmax 纤维是美国英威达公司开发的高吸湿透气性的新型聚酯纤维，纤维内腔中为四管道，可迅速将汗水和湿气导离皮肤表面，并向四面八方分散，让汗水挥发更快，时刻保持皮肤干爽舒适，皮肤表面与服装都不留汗，持久舒爽透气，冬暖夏凉，倍感轻松。该纤维面料具有易洗快干，洗后不变形，面料轻软、不用熨烫等特点。纯棉虽可吸汗，但其排汗能力不高，而普通化纤在吸汗的能力上较差，Coolmax 纤维在吸汗和排汗方面都很出色，可用于各类服装、袜子、内衣、帽子等。

中空涤纶纤维 Porel 纤维通过在聚酯纤维大分子链中引入第三单体，使分子中含有大量的—OH 亲水基团，改变纤维的横截面形状，令其呈椭圆形，内部中空结构，使纤维的吸放湿性能发生了很大改变，纤维具有棉纤维良好的舒适性能，仿棉效果显著，目前已应用于服装用面料。

9.1.3 纤维的鉴别

鉴别纤维要根据各种纤维的外观形态特征和内在质量的差异，采用物理或化学方法来区分纤维的品种。

1. 手感目测法

手感目测法也称感官鉴别，即根据纤维的外观形态如纤维长度、细度及其分布、卷曲、色泽及其含杂类型、刚柔性、弹性、冷暖感等来区分天然纤维棉、麻、毛、丝及化学纤维。各种类别纤维的感官特点见表 9-2。

表 9-2 各纤维感官特点

纤维类别	感官特点
棉纤维	细而柔软，织物有天然棉光泽，柔软但不光滑
麻纤维	手感粗硬干爽，难分出单根纤维
毛纤维	手感丰满、富于弹性、光滑柔和、有膘光
蚕丝	光滑细长、色泽鲜明、轻柔飘逸
有光再生丝	有刺眼光泽，湿强度低
无光再生丝	无光泽、湿强度低
锦纶纤维	有蜡光、强度高、弹性好、受力易变形、易着色
涤纶纤维	外观与锦纶相似，但受力不易变形、不易着色

2. 显微镜观察法

显微镜观察法的原理是根据各种纤维的纵、横向形态特征来鉴别纤维，是最广泛采用的一种方法。显微镜还可用来确定是纯纺织物（由一种纤维构成）还是混纺织物（由两种或多种纤维的构成）以及混纺织物中的纤维种类。

3. 燃烧法

燃烧法是根据化学组成不同的纤维，其燃烧特征也不同来区分纤维的种类。通过观察纤维接近火焰、在火焰中和离开火焰后的燃烧特征、散发的气味和燃烧后的残留物，可将常用纤维分成三类，即纤维素纤维（棉、麻、黏纤等）、蛋白质纤维（毛、丝）及合成纤维（涤纶、锦纶、腈纶、丙纶等）。三类纤维的燃烧特征见表 9-3。

表 9-3 三大类纤维燃烧特征

纤维类别	接近火焰	在火焰中	离开火焰后	残留物形态	气味
纤维素纤维	不熔不缩	迅速燃烧	继续燃烧	细腻灰白色	烧纸味
蛋白质纤维	收缩	渐渐燃烧	不易燃烧	松脆黑灰	烧毛发臭味
合成纤维	收缩熔融	熔融燃烧	继续燃烧	硬块	各种特殊气味

4. 药品着色法

药品着色法是根据各种纤维对某种化学药品着色性能不同来迅速鉴别纤维品种的方

法，适用于未染色纤维或未染色的纯纺纱线和织物。鉴别纺织纤维的着色剂分专用着色剂和通用着色剂两类，常用的着色剂有碘-碘化钾溶液等。

5. 熔点测定法

熔点测定法是根据某些合成纤维的熔融特性，在化纤熔点仪或附有加热和测温装置的偏光显微镜下观察纤维消光时的温度来测定纤维的熔点。该法一般不单独使用，而是在初步鉴别之后作为验证使用。

6. 近红外光谱法

近红外光是指波长在可见光区与中红外光区之间的电磁波，波长范围是 780～2526nm。大多数有机化合物和许多无机化合物的化学键的振动在中红外光谱区都会产出基频吸收。近红外光谱主要应用两种技术：透过光谱技术和反射光谱技术。近红外光谱法的优点是分析速度快、效率高、成本低、无损分析，缺点是灵敏度低、间接分析。

纺织纤维的鉴别方法很多，但在实际鉴别时一般不能使用单一方法，而须将几种方法综合运用、综合分析才能得出正确结论。

9.1.4 中国的纺织业

中国是世界最大的纺织品生产国、消费国和出口国。纺织业是我国国民经济的传统支柱产业和重要的民生产业，也是我国国际竞争优势明显的产业，在繁荣市场、扩大出口、吸纳就业、增加农民收入、促进城镇化发展等方面发挥着重要作用。

2021 年世界纤维产量达到 1.13 亿吨，其中聚酯类合成纤维产量近 6100 万吨，棉纤维产量 2470 万吨。2021 年中国合成纤维产量为 6152 万吨，超过全球纤维总量的 50％。其中，2021 年我国涤纶产量为 5363 万吨，同比增长 8.9％；锦纶产量为 415 万吨，腈纶产量为 48.5 万吨，丙纶产量为 42.8 万吨，维纶产量为 8.7 万吨。随着纤维需求量持续上升，石油资源紧缺带来的成本上涨、浮动或资源耗竭等问题将制约中国纺织服装行业的高质量和稳定发展。减少对石油资源的依赖，推动原料结构多元化是中国纺织服装行业可持续发展的战略规划。随着纤维消费量不断增加，我国每年产生的废旧纺织品超过 2000 万吨，但再生利用率不足 20％，造成了严重的资源浪费和环境污染。废旧纺织品循环利用对节约资源、减污降碳具有重要意义，是有效补充我国纺织工业原材料供应、缓解资源环境约束的重要措施，是建立健全绿色低碳循环发展经济体系的重要内容。

2005 年中国将循环经济上升为国家战略，相继出台了《清洁生产促进法》《循环经济促进法》《循环经济发展战略及近期行动计划》《循环发展引领行动》等一系列政策法规，推动经济社会绿色转型。其中，2013 年国家出台的《循环经济发展战略及近期行动计划》明确了纺织服装行业循环经济发展的基本模式，以及行业循环发展的方向，即加快原材料替代、推进节能降耗、加强废弃物资源化利用、推动废旧纺织品再生利用规范化发展以及构建纺织行业循环经济产业链。2022 年 4 月，国家发展改革委、商务部、工业和信息化部联合发布《关于加快推进废旧纺织品循环利用的实施意见》，要求到 2025 年，废旧纺织品循环利用体系初步建立，循环利用能力大幅提升，废旧纺织品循环利用率达到 25％，废旧纺织品再生纤维产量达到 200 万吨。到 2030 年，建成较为完善的废旧纺织品循环利用体系，生产者和消费者循环利用意识明显提高，高值化利用途径不断扩展，产业发展水平显著提升，废旧纺织品循环利用率达到 30%，废旧纺织品再生纤维产量达到 300 万吨。

9.2 废旧纺织品循环利用途径

9.2.1 废旧纺织品的来源

废旧纺织品的来源主要有两个：一是企业生产环节，纺纱、织造和成品生产加工的各道工序，例如纺纱清、混、梳工序以前的落物（回花、地弄花、盖板花等），成品加工过程中的下脚料、废纱、废布等。二是消费环节的废弃纺织品，如穿旧的服装、淘汰的家用纺织品等。随着人们生活水平的提高，消费环节来源的废旧纺织品有不断增长的趋势。生产环节产生的纺织废料可以直接作为纺织原料，被工厂内部回用，具有高回用价值。

据 BIR 机构（国际性回收再生组织）2008 年在瑞典哥本哈根大学进行研究所得出的结论，每使用 1kg 废旧纺织物，就可降低 3.6kg 二氧化碳排放量，节约水 6000L，减少使用 0.3kg 化肥和 0.2kg 农药。因此，回收利用废旧纺织品，与利用原生材料的加工生产相比，具有明显的碳减排效果。然而，目前大部分废旧纺织品仍然采用焚烧和填埋的方式处理。旧衣物作为垃圾废弃后，如焚烧处置，不仅消耗煤炭、电力等能源，焚烧过程中还会产生大量污染物，如二氧化碳、燃烧后的灰烬等，如进行填埋处置，不仅占用土地，产生的有害物质还可能污染水和土。进行废旧纺织品循环利用，重新赋予其功能和价值，延长使用寿命，不仅可以减少纺织品垃圾产生的数量，实现生活垃圾减量，还可以节约大量的纺织原料，缓解资源紧缺问题。因此，大力开展废旧纺织品的循环利用，对减少废旧纺织品的环境污染，实现资源节约具有重大的现实意义。

9.2.2 废旧纺织品的分类

废旧纺织品的来源量大面广、品种繁多，废旧纺织品的分选分类非常重要。国家标准《废旧纺织品分类与代码》（GB/T 38923—2020）中，根据废旧纺织品成分的不同，将废旧纺织品分成以下几类。

① 棉类废旧纺织品：就是以棉纤维为主体的废旧纺织品，棉类废纺织品中棉纤维含量不低于 80%，棉类旧纺织品中棉纤维含量不低于 75%。

② 毛类废旧纺织品：就是以毛纤维为主体的废旧纺织品，毛类废旧纺织品中毛纤维含量不低于 60%。

③ 涤纶类废旧纺织品：就是以涤纶为主体的废旧纺织品，涤纶类废旧纺织品中涤纶纤维的含量不低于 65%。

④ 锦纶类废旧纺织品：就是以锦纶为主体的废旧纺织品，锦纶类废旧纺织品中锦纶纤维含量不低于 60%。

⑤ 腈纶类废旧纺织品：就是以腈纶为主体的废旧纺织品，腈纶类废旧纺织品中腈纶纤维含量不低于 50%。

⑥ 其他类废旧纺织品：就是以除了棉、毛、涤、腈、锦以外的某一种纤维为主体

的废旧纺织品，其他类废旧纺织品中主要材质纤维含量不低于50%。

⑦ 混料类废旧纺织品：由两种或两种以上主要原料组成，且难以按以上类别界定主体材质的废旧纺织品。

9.2.3 废旧纺织品的循环利用途径

废旧纺织品的循环利用是对废旧的纺织品进行再加工处理，使它们成为新的满足相应标准的原料或产品。

回收的废旧纺织品，特别是消费后的废旧纺织品再利用前需经过清洁、破碎等前处理。清洁的主要过程包括预洗、热/冷漂洗、干燥、消毒等。其中，常用的消毒方法有紫外线消毒、蒸汽消毒、消毒剂浸泡消毒等。破碎主要是将废旧纺织品由成品转化成可加工的短纤维或经致密化处理便于后续的再加工，常用的是切割和开松技术，切割常用的设备有升降刀切割机、旋转切割机等。

目前，废旧纺织品的循环利用途径主要有以下几种。

① 简单机械加工：采用机械的方法将废旧纺织品进行开松，使之还原成纤维状态，一般适用于棉、毛类天然纤维的废旧纺织品再生利用；或者将旧的纺织品简单加工后直接制成抹布或拖把的原料。例如可以将废旧服装剪成小块，用于抹布；对破损程度不很严重的废旧地毯，经过修复工艺后得到翻新的地毯产品，可被重新使用。

② 热熔加工工艺：对于热塑性的废旧纺织品，通过熔融的方法使之成为熔融纺丝工艺的纺丝液，然后制成化纤丝，适用于可以使用熔融纺丝工艺加工的化纤纤维。

③ 化学再生工艺：利用化学的方法，对废旧纺织品进行解聚、过滤、再聚合，然后利用化纤纺丝工序加工成新的纤维，可以适用于熔融法加工的化纤纤维，也可以适用于溶剂法或溶解法加工的再生纤维。当前这种方法在一些价值较高的合成纤维的回收再利用中已实现了规模化生产，如日本帝人公司、浙江佳人公司等已建成万吨级废旧涤纶的化学回收生产线。

此外，将废旧纺织品中热值较高的化学纤维通过焚烧转化为热量，用于火力发电的回收再利用方法称为能量回收，对于难以再循环利用的废旧纺织品可采用能量回收方法。

早期由于废旧纺织品循环利用产业链条端企业参差不齐，废纺多半被降维使用。2020年实施的《废旧纺织品分类与代码》《废旧纺织品回收技术规范》以及2021年10月1日实施的《废旧纺织品再生利用技术规范》等国家标准，从废纺的分类、回收、再生利用方面对整个产业链条上的企业给予了明确的指导和规范。近十年来，随着废旧纺织品循环利用的部分关键技术瓶颈相继攻克，再生工艺和设备不断优化，再生产品的品质大幅度提升。

9.3 废旧纺织品的回收与前处理

9.3.1 我国废旧纺织品的回收

生产环节来源的废旧纺织品一般较为洁净且成分明确，一般可以在企业内部直接进

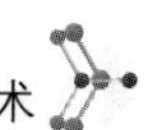

行循环利用或收集后送到再生企业回收利用。消费后的废旧纺织品来源多样、成分复杂，要经过回收和前处理后才可以循环利用。我国废旧纺织品的回收主要依靠政府回收、企业回收、公益组织回收、民间组织自发回收等模式。

政府支持的废旧衣物回收箱模式主要是借助政府力量，由专业回收公司将废旧衣物环保回收箱按独立垃圾分类模式投放到居民小区，回收公司定时回收衣物并运回仓库进行分类整理，将其中符合标准的旧衣服送往民政部门和慈善机构济贫帮困，或者将符合出口要求的旧衣物压缩打包出口到其他国家，剩余部分进行综合利用。

很多品牌服装企业也开展了废旧纺织品的自主回收。2006 年，优衣库启动了“全部商品循环再利用活动”，向消费者无偿回收自己品牌的服装，回收的服装以二次穿着为主，不能再穿着的服装进行纤维材料再利用，或者能源化利用。2011 年，H&M 也开始实施“旧衣回收”活动，通过向捐赠衣物的顾客发放优惠券的形式，回收所有品牌的服装。H&M 回收的旧衣服主要根据纺织品的品质，分为重新穿着、重新利用、循环使用及生产能源等类型，并将大部分可以再次穿着的服装捐赠给慈善机构救济贫困地区。2013 年，中国纺织工业联合会环资委联合波司登等品牌服装企业，开展了“旧衣零抛弃”活动。

公益组织的回收模式是以公益组织为主体开展的旧衣物捐赠活动，捐出的废旧衣物用于扶贫救困，送给经济欠发达地区，或者将废旧衣物卖给综合利用企业，将收益用于公益事业。全国各地大部分地区已经自发形成了若干废旧纺织品回收组织，首先通过街道回收网点收集，再利用小卡车将废旧纺织品集中到收拢公司，收集到一定数量后再统一运送到集散地分拣处理。经过初步分拣后，根据废旧纺织品的来源和种类，分别将棉、毛、涤纶、混纺类的废旧纺织品运往不同产业聚集区进行综合利用。

此外，随着互联网技术发展，“互联网＋”模式逐渐兴起。京东公益、飞蚂蚁互联网回收平台、北京垃圾智慧分类回收以及再资源化信息交流平台等均可实现废旧衣物的预约和上门回收，平台可利用网络大大提高回收效率。

合适的回收途径是构建废旧纺织品回收利用体系的基础。全国各地都在积极探索，但因地域、文化差异尚未形成统一的回收模型，废旧纺织品回收在规范化和精准高效方面仍有待提升。

9.3.2 废旧纺织品的前处理

1. 消毒灭菌

废旧纺织品来源多样，形状差异大，可能携带大量的病菌，如果没有进行专业的消毒灭菌，必将为消费者、经营者或分拣人员带来危害。常用的消毒方法有物理方法和化学方法两大类，物理法主要有热力法、辐射法和生物净化法，化学法主要是通过应用化学消毒剂灭杀病原体。针对重污染、大批量的废旧纺织品，常用的消毒方法主要有过氧化氢等离子体技术、汽化技术和干雾技术，采用大型消毒舱或传送带加压消毒方式，满足开放式、大批量的服装消毒灭菌要求。无论采用哪种方法，均需评估消毒效果是否满足国家标准要求，常用的评估方法有化学指示物法、生物指示剂法和快速检测技术等。

2. 鉴别分拣

纺织品种类繁多，混纺织物因性能优越，在废旧纺织品中比重较高。目前，我国对废旧纺织品的主要分拣方式是人工分拣，效率低、准确度不高，阻碍了废旧纺织品回收利用的规模化发展。废旧纺织品的自动分拣技术受到关注。目前对单一组分织物的识别准确率较高，但是对混纺织物的鉴别还需进一步研究。常用的自动鉴别方法主要有近红外光谱识别法、拉曼光谱识别和机器视觉识别。

近红外光是介于可见光和中红外光之间的电磁辐射波，近红外光谱在检测纺织纤维时可以得到含氢基团 X—H（X ═C、N、O）的基本信息，比如分子的结构、组成和状态等，同时还能检测出样品粒度、高分子物的聚合度及纤维直径等物质的物理属性等，检测完毕后对光谱特征进行分析可以获得废旧纺织品结构与组分的信息，用于判定纺织纤维的性质。近红外光谱识别法对工作环境的要求较高，可以应用于合适的工厂环境。在鉴别过程中，温度、相对湿度以及织物上的异物都有可能对鉴别结果产生影响，鉴别速度也是制约产业化应用的一个主要问题。

拉曼光谱法是检测各种物质的分子组成结构的一种光谱学方法，可以快速无损地检测各类物质的指纹光谱，通过匹配检测光谱与数据库中的光谱来识别未知物质。结合拉曼光谱图数据库和改性与超声波处理可以有效提升废旧纺织品回收的多元化与精准化，有望提供精准、简单、无害的特征定性和稳态的定量分析。

机器视觉检测系统可迅速、实时、精密地采集和处理数据信息，有效地解决了纺织品表面质量检测缺乏与之配套的检测机械和设备的问题，可以代替传统的人工检测。机器视觉检测集自动探测、新旧程度分类、质量评估等多种功能于一体，可针对多种纺织品进行检测，其检测速度与准确率达到国际水平，并且具有使用维护方便、性价比高等优势。该技术已逐渐发展成为提升自动化产品行业核心价值和企业竞争力的必要技术手段，在我国纺织服装产品制造行业中受到广泛关注。

随着我国现代科学技术和仪器的快速发展，以及先进科学技术和先进鉴别方法的引进，废旧纺织品的自动分拣将朝着自动化、节能化、高效化、定位准确和高精度等方向发展。

3. 脱色

在废旧纺织品回收利用过程中，染料可能因副反应而导致再生产品的质量下降，限制了废旧纺织物的回收利用。因此对废旧纺织品进行脱色处理是废旧纺织品回收利用的关键环节，也是其高质化利用的难点和挑战。

脱色是指通过化学或物理方法将染料分子发色基团破坏或将染料与纺织品分离而达到消色的目的。化学法脱色是以氧化脱色剂作用于紫蒽酮蒽醌染料为主要方法。紫蒽酮蒽醌染料分子结构中的碳氧双键，电子分布是不均匀的，在氧化作用下会断开，该染料将变为碳氧五元环过氧化物，而过氧化物性质不稳定，容易分解为可溶性-COOH，使织物脱色。还原脱色剂作用于蒽醌结构的还原染料时，会把紫蒽酮蒽醌染料还原为隐色酸而达到脱色的效果（当染料遇到空气时，被氧化为还原染料，会恢复至原来颜色）。物理法脱色指采用一些对染料亲和力强的有机溶剂处理已染色纺织品，将染料萃取至有机溶剂内，实现纺织品的脱色。此外，生物酶解法、光催化、臭氧氧化等方法也被用于废旧纺织品的脱色。

废旧棉纺织品的物理脱色主要包括溶胀与脱色两个工序。溶胀过程中，随着温度不断升高，废旧纺织品中的纤维分子链逐渐伸长扩散，空间逐渐扩大，达到纤维分子溶胀

效果；脱色过程中，附着在纺织品表面的着色颗粒与纺织品纤维分子的结合牢度逐步下降，脱色剂渗透进纤维分子内部与着色剂结合并有效脱除颜色物料。常采用二甲基亚砜（DMSO）溶胀、N,N-二甲基甲酰胺（DMF）或 NaOH 溶液-保险粉等进行纺织品脱色，可降低对废旧纺织品机械性能的损伤，提高废旧纺织品利用率。

废旧聚酯纺织品同样可以采用 DMSO、DMF 等有机溶剂进行脱色处理。例如，采用 DMF 饱和蒸汽回流法脱除聚酯纺织品颜料，脱色率可达 99.01%；采用乙二醇醇解法对有色废旧聚酯织物处理，然后采用包括重结晶、蒸馏、氧化、活性炭吸附或者离子交换树脂等方法去除醇解产物中的杂质，最终获得较高的纯度和白度值的对苯二甲酸乙二醇酯（BHET）。

涤棉混纺织物可以采用 DMSO-保险粉、DMSO-DMF-二氧化硫脲、DMSO-冰乙酸等进行脱色处理。

传统的脱色技术需要用到大量的化学物质，通常还需要在高温和一定酸碱度条件下进行脱色，对能源消耗较大，且存在污染环境的风险。采用光催化技术、生物酶技术对纺织品进行脱色，条件温和，无二次污染，受到越来越多的关注。

9.4　废旧纺织品的物理法回收

9.4.1　直接再利用

直接再利用是将回收的纺织品尤其是服装进行分拣后，将品质较好的一部分进行清洗、消毒等处理，二次投放市场或投入公益活动、捐赠等，或将回收的废旧纺织品切割成碎布料后用于生产低附加值产品，如抹布、拖把等。

随着经济水平不断提高，同时受快时尚消费理念的影响，居民服装的更新换代不断加速，生活中居民淘汰的废旧服装越来越多。这类旧衣物中部分服装成色新、款式新、面料新、无破损、无污渍、无异味、纽扣拉链完好，处于干净自然干燥状态，经标准的清洗消毒、检测后可以进入二手服装市场。据统计，我国每年产生的二手服装约有 300 万吨，经济价值约 150 亿～180 亿元人民币。在国外很多国家地区均设有二手服装市场，且已有很长的历史，我国对二手服装市场并没有完全开放，因此我国大部分二手服装流向了国外。我国没有正式开放二手服装市场主要原因有三点：一是二手服装来源复杂，数量巨大，难以溯源查寻；二是二手服装涉及社会的卫生、健康安全，尚缺乏对其的安全检测方法，二手服装可能成为细菌和病毒的传播途径；三是二手服装涉及商标专利法律范畴，改牌、贴牌行为招致的经济和法律纠纷频出，难以管理。旧衣物最经济、环保的利用方式就是进行二次销售，可以延长穿用年限。但全面开放二手服装市场，一方面需要消毒等相关技术规范和标准的建立，另一方面需要政府相关政策支持。

9.4.2　开松再利用

将回收的纺织品经过切割、开松等处理制备得到开松纤维，用于生产纺织品或非织造布中。该方法对废旧纺织品利用率较高，适用范围广，投资少，工艺简单，是目前应用较广的废旧纺织品循环再生手段。机械法开松过程是纺织工程的逆向操作，生产过程为克服织物纤维间的摩擦力实现顺利开松，需要较强的机械力作用，会造成纤维断裂，难以得到长度较长的纤维。废旧纺织品物理开松再利用的工艺流程如图 9-1 所示。

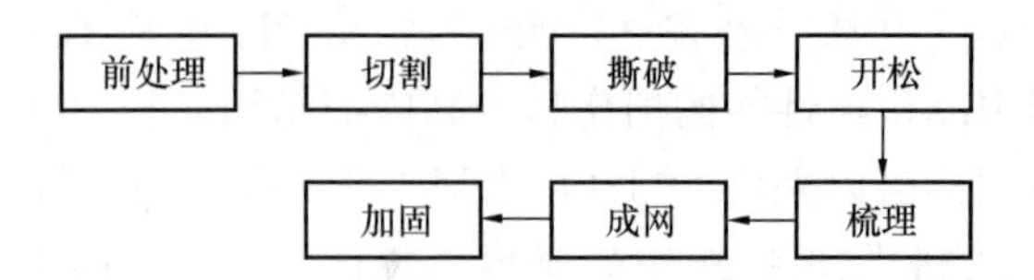

图 9-1　废旧纺织品物理开松再利用的工艺流程

1. 开松前处理

废旧纺织品的来源广泛，卫生情况难以保证，废旧衣物中存在纽扣，拉链等硬质辅料。废旧纺织品在开松前需经过分选、消毒等前处理。分选将硬质材料去除，避免对切割刀具造成损坏。对使用过的废旧纺织品，必须经过预洗、漂洗、干燥、消毒等清洁工序处理之后，才能保证再生纤维的使用。

2. 废旧纺织品的切割

废旧纺织品的切割是利用碎布机的刀具将其切割成一定大小的布片，以利于后面的撕破工序，废旧纺织品经过切割，可减小下一步撕破过程中纱线和纤维的受力，提高再生纤维的长度，降低纤维损伤。目前常用的碎布机有截切式切割机和旋转式切割机。庞大的废旧纺织品总量对切割设备提出更高的要求：高效、处理量大、处理总量多样化和专业化。目前，比利时 Pierret 公司的 N45 型切割机和 CT60 型切割机、西班牙 Margasa 公司的切割机、法国 Laroche 公司的切割机以及我国青州市新航机械设备有限公司的 SBJ 系列旋转扭刀式纤维切断机在废旧纺织品的切割方面都有优异的表现。

3. 废旧纺织品的撕破

废旧纺织品的撕破是将切割后的小布片，通过机械方法进一步分解成更小的可供梳理的单位，通过精梳机的关键梳理元件——锡林来实现。法国 Laroche 公司、Margasa 公司和英国 Pinco 公司的撕破组件在废旧纺织品撕破工艺都有良好的表现。撕破工序前还需进行前处理和上油工序。

（1）撕破前处理

撕破工序存在纤维短、飞花、灰尘多等缺点，企业通过加湿加油预处理，减少飞花、灰尘和静电，增加纤维和纱线的润滑性，降低受到的摩擦力，提高纤维的长度，有利于再生纤维的高值化利用。

（2）预处理用油剂的制备

预处理用的油剂通常以硅油为主体材料，通过转相乳化法制备，通常还包括柔软剂、抗静电剂、乳化剂等。

（3）上油

使用油剂预处理废旧纺织品，适当的上油率可以降低纤维和金属之间的静摩擦系数和动摩擦系数，同时也会降低纤维之间动摩擦系数。上油率过低时，油剂无法在纤维表面形成完整的油膜或形成的油膜过薄，润滑性不够。上油率过高时，油剂易在纤维表面堆积，形成凹凸不平的粗糙表面，导致纤维和金属、纤维之间的动摩擦系数和静摩擦系数增大。

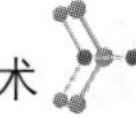

4. 开松

开松是利用机械上布满钢钉的锡林将撕破的纱线开松成纤维状，这个步骤是回收纤维阶段最为重要的一步，高水平的开松技术才能得到低损伤再生纤维。经开松得到的再生纤维一般较短，多用于非织造布的制备。

5. 梳理

纤维梳理是影响成网的关键工序，将开松好的小纤维束梳理成单纤维组成的薄网，供铺叠成网，或直接进行加固，或经气流成网以制造呈三维杂乱排列的纤网。梳理后纤网中的纤维具有一定的排列方向，通过梳理可以彻底分梳混合纤维原料，使之混合均匀成为单纤维状，且进一步清除原料中的杂质使纤维平行伸直。根据不同的梳理机构，梳理机可分为罗拉式和盖板式两种。罗拉式梳理机适合于梳理较长的纤维，主要包括喂入系统、预梳系统、梳理系统、输出系统和传动系统等。盖板式梳理机适合于梳理棉纤维、棉型化纤及中长型纤维，主要包括喂入系统、预梳系统、梳理系统、输出系统和传动系统等。

6. 成网

经梳理得到的纤维网很薄，生产过程通过进一步铺网以增加其面密度和厚度获得厚纤网。纤网成型是非织造布的关键核心技术之一，目前国内外绝大多数企业利用开松得到的再生纤维经纺纱织造、非织造成型或复合加工成型过程实现高效回收再利用。纤网是非织造加工过程中最重要的半制品，目前，非织造材料生产系统中开松得到的短纤维成网工艺以干法成网、湿法成网和气流成网为主。

7. 加固

梳理成网的纤维网原料经机械、化学或热方法加固形成非织造布，用于生产纤维增强复合材料、隔声材料、内饰材料等再生产品，实现废旧纺织物循环利用。非织造布由纤网堆叠而成，具有致密、混匀、细微且相互贯通的泡孔结构，使声波在入射后引起孔隙内的空气和材料本身震动，使材料表现出高效吸声性能，作为隔声材料应用。非织造材料中纤维间的空隙小，能量在进入孔隙后由于摩擦和黏滞阻力，相当部分能量转化为热能被吸收掉，起到隔热效果，可以通过提高材料密度或利用超细纤维细度获得非织造隔热材料。

对废旧纺织品直接开松利用的产能主要集中在浙江温岭、苍南一带，目前该技术用于棉制品及混纺制品。浙江苍南地区每年处理的纺织废料达上百万吨，业已成为全国闻名的废旧纺织品回收利用基地。回收的废旧纺织品的边角料，有的是纯棉，有的是涤棉混纺或其他混纺，由于原料多来源于生产环节，尚未进入消费领域，因而比较干净，无需消毒。回收利用的再加工纤维被广泛应用于家具装饰、服装、家纺、玩具和汽车工业等各个行业领域。再加工纤维中一些长度较短的纤维不能纺纱，可用来制作工业用非织造布、汽车的隔热保温材料和沙发坐垫等方面。再加工后的棉纤维可用于室内装饰材料和非织造纺织品，亦可与新棉或其他纤维通过不同配比混合生产纱线。温州某公司是该区域代表性企业，公司拥有未进入消费领域的废纺织品收集、分拣、开松、纺纱全产业链，现有开松生产线 9 条，年产各类再生纱线 6 万吨，产品用于牛仔布、手套、绒布、帆布、化纤布等领域。

山东省高密市某公司年产再生可纺纱线 1 万吨/年，该公司采用和国家慈善组织——中民社会捐助发展中心战略合作的模式，作为捐赠废旧衣物生产基地，以捐助渠道收集的废旧纺织品、废旧军服为原料，通过引进或购买关键部件，应用自主研发、研制的生产设备和工艺，对废旧纺织品进行分拣、开松、纺纱，其生产的再生纱线用于生产帐篷、劳保手套等再生纺织品。

9.4.3 加工再利用

物理法主要应用于化学合成纤维含量较高的废旧纺织品处理，通过高温熔融、溶剂溶解等物理手段实现纤维分离回收再利用。高温熔融回收过程由于热降解、水解等影响，化纤回收纺丝后特性黏度通常会降低 10%，以废旧纺织品为原料生产的再生丝强度很难满足纺丝要求。再生过程除杂手段有限，产品一般需要降级使用，经过再生的纤维无法再度循环回收，经济效益低。有企业在熔融纺丝过程中添加特性黏度较高的瓶用聚酯混合熔融，或在熔融挤出时添加扩链剂来提高再生聚酯长丝的分子质量，以提高再生纤维品质。

开松再利用和加工再利用循环回收废旧纺织品在我国发展较早，已形成特色产业集群。伴随着行业发展，企业也不断迭代其生产技术，单纯的开松法和加工法由于产品附加值不高而逐渐被淘汰，综合运用物理法和化学法可结合二者优势，有利于提高对废旧资源的利用率，逐渐被企业采用。比较有代表性的是宁波大发化纤有限公司、浙江海利环保科技股份有限公司、优彩环保资源科技股份有限公司等合作的废旧聚酯高效再生及纤维制备产业化集成技术，并于 2018 年获得国家科学技术进步奖二等奖。宁波大发化纤有限公司、优彩环保资源科技股份有限公司自主开发的“微醇解-脱挥-聚合”聚酯再生技术是目前我国物理化学法产业化的代表性技术。该技术先通过解聚使熔融后的聚酯泡料熔体的黏度降低，熔体中的杂质能够由过滤及脱挥有效去除，同时均化聚酯分子量，从而获得杂质含量较低的低黏熔体，之后再通过缩聚，可获得较好的增黏效果，该技术实现再生熔体稳定增黏至 0.63dL/g 以上，主要用来生产有色循环再利用涤纶短纤维，无需染色，产品广泛应用于面料、沙发、床品、毛绒玩具以及汽车内饰、工业建筑等领域。国内企业也在积极引进国外先进技术，如 2017 年北京环卫集团引进意大利 Technoplant 公司成套设备，将物理机械法用于城市废旧服装和工业边脚料处理，主要制备棉毡类产品。

9.4.4 物理回收新进展

传统的物理法通常用于单组分的废旧纺织品回收，如聚酯纤维的回收，将涤纶进行加热熔融后再造粒并纺丝，再生丝具有几乎相当于原丝的品质，但对于涤棉等混纺织物，其回收利用率很低。

随着科技的发展，物理法回收废旧纺织品，已不再局限于只重新生产织物。纤维呈各向异性，力学性能优异，可以粉碎后作为纤维填絮料，添加到基体中制备复合材料，如隔声层、隔热层等复合材料。采用共混塑炼法，研究人员合成了以废旧棉、麻、涤纶混合纤维为增强相，以废旧聚丙烯母粒为基体相的复合板材料，该复合材料具有优异的拉伸和冲击强度。Echeverria 和 Muthuraj 等都采用热压法将废弃纺织纤维添加到高分子基体中，制备了力学性能优异、热稳定性好、疏水的绝热复合材料。Gounni 等还评

估了绝热复合材料的经济性，结果表明此类材料有望用于建筑领域。

华东理工大学材料科学与工程学院教授吴驰飞开发了以废旧纺织品和废旧塑料为主要原料的纤塑板产品。相比市面上最常见的塑木板（以废旧塑料和木头为主要原料），纤塑板有更高的强度和更好的韧性，材质更轻，可加工性能和环保性能更好，可广泛用于多种产品的生产加工，包括但不限于橱柜、室内外地板、桌椅、垃圾桶、工业托盘、围栏等。

近年来纺织业的环锭纺、摩擦纺、转杯纺技术日趋成熟，有效地处理了回收废品中的纤维，并且保障了纱线的质量。如把分离出的废棉及落棉用作转杯纱的原料配线使用。通过对废棉、回丝的处理，开发出了特种工业基布，为纺织纤维的循环利用和清洁生产提供了重要保障。

总体来说，物理法工艺成熟、对环境友好，但预处理工艺复杂、能耗大、回收价值不高且难以实现多次回收。

9.5　废旧纺织品的化学法回收

9.5.1　化学再生利用法概述

化学再生利用方法主要指的是将废旧服装材料中的聚合物进行拆分处理，将之分解成为单体或小分子，然后将获得的单体进行重新聚合，从而形成新的化学纤维，同时在此过程中也可利用新的技术手段制作出性能更为优异的纤维材料。目前针对不同材料的废旧纺织品开发了不同的化学回收方法，应用较多的是废旧涤纶纺织品的化学回收。涤纶在纺织品中占比最高，通过化学方法将涤纶聚合物解聚成低聚物、酯单体甚至原料单体后，再加以利用。目前对这类废旧品的处理方法主要有水解法、醇解法、热解法和超临界法。化学法能够最大程度地利用废旧纺织品，生产过程伴随除杂提纯，所得再生产品品质好，附加值高，循环过程能够实现资源闭环，是具有巨大潜力的循环利用方法。然而该方法涉及工序多，流程复杂，技术难度大，且投资成本高，目前工业化进程较慢。

9.5.2　废旧涤纶纺织品的化学回收

涤纶即对苯二甲酸乙二醇酯（PET），化学性质稳定、成本低廉，其使用量占化纤总量的80%以上。废旧涤纶纺织品的化学回收常使用乙二醇（糖酵解）、水（水解）、甲醇（醇解）和胺、烷基胺（氨解）及在各种反应条件下解聚 PET 废料。废聚酯纤维化学回收法包括常规化学回收方法和特殊化学回收方法。

1. 常规化学回收方法

常规化学回收是将 PET 解聚至单体或者中间体，如对苯二甲酸二乙二醇酯（BHET）、对苯二甲酸（TPA）、对苯二甲酸二甲酯（DMT）等单体，这些单体可作为制备树脂的原料，也可添加其他原料制备新的化学品，实现闭环回收。国内外公司与研发机构常用的常规化学回收方法主要有：水解法、醇解法、氨解法等。

1）水解

废涤纶水解是在酸性、碱性、中性条件下，在高温高压下深度水解，可得到比较纯净的水解产物对苯二甲酸（TPA）和乙二醇（EG）。该方法可为合成PET提供单体。根据水解条件的不同，分为酸性水解、碱性水解和中性水解技术。水解反应式如图9-2所示。

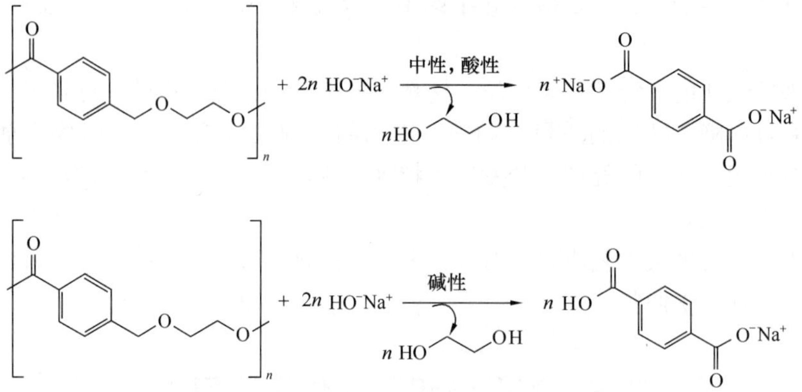

图9-2　PET中性、酸性和碱性水解的反应式

（1）酸性水解

酸性水解一般用浓硫酸作为催化剂进行，研究表明反应温度和H_2SO_4浓度对PET的水解会产生影响，在高温、催化剂存在下，反应4h转化成对苯二甲酸和乙二醇，纯化结晶得到对苯二甲酸。所得反应产物对苯二甲酸的实际产量几乎为理论产量。虽然酸性水解过程产率可观，但在酸性水解过程中，反应装置会腐蚀，反应中消耗的浓硫酸难以循环利用，而且酸性水解过程复杂，需要从大量回收的浓硫酸中纯化EG，产物质量差，回收聚酯成本高，实际应用受限。

（2）碱性水解

碱性水解是PET在NaOH或KOH碱性溶液中解聚，反应产物为对苯二甲酸盐和乙二醇。利用特殊的相转移催化剂研究PET化学回收，在高温高压下反应4h进行碱水解，反应产物TPA产率可达90%～100%。但是碱性水解仍存在腐蚀设备、反应消耗的碱性溶液难以循环利用，且污染环境等问题。

（3）中性水解

中性水解是指在无酸碱催化剂的条件下，用水或水蒸气直接解聚PET，最终产物为EG和PTA。中性水解在反应的过程中，不会产生难处理的废液，不会对环境产生污染，整个反应过程对环境友好，但此过程存在反应温度较高、产物纯度不高等问题。

2）醇解

（1）多元醇醇解

PET化学回收中，用多元醇作为醇解剂，这一反应是在酯交换催化剂（主要是金属醋酸盐）的作用下，使PET聚合物在醇解剂的作用下进行分子降解，分子内酯键断裂并被端羟基取代。醇解PET常用的多元醇有乙二醇、二甘醇、丙二醇、二丙二醇等。多元醇醇解的主要工艺参数是，反应温度为110～270℃，反应时间长达15h，在降解过程中通常添加相对于PET含量为0.5%的催化剂（通用乙酸锌），乙二醇作为降解剂用于PET的解聚，得到的产物为对苯二甲酸乙二醇酯，产率一般在46%～100%范围内。以醇解剂乙二醇为例，反应过程如图9-3所示。

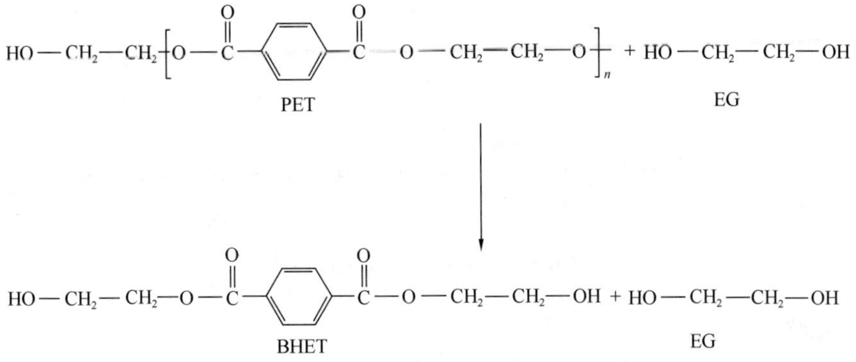

$$HO-CH_2-CH_2-\left[O-\overset{O}{\overset{\|}{C}}-C_6H_4-\overset{O}{\overset{\|}{C}}-O-CH_2-CH_2-O\right]_n- + HO-CH_2-CH_2-OH$$

PET　　EG

$$\downarrow$$

$$HO-CH_2-CH_2-O-\overset{O}{\overset{\|}{C}}-C_6H_4-\overset{O}{\overset{\|}{C}}-O-CH_2-CH_2-OH + HO-CH_2-CH_2-OH$$

BHET　　EG

图9-3　乙二醇醇解PET的反应式

乙二醇醇解废聚酯的大量研究表明，在反应温度190～240℃、反应压力0.1～0.6MPa时，在恒定温度、压力和PET浓度下，反应速率与EG浓度的平方成比例。相比于甲醇醇解，乙二醇醇解的反应压力更小。解聚后产物BHET主要作为合成纯PET的单体，还可应用于不饱和聚酯、聚氨酯泡沫等的生产。多元醇醇解法在工业化生产上也得到了广泛应用。

采用二甘醇作为多元醇降解剂时，醇解获得的产物为对苯二甲酸乙二醇酯（BHET）和低分子量聚合物，但反应物产率无法进行定量，PET醇解很少用丙二醇、二乙醇胺、三乙醇胺等醇解剂，其醇解中间体用于合成不饱和聚酯树脂，因此使用丙二醇获得了BHET类似物，但无法定量。二乙醇胺和三乙醇胺醇解得到的低分子量聚合物可作为分散剂和环氧树脂，需要进一步分离纯化。

其他醇解剂还有新戊二醇（NPG）、四乙二醇（TEEG）、聚乙二醇（400g/mol）、聚四氢呋喃（650g/mol）和一些三元共聚物，在新戊二醇作为醇解剂存在的情况下，反应产物为对苯二甲酸双（新戊基乙烯）酯单体，由于醇解剂是低聚物，可获得低分子量的聚合物，这些反应产物用于合成包含聚酯物质的共聚物，最后将获得的反应产物进行分离纯化。

（2）一元醇醇解

甲醇醇解是在高温和高压条件下，将废PET降解。催化剂主要有锌、镁、钴的醋酸盐以及二氧化铅等，废PET甲醇醇解的主要产品是DMT和EG。PET甲醇醇解的反应式如图9-4所示。

Wang J等人在1991年首次提出了甲醇醇解PET的方法，这种方法避免了酸性碱性水解法污染或乙二醇醇解产生非均相反应产物的弊端。废聚酯在高压、甲醇存在的条件下进行解聚，得到反应产物为DMT。通过甲醇醇解废聚酯得到的产物DMT与纯净的DMT没有差别，制得的DMT可重新利用制备聚合物，反应结束后甲醇回收也相对容易。但是目前PET生产工艺趋向于使用TPA代替DMT作为原料，因此增加由DMT向TPA的转化过程，增加了甲醇醇解回收利用过程的经济成本。

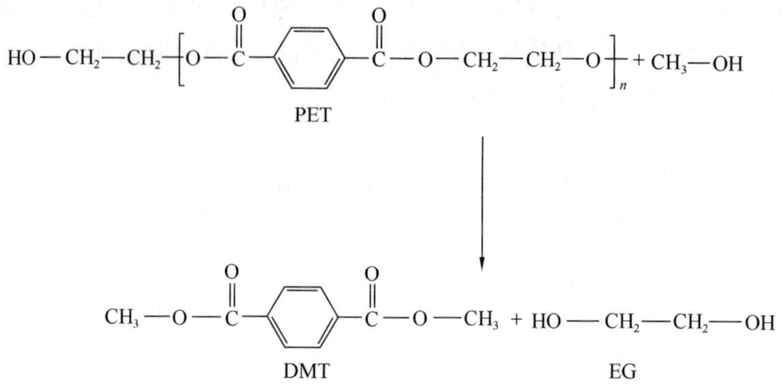

$$HO-CH_2-CH_2-[O-\overset{O}{\overset{\|}{C}}-C_6H_4-\overset{O}{\overset{\|}{C}}-O-CH_2-CH_2-O]_n- + CH_3-OH$$

PET

$$\downarrow$$

$$CH_3-O-\overset{O}{\overset{\|}{C}}-C_6H_4-\overset{O}{\overset{\|}{C}}-O-CH_3 + HO-CH_2-CH_2-OH$$

DMT　　EG

图 9-4　PET 甲醇醇解的反应式

（3）氨解

由于氨解反应活性高于醇解，可促进 PET 的水解，以避免水解醇解所需的高温高压等苛刻条件。氨解解聚后的产物还可应用于环氧树脂的固化剂、合成聚氨酯的组分等。PET 氨解的反应式如图 9-5 所示。

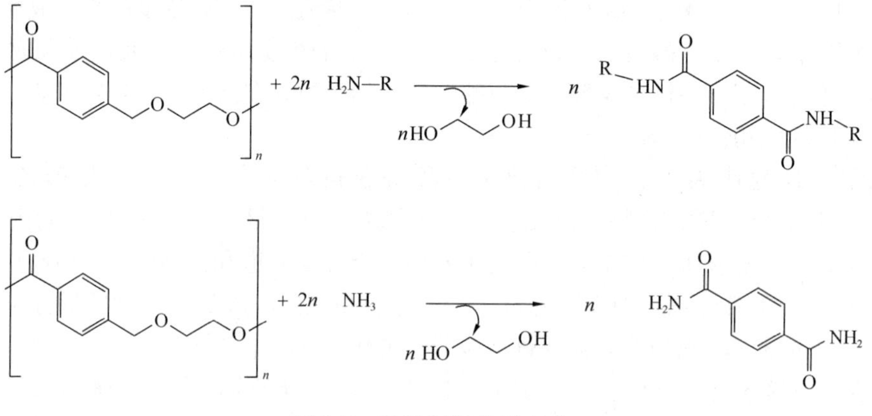

图 9-5　PET 氨解的反应式

在氨解反应中采用乙醇胺（EA）作为解聚剂，在反应温度为 25～190℃范围内进行，不施加高压，反应时间可长可短，得到的产物双官能团单体（2-羟基-乙烯）、对苯二甲酰胺（BHETPA）的产率为 62%～91%，氨解和烷基胺氨解获得反应产物分别为对苯二甲酸二酰胺和相应的单体酰胺。氨解常用催化剂为金属乙酸盐（乙酸锌、乙酸钠、乙酸钾，SHUKLA 研究发现在氨解过程中乙酸钠是最有效的催化剂，其次是乙酸钾和乙酸。比较醋酸锌和醋酸钠在氨解中的作用，发现醋酸锌对氨基分解更有效。

2. 特殊化学回收方法

1）微波水解

在水解废聚酯时，利用红外和微波对废聚酯进行复合解聚可以使解聚反应温和、易控、减少醇挥发量。Khalaf H. I. 等使用微波对 PET 进行解聚，用催化剂（四丁基溴化铵、四丁基碘化铵）进行解聚，反应产物的收率达到 99%。由此可见利用微波水解是一种新的绿色解聚方法，可以达到理想的解聚程度。

2）反应挤出醇解

挤出机可应用于许多反应过程，如能提供连续均匀分布和分散混合反应，温度和停留时间可控，在不同压力下，不同阶段针对熔融原料制备和未反应单体的制备能力局限少，比其他类型反应器更具优势。双螺杆挤出机因混合、传热、熔融、温度控制方面都比单螺杆挤出更优良，所以成为反应挤出醇解较为常用的反应器。

YALINYUVA 等用双螺杆挤出机研究了 PET 的水解规律，并研究反应挤出中许多反应工艺参数对解聚的影响，其中包括工作温度、反应压力、螺杆速度、和溶剂进料速度等。研究发现，在操作温度 265～300℃ 会增加解聚程度，反应压力从 0 增加到 4.83MPa 会加速反应速率并得到更高的转化率。CHABERT 等发现采用醇盐配体（四正丁醇钛、四正丙醇钛）的交换反应，用垂直双螺杆微挤出机回收 PET，可转化成二烷基官能化低聚物，在高温下，反应 10min 即可缩短 PET 链的长度。

3. 国内外进展

美国 EASTMAN 公司于 1980 年成功开发了甲醇解聚回收 PET 工艺流程，并于 1987 年建立了工业化生产装置。美国 DuPont 公司也相继开发出工业化的废弃 PET 化学法回收利用新工艺。日本帝人公司开发的废旧涤纶醇解再生技术是目前醇解技术的代表，此工艺由醇解和酯交换两步反应组成，反应原理是通过乙二醇醇解涤纶得到 BHET，BHET 与甲醇进行酯交换转化为 DMT，DMT 提纯后再与乙二醇重新合成新聚酯。日本环境设计株式会社开发的 JEPLAN 化学法应用乙二醇醇解制备 BHET，再经结晶、蒸馏脱除产品中杂质来提纯 BHET，相比帝人公司技术，该方法具有流程短、回收率高等特点，但还未实现规模化生产。欧盟国家废旧纺织品循环利用以二手服装形式占比较多，Loop 工业公司和 SUEZ 公司计划在欧洲建设无限循环（InfiniteLoop）回收设施，目标是生产与原生 PET 同等品质的聚酯和可无限循环的 100%回收聚酯纤维。浙江佳人新材料有限公司以废弃的废旧纺织品、服装厂边角料等为初始原料，通过化学分解技术将废弃聚酯材料还原成化学小分子，经过精馏、过滤、提纯及聚合等手段，重新制成新的具有高品质、多功能、永久循环性的聚酯纤维，目前每年处理废旧纺织品 4 万吨，年产 3 万吨的再生产品。法国图卢兹大学的研究团队研究应用酶水解来回收，生物酶在 10h 内可将 90%的聚酯水解至单体，产品和石化材料中的单体具有相同特性。

利用化学再生利用方法回收废旧纺织品对工艺技术要求较高，我国已突破多项关键性技术，如真空开松技术、脱气熔融技术、再聚合工艺及设备、半醇解技术、涤棉分离技术等，对废旧纺织材料资源再生利用产生较为积极的意义。浙江佳人新材料有限公司在实际生产过程中，开发了化学法循环再生 ECO CIRCLE 技术，能够将废旧涤纶进行有效分解，将之变成为单个分子，然后将之重新合成为涤纶的关键原料 DMT，年产能 2.5 万吨，生产的再生化学纤维应用于李宁等品牌服装。鼎缘（杭州）纺织品科技有限公司专门针对聚酯/棉混纺废弃物等展开回收，然后经过一系列化学处理工艺，将纺织品中的纤维素提取出来，使之重新构成纤维作为纺织原材料。

但从化学再生利用方法的实际应用情况来看，由于废旧纺织品种类繁多，其中包含的成分较为复杂等因素，使得废旧纺织品在进行化学再生处理时需要应用不同的技术方式，进而影响到回收生产的规模性。这是当前化学再生利用方法实施应用应当重点解决的问题。目前应在构建废旧纺织品回收体系的过程中，加强回收分拣环节的建设，明确各类废旧纺织品的回收技术和标准，为后续化学再生利用技术的高效应用奠定基础。

9.6 废旧纤维的耦合回收

9.6.1 概述

废旧纺织品种类繁多，废旧合成纤维可回收作为建筑材料的增强材料使用，如将废纤维作掺合料加入混凝土中可提高混凝土强度、抗裂性能和抗冲击性能。废化学纤维和其他废塑料还可经化学处理制成聚合物黏结剂，如用 PET 代替价格较高的树脂拌制聚合混凝土，这种聚合混凝土具有高强度（其抗压、抗拉强度为普通混凝土的 3～6 倍）、高硬度、耐久性好的特点，可用于生产预制构件、修补道路和桥梁等。

回收纤维应用于水泥基材料中，可以提高水泥基材料的性能，如抗拉强度、抗折强度、抗冲击性能以及韧性等，实现废弃物再利用。回收纤维对水泥基材料的增强机理主要有：

① 减少水泥凝结硬化过程中初始微裂纹的产生。在水泥凝结硬化过程中，水泥基材料表面失水速度大于内部水分散发速度，因此水泥基材料中的水会通过毛细管由内向表迁移，在毛细孔壁处产生拉应力，这是水泥基材料内部产生微裂纹的主要原因之一。回收纤维的加入降低了水泥基材料中水分蒸发所引起的毛细孔张力，从而抑制了水泥基材料初始微裂纹的产生。

② 控制微裂纹的扩展及合并。水泥基材料本身是一种非均质、复杂组分及含有初始缺陷（如孔或气孔等）的脆性材料，持续荷载作用下，自身存在初始缺陷的尖端会产生应力集中，加剧微裂纹扩展，降低水泥基材料承载能力。穿越微裂纹或存在于微裂纹尖端的回收纤维可以承担部分荷载，减缓裂纹尖端应力集中程度，有效控制微裂纹的扩展及合并。

③ 破坏过程吸收能量，提高水泥基材料的韧性。水泥基材料是一种脆性材料，其断裂失效模式为裂纹出现后，微裂纹会在荷载作用下逐渐发展为宏观裂纹，继而贯穿整个水泥基体，导致水泥基体失效。回收纤维加入后，基体发生开裂时，由于回收纤维的“桥接”作用仍可继续承受荷载，出现“裂而不断”的现象，并且破坏过程中“纤维拔出”“纤维断裂”能吸收部分能量，提高了水泥基材料的韧性。

9.6.2 回收纤维在建筑领域的应用

在过去的十几年内，建筑领域已经开始研究使用废旧塑料替代骨料及作为纤维使用，废旧塑料用于建筑领域不仅可以改善水泥基材料的性能，而且可以减少“白色污染”对环境的破坏。目前的研究热点主要是将回收塑料制成塑料纤维来增强混凝土性能。

关于将废弃塑料品制成回收塑料纤维的研究，Fraternali 等发现回收化学纤维具有很强的耐碱性，其体积掺量为 1% 时可以显著提高水泥砂浆的韧性。Oliveira 等研究了不同体积掺量（0%、0.5%、1.0%和 1.5%）下再生 PET 纤维对水泥砂浆的弯曲强度、抗压强度及韧性的影响规律，掺入再生 PET 纤维显著提高了水泥砂浆的韧性及弯曲强度，7d、28d 及 63d 抗弯强度分别提升了 100%、30%及 50%，最佳掺量为 1.5%，且减少了纤维-基体黏结界面处的毛细孔数量。Borg 等研究了不同类型（直型和弯曲型）及不同长度（30mm 和 50mm）的回收化学纤维对水泥砂浆的抗压强度、抗弯强度、收缩等性能的影响规律。结果表明，掺入回收纤维使水泥砂浆的抗压强度下降了0.5%～8.5%，但是显著提高了其弯曲强度，回收纤维的最佳掺量为 1%，长度为50mm。Zhang 等研究了骨料、砂与 PET 纤维比例、养护条件（温度及时间）对回收 PET 纤维砂浆的抗压强度、弯曲强度及应力-应变的影响规律。研究结果表明，随着砂与 PET 纤维比例的上升，大粒径颗粒之间的空隙可以被小粒径颗粒填充，降低了砂浆的孔隙率，使砂浆的密度、吸水率及抗压强度增加；采用再生 PET 纤维与连续颗粒级配砂子配制的砂浆的 3h 抗压强度可以达到 30MPa（砂与 PET 纤维质量比为 3∶1）；与100℃养护相比，180℃养护下的抗压强度较高，但是养护时间对抗压强度没有影响。Bui 等又研究了回收 PET 和回收编织塑料袋（RWS）纤维对再生骨料混凝土的抗压强度、劈裂抗拉强度、弹性模量及剪切强度的影响规律。试验结果表明，PET 和 RWS 纤维具有较高的耐碱性；与未掺纤维相比，回收 PET 纤维和 RWS 纤维制备的回收再生骨料混凝土抗压强度提高了 3.6%～9%、抗拉劈裂强度提高了 11.8%～20.3%及剪切强度提高了 7%～15%，且回收纤维的最佳掺量为 1.5%左右。此外，还发现回收 PET 纤维和 RWS 纤维表面光滑，与水泥基体黏结不紧密，当纤维受到拉力或穿越桥接裂纹时，纤维容易拉出，这会导致混凝土强度降低。

回收纤维具有很强的耐腐蚀性，将其应用于增强水泥基材料性能，一方面可以控制水泥的塑性收缩开裂，另一方面还可以提高混凝土的力学性能及韧性，且回收塑料纤维的表面附着物易处理，工序简单，十分适用于增强水泥基材料的性能。但回收纤维的易燃性、低弹性模量及低抗拉强度限制了它的使用范围，用它增强的水泥基材料不能用于易燃环境中，也不能用于高强混凝土中。

回收纤维在水泥基材料中的耦合利用是纤维增强水泥基材料的一个新的发展方向。此外，不断拓展回收纤维在水泥基材料中的应用种类及处理方法，对推动回收纤维与水泥基材料的发展都具有重要意义。

9.7 废旧纺织品的能量回收

能量回收又叫热能法或燃烧法，是通过焚烧回收的废旧纺织品产生热能，再转化为机械能或电能的方法。热能法虽然能产生大量的能量，但是焚烧过程也会产生大量的一氧化碳、二噁英、氮氧化物等有毒有害气体，造成空气污染，此方法不适合大范围使用，只适用于难以循环利用的废旧纺织品。针对不能循环再利用废旧纺织品，为减少燃烧法对环境的危害，充分利用能量，科研工作者也进行了相应的研究。Nunes 等对可再生废旧棉纺品用于生产热能进行了分析，并与其他燃料如木片和木屑对比，评估其经济性，试验结果表明棉球热值为 16.80MJ/kg，与石油、木片、木屑相比，可分别降低80%、75%和 70%的成本，废弃纺织品生产热能具有一定的潜力。Liu 等将废茶叶添加到纺织品染料污泥中共同燃烧，定量研究了混合物的燃烧行为、燃烧动力学和气体排放，分析了废茶叶添加量为 40%时的反应机理模型，试验结果表明，废茶叶的加入能够克服单组分燃烧的缺陷，减少二氧化硫的排放量，增加燃烧效率。

思政小结

我国是全球第一纺织大国，纺织纤维加工总量占全球的50%以上。随着纺织服装产量不断增加，我国每年产生大量废旧纺织品，其再生利用率不足20%，造成严重的资源和环境问题，限制了纺织服装产业的绿色可持续发展。2022年4月11日，国家发展改革委、商务部、工业和信息化部发布《关于加快推进废旧纺织品循环利用的实施意见》提出，“到2025年，废旧纺织品循环利用率达到25%，废旧纺织品再生纤维产量达到200万吨。到2030年，建成较为完善的废旧纺织品循环利用体系，废旧纺织品循环利用率达到30%，废旧纺织品再生纤维产量达到300万吨。”2022年4月22日，工业和信息化部、国家发展改革委联合印发《关于化纤工业高质量发展的指导意见》，提出化纤工业绿色发展，循环低碳的基本原则，坚持节能降碳优先，加强废旧资源综合利用，扩大绿色纤维生产，构建清洁、低碳、循环的绿色制造体系。废旧纺织品循环利用对节约资源、减污降碳具有重要意义，是有效补充我国纺织工业原材料供应、缓解资源环境约束的重要措施，是建立健全绿色低碳循环发展经济体系的重要内容。

思考题

（1）常用的纤维鉴别方法有哪些？

（2）废旧纺织品的来源有哪些？

（3）废旧纺织品的循环利用途径有哪几类？

（4）简述废旧纺织品开松再利用工艺流程。

（5）废旧涤纶的化学回收方法有哪些？

（6）列举废旧纤维的耦合回收途径。

参考文献

[1] 施良和，胡汉杰．高分子科学的今天与明天[M]. 北京：化学工业出版社，1994.
[2] 黄发荣，陈涛，沈学宁．高分子材料的循环利用[M]. 北京：化学工业出版社，2000.
[3] 刘均科．塑料废弃物回收与利用技术[M]. 北京：中国石化出版社，2003.
[4] 李勇，薛向欣．废旧高分子材料循环利用[M]. 北京：冶金工业出版社，2019.
[5] 刘明华，李晓娟．废旧塑料资源综合利用[M]. 北京：化学工业出版社，2018.
[6] 王晴，李思，张金辉．废旧塑料回收与利用技术研究进展[J]. 当代化工，2014，43(04)：600-602.
[7] 李晓，崔燕，刘强，等．我国废塑料回收行业现状浅析[J]. 中国资源综合利用，2018，36(12)：99-102.
[8] 柯敏静．中国废塑料回收和再生之市场研究(上)[J]. 塑料包装，2018，28(3)：24-28.
[9] 柯敏静．中国废塑料回收和再生之市场研究(下)[J]. 塑料包装，2018，28(4)：34-41.
[10] 孙尚美．欧美发达国家废旧再生塑料利用近况[J]. 国外塑料，1994(3)：7-15.
[11] 黄汉生．日本废塑料回收技术发展动向[J]. 现代化工，1999，19(9)：42-45.
[12] 张庆阳．国外白色污染防治及我国取向建议[J]. 防灾博览，2020(01)：20-27.
[13] 袁利伟，陈玉明，李旺．高分子材料的循环利用技术[J]. 攀枝花学院学报，2003，20(5)：65-67.
[14] 黄发荣. 聚合物材料再循环利用的研究与进展[J]. 高分子材料科学与工程，1997，13(2)：132-138.
[15] 张付申，王磊，夏冬，等．废弃高分子聚合物再生转化环境功能材料的研究进展[J]. 环境工程学报，2017，11(1)：12-20.
[16] 任桂兰，杨泽志，李青山．21 世纪的新资源：废旧高分子材料的回收与利用[J]. 化工纵横《Comments & Reviews in C. I. 》，2002(10)：22-24.
[17] 商务部. 中国再生资源回收行业发展报告(2020)[J]. 中国轮胎资源综合利用，2021(09)，36-38.
[18] JEHANNO C，ALTY J W.，ROOSEN M，et al. Critical advances and future opportunities in upcycling commodity polymers[J]. Nature，2022，603，803-814.
[19] 周君．对我国可再生废塑料的进口及回收利用研究[M]. 北京：对外经济贸易大学出版社，2016.
[20] 潘祖仁．高分子化学[M]. 5 版．北京：化学工业出版社，2011.
[21] 徐玲．高分子化学[M]. 北京：中国石化出版社，2010.
[22] 王久芬．高聚物合成工艺[M]. 2 版．北京：国防工业出版社，2013.
[23] 赵进，赵德仁，张慰盛．高聚物合成工艺学[M]. 北京：化学工业出版社，2015.
[24] 韦军．高分子合成工艺学[M]. 上海：华东理工大学出版社，2011.
[25] 胡桢，张春华，梁岩．新型高分子的合成与制备工艺[M]. 哈尔滨：哈尔滨工业大学出版社，2014.
[26] 陈平，廖明义．高分子合成材料学[M]. 北京：化学工业出版社，2010.
[27] 贾红兵，宋晔，王经逸．高分子材料[M]. 3 版．南京：南京大学出版社，2019.

[28] 张留成．高分子材料基础[M]．北京：化学工业出版社，2011.
[29] 赵素合，张丽叶，毛立新．聚合物加工工程[M]．北京：中国轻工业出版社，2006.
[30] 徐勇，王新龙．高分子化学与工程实验[M]．2 版．南京：东南大学出版社，2019.
[31] 薛叙明，张立新．高分子化工概论[M]．北京：化学工业出版社，2011.
[32] BOWER D I. An Introduction to Polymer Physics[M]. Cambridge：Cambridge University Press. 2002.
[33] BETHANY F. Polymer Science and Technology[M]. [S. I.]：Murphy and Moore publishing，2022.
[34] 何曼君，张红东，陈维孝，等．高分子物理[M]．3 版．上海：复旦大学出版社，2010.
[35] 高炜斌，侯文顺，杨宗伟．高分子物理[M]．2 版．北京：化学工业出版社，2017.
[36] 华幼卿，金日光．高分子物理[M]．5 版．北京：化学工业出版社，2019.
[37] 薛奇．有机及高分子化合物结构研究中的光谱方法[M]．北京：高等教育出版社，2011.
[38] 周啸，何向明．聚合物的结构与性能[M]．北京：清华大学出版社，2015.
[39] 张俐娜，薛奇，莫志深，等．高分子物理近代研究方法[M]．2 版．武汉：武汉大学出版社，2006.
[40] 周其凤，胡汉杰．高分子化学[M]．北京：化学工业出版社，2001.
[41] R. S. 斯坦．散射和双折射方法在高聚物结构研究中的应用[M]．徐懋，译．北京：科学出版社，1983.
[42] 唐纳德，温德尔，汉纳．液晶高分子[M]．北京：北京大学出版社，2012.
[43] 何平笙．高聚物的力学性能[M]．2 版．合肥：中国科学技术大学出版社，2008.
[44] 何平笙．新编高聚物的结构与性能[M]．北京：科学出版社，2021.
[45] 杨玉良，张红东．漫谈高分子物理学的起源与发展[J]．高分子学报，2020，51(01)：87-90.
[46] ZAIKOV K G. Structure of the Polymer Amorphous State[M]. Utrecht：CRC Press，2004.
[47] STROBL G R. The Physic of Polymers[M]. Berlin：Springer，1997.
[48] HU W B. Polymer Physics[M]. Berlin：Springer，2003.
[49] 王小妹．高分子加工原理与技术[M]．北京：化学工业出版社，2006.
[50] 吴智华，杨其．高分子材料成型工艺学[M]．成都：四川大学出版社，2010.
[51] 史玉升，李远才，杨劲松，等．高分子材料成型工艺[M]．北京：化学工业出版社，2006.
[52] 杨鸣波．聚合物成型加工基础[M]．北京：化学工业出版社，2009.
[53] 杨明山，赵明．塑料成型加工工艺与设备[M]．北京：文化发展出版社，2010.
[54] 李秋生．橡胶成型工(杂品)[M]．北京：化工工业出版社，2009.
[55] 刘玉强，马瑞刚，殷晓玲．废旧橡胶材料及其再资源化利用[M]．北京：中国石化出版社，2010.
[56] 贾红兵，王经逸．橡胶材料学[M]．南京：南京大学出版社，2018.
[57] 鲍柯旭，傅镕臻，韩冬礼，等．非胶组分对天然橡胶结构与性能影响关系研究进展[J]．高分子通报，2022(11)：42-57.
[58] 王国全，王秀芬．聚合物改性[M]．北京：中国轻工业出版社，2008.
[59] 郭静．高分子材料改性[M]．北京：中国纺织出版社，2009.
[60] 王国全．聚合物共混改性原理与应用[M]．北京：中国轻工业出版社，2007.
[61] 陈绪煌，彭少贤．聚合物共混改性原理及技术[M]．北京：化学工业出版社，2011.
[62] 王文广．塑料改性实用技术[M]．北京：中国轻工业出版社，2008.
[63] 高凤芹，宁荣昌．PVC 共混增韧改性研究进展[J]．塑料工业，2006，34：65-68.
[64] 侯亚亚．聚苯乙烯/炭黑复合粒子的合成与性能研究[D]．长春：吉林大学，2017.
[65] 马治军．聚丙烯酸酯/纳米碳酸钙复合增韧剂的制备及其应用于 PVC 改性的研究[D]．上海：华东理工大学，2010.

[66] WANG J F，ZHANG D H，CHU F X. Wood-Derived Functional Polymeric Materials[J]. Advanced Materials，2021，33，2001135.
[67] 胡圣飞，张帆，张荣，等．石墨烯表面改性及其在聚合物导电复合材料中的应用研究[J]. 高分子材料科学与工程，2017，33(8)：184-190.
[68] 朱珊．碳酸钙表面处理及其在聚合物改性中的应用[D]. 杭州：浙江工业大学，2016.
[69] 李国庆．聚合物表面接枝改性机制砂及其在混凝土中的应用[D]. 合肥：合肥工业大学，2016.
[70] 叶源，徐勇军，刘煜平，等．聚合物表面金属化改性的研究进展[J]. 高分子材料科学与工程，2013，29(11)：187-190.
[71] 焦剑．功能高分子材料[M]. 北京：化学工业出版社，2016.
[72] 武学丽．碳纳米材料表面接枝聚合物改性[D]. 兰州：兰州大学，2010.
[73] 赵文元，王亦军．功能高分子材料[M]. 北京：化学工业出版社，2013.
[74] 殷敬华，莫志深．现代高分子物理学[M]. 北京：科学出版社，2011.
[75] 韩超越，侯冰娜，郑泽邻，等．功能高分子材料的研究进展[J]. 材料工程，2021，09(06)：55-65.
[76] 许任甜．功能高分子材料发展以及运用分析[J]. 轻工科技，2019，35(03)：26-27.
[77] WANG K J，AMIN K，AN Z，el at. Advanced functional polymer materials[J]. Materials Chemistry Frontiers，2020，4：1083-1915.
[78] 刘明华．废旧高分子材料高值利用[M]. 北京：化学工业出版，2018.
[79] 董炎明．高分子实用剖析技术[M]. 北京：中国石化出版社，1994.
[80] 严大东，张兴华，苗兵．高分子物理理论专题[M]. 北京：科学出版社，2021.
[81] 张玉龙．废旧塑料回收制备与配方[M]. 北京：化学工业出版社，2008.
[82] 王晖，顾帼华．塑料浮选[M]. 长沙：中南大学出版社，2006.
[83] 王晖．再生资源的物理化学分选塑料浮选体系中的界面相互作用[D]. 长沙：中南大学，2007.
[84] 李建波．浮选法分离废旧 ABS/HIPS 工艺研究与改进[D]. 太原：中北大学，2018.
[85] KASSOUF A，MAALOULY J，DOUGLAS N. RUTLEDGE，et al. Rapid discrimination of plastic packaging materials using MIR spectroscopy coupled with independent components analysis（ICA)[J]. Waste Management，2014，34(11)：2131-2138.
[86] SERRANTI S，GARGIULO A，BONIFAZI G. Classification of polyolefins from building and construction waste using NIR hyperspectral imaging system. Resources [J]. Conservation &Recycling，2012，61：52-58.
[87] 林福华．拉曼光谱技术在聚合物分析中的应用[J]. 塑料工业，2018，46(06)：132-135.
[88] 杨睿，周啸，罗传秋，等．聚合物近代仪器分析[M]. 北京：清华大学出版社，1991.
[89] 区辉彬．废旧塑料分选技术及设备的研究[J]. 再生资源与循环经济，2019，12(01)：27-30.
[90] 王毓．光电离质谱技术在典型废弃聚合物热解研究上的应用[D]. 合肥：中国科学技术大学，2015.
[91] 陈占勋．废旧高分子材料资源及综合利用[M]. 2 版．北京：化学工业出版社，2007.
[92] 何曼君，陈维孝，董西侠．高分子物理[M]. 上海：复旦大学出版社，1990.
[93] 蔡建成，陶湘宝．塑料再生利用及其设备研究[J]. 再生资源研究，1999，(3)：21-26.
[94] 邓炜航，屈茂会．我国废旧塑料的废物再利用现状以及未来趋势[J]. 中国资源综合利用，2018，136(4)：75-77.
[95] 陈丹，黄兴元，汪朋，等．废旧塑料回收利用的有效途径[J]. 工程塑料应用，2012，40(9)：92-94.
[96] 周晶，周谦．废旧塑料化学回收技术的现状和展望：评《废旧塑料资源综合利用》[J]. 塑料工

业，2019，47(1)：163.
[97] 左艳梅，傅智盛．废旧聚苯乙烯泡沫塑料的回收与再生方法：评《废旧塑料资源综合利用》[J]. 合成材料老化与应用，2015，44(6)：86-89.
[98] 黄璐，郑楠．我国废弃塑料再生循环利用产业发展现状分析[J]. 橡塑资源利用，2015，27-33.
[99] 王晋．浅谈塑料印刷技术[J]. 西部皮革，2016，38(22)：5.
[100] 左铁镛，聂祚仁．环境材料基础[M]. 北京：科学出版社，2003.
[101] 秦凯．平板硫化机电加热板温场均匀性技术研究[D]. 长沙：国防科技大学，2019.
[102] 邓炜航，屈茂会．我国废旧塑料的废物再利用现状以及未来趋势[J]. 中国资源综合利用，2018，36(04)：75-77.
[103] 杜雨潇．基于循环经济的废旧塑料制品材料的再生利用[J]. 合成材料老化与应用，2021，50(06)：147-149.
[104] 胡娜．废旧塑料改性再生技术的应用研究[J]. 资源再生，2022，(07)：28-31.
[105] 徐靖，张伟．塑料回收再利用技术研究进展[J]. 精细与专用化学品，2019，27(07)：10-14.
[106] 丁磊，曹诺，赵新．废旧热固性塑料的物理回收和解交联回收技术探讨[J]. 橡塑资源利用，2012(06)：28-30.
[107] 胥晶，吴木根，陈昕航，等．绝缘性塑料材料在电气电缆的应用研究[J]. 塑料科技，2022，50(03)：109-112.
[108] 黄河，邹伟，王荣吉．废旧塑料鉴别与回收技术的研究进展[J]. 现代塑料加工应用，2022，34(02)：48-51.
[109] 李晓雪．废旧塑料的处理及在旅游景观设计中的应用：评《废旧塑料资源综合利用》[J]. 塑料科技，2022，50(02)：111-112.
[110] 范望喜，陆欣如，王鑫杰．废旧塑料的分类回收与综合利用研究[J]. 再生资源与循环经济，2021，14(07)：34-37.
[111] 李璞．废旧塑料污染的相关法律问题探讨：评《中国废塑料污染现状和绿色技术》[J]. 塑料科技，2021，49(06)：124-125.
[112] 刘颖方．塑料制品在大学生创新创业中的前景：评《废旧塑料资源综合利用》[J]. 塑料科技，2021，49(06)：127-128.
[113] 薛志宏，刘鹏，高叶玲．废旧塑料回收与再利用现状研究[J]. 塑料科技，2021，49(04)：107-110.
[114] 于清溪．橡胶原材料手册[M]. 北京：化学工业出版社，2000.
[115] 刘军. 废旧橡胶的回收和循环利用现状[J]. 橡胶参考资料，2008，38(3)：2-3.
[116] BRYDSON J A. Rubber Chemistry[M]. London：Applied Science Publishers Ltd，1978.
[117] 霍尔登 G，莱格 N R，夸克 R，等．热塑性弹性体[M]. 北京：化学工业出版社，2000.
[118] 刘丛丛，伍社毛，张立群．热塑性弹性体的研究进展[J]. 中国橡胶，2009(08)：17-21.
[119] VTRACKI L A. Polymer alloys and blends：thermodynamics and rheology[M]. New York：Hanser publishers，1990.
[120] URACKI L A. Commerical polymer blends[M]. London：Chapman and hall，1998.
[121] 吉亚丽，马敬红，梁伯润．聚合物共混物的反应性增容剂相形态控制[J]. 高分子科学与工程，2006，22(1)：11-15.
[122] 邓本诚，李俊山．橡胶塑料共混改性[M]. 北京：中国石化出版社，1996.
[123] PAUL D R，NEWMAN S. Polymer blends[M]. New York：Acadmic Press. 1978.
[124] OLABISI O，ROBESON L M，SHAW M T. Polymer-polymer miscibility[M]. New York：Acadmic Press，1978.

[125] PICHAIYUT S, NAKASON S, KAESAMAN A, et al. Influences of blend compatibilizers on dynamic, mechnical, natural rubber and highdensity polyethylene blends[J]. Polymer Testing, 2008, 37(5): 566-580.

[126] 朱光明，辛文利．聚合物共混改性的研究现状[J]．塑料科技，2002，148(2)：42-46.

[127] 凌勇坚，施胜胜，姜宝东，等．废旧橡胶回收和再生利用[J]．中国资源综合利用，2017，135(2)：33-35.

[128] 黄璐，穆江峰．废旧橡胶再生循环利用技术研究进展[J]．世界橡胶工业，2015，42(11)：1-8.

[129] 姜敏，寇志敏，彭少贤．废旧橡胶回收与利用的研究进展[J]．合成橡胶工业，2013，36(3)：239-243.

[130] 曹庆鑫．从再生橡胶看废旧橡胶再制造产业发展[J]．橡胶科技市场，2011(4)：4-7.

[131] 强金凤，黎广，李涛，等．废旧橡胶回收再利用方法概述[J]．橡胶科技，2020，18(12)：675-677.

[132] 杨朝富，夏微微．废橡胶种类与鉴别方法[J]．广东建材，2022，38(04)：25-27.

[133] 王玉伟，潘劲松，苏俊杰，等．废旧轮胎高值化利用进展及建议[J]．山东工业技术，2020(04)：25-31.

[134] 曲锴鑫，李雪，宋鹏豪，等．废旧橡胶轮胎的再利用研究进展[J]．化工科技，2019，27(06)：71-75.

[135] 黄子俊．废旧轮胎精细胶粉制备及其应用研究[D]．杭州：浙江工业大学，2020.

[136] 田卫东，曾天忠，张国强．绿色制备废旧轮胎颗粒再生胶成套技术[J]．橡塑技术与装备，2020，46(17)：32-35.

[137] 叶美瀛，陈王觅，侯佳奇．废旧纺织品热解处理的研究进展[J]．新能源进展，2022，10(05)：477-484.

[138] 郭跃飞，王观次，尹鸿达．纤维增强地质聚合物复合材料性能研究进展[J]．市政技术，2022，40(04)：89-94.

[139] 陈飞，张林艳，李先延．天然纤维沥青混合料研究与应用进展[J]．应用化工，2022，51(05)：1472-1479.

[140] 周兴宇．多尺度聚丙烯纤维混凝土性能研究[D]．扬州：扬州大学，2020.

[141] 时双强，和玉光，陈宇滨．石墨烯改性树脂基复合材料力学性能研究进展[J]．化学研究，2021，32(01)：1-16+95.

[142] 刘儒初，向红，陈郁雯．粘胶/棉混纺织物专用活性染料的开发及应用[J]．印染，2022，48(08)：21-25.

[143] 严玮．高强锦纶 6 长丝性能分析及纤维纺丝成形数学模拟[D]．上海：东华大学，2019.

[144] 肖杏芳．原子层沉积纳米薄膜在纺织品抗紫外整理中的应用研究[D]．武汉：武汉纺织大学，2015.

[145] 黄益婷，程献伟，关晋平．磷/氮阻燃剂对涤纶/棉混纺织物的阻燃整理[J]．纺织学报，2022，43(06)：94-99+106.

[146] 赵伟．莫代尔/涤纶针织用纱工艺设计的探讨[J]．合成纤维，2020，49(04)：34-37.

[147] 李刚．新型涤纶后整理剂的配制及性能探讨[J]．辽宁丝绸，2019(02)：32-34.

[148] 卢丽琴．服装维护标签的使用及存在的问题[J]．纺织检测与标准，2021，7(03)：1-5.

[149] 江妮，俞灏，张佩华．不同染色工艺下的混纺宝拉绒纱线及织物性能差异[J]．国际纺织导报，2021，49(12)：8-12.

[150] 龙晶，沈兰萍，凌子超．功能性吸湿导湿机织物的开发及性能研究[J]．合成纤维，2018，47

(11)：32-34.

[151] 刘杰，石文英，李坦 . Porel 纤维吸放湿性能及机理研究[J]. 棉纺织技术，2022，50(09)：39-43.

[152] 李卓琳，牟文英，丁玉梅 . 医用防辐射服研究现状及发展趋势[J]. 中国塑料，2022，36(09)：193-201.

[153] 王芷若，王海仙，闫朋 . 基于热分析法快速鉴别纺织品纤维的含量[J]. 中国口岸科学技术，2022，4(06)：35-42.

[154] 王华 . 着色法鉴别新型纺织纤维的探讨[J]. 纺织报告，2020，39(07)：5-8.

[155] 朱武莲，颜敏，黄海萍 . 医用脱脂棉及纱布中化学合成纤维的快速检测法[J]. 中国医学装备，2019，16(07)：49-52.

[156] 季惠，谈敏，耿倩 . 基于近红外技术的纺织品纤维快速鉴别研究[J]. 中国纤检，2019(01)：90-93.

[157] 梁瑞丽，李雪 . 构建新商业力量：2013 溢达可持续发展论坛侧记[J]. 中国纺织，2013(09)：78-79.

[158] 姜晓凌 . 区域协同构建长三角废旧纺织品循环利用体系[J]. 上海科技报，2021-07-30(004).

[159] 徐勤，顾福江，邵海卿 . 废旧纺织品再利用和安全监管[J]. 中国纤检，2017(06)：32-36.

[160] 许斯佳，余慧玲，刘嘉铨 . 废旧校服回收再利用现状及探索[J]. 纺织科技进展，2022(10)：1-5.

[161] 董淑依，陈世前 . 废旧纤维纺织品的回收再利用综述[J]. 辽宁丝绸，2020(02)：57+59.

[162] 黄逸伦，张师军，吴长江 . 废旧 PET 回收循环利用方法的研究进展[J]. 现代塑料加工应用，2021，33(03)：52-55.

[163] 王倩，任美琪，陈容 . 我国废旧服装回收再利用现状及发展趋势分析[J]. 山东纺织科技，2018，59(06)：43-47.

[164] 陈嘉勋，周彬，张秀虹 . 中国废旧纺织品回收利用的标准化建设[J]. 印染助剂，2022，39(07)：1-6.

[165] 郭燕 . 旧衣物回收渠道逆向物流构建及模式创新：以“收衣先生”模式为例[J]. 纺织导报，2019(03)：26+28-29.

[166] 韩非，郎晨宏，邱夷平 . 废旧纺织品回收体系的研究进展[J]. 棉纺织技术，2022，50(04)：42-48.

[167] 杨从从，陈珂，牛传文 . 废旧纺织品循环利用现状及标准化体系建设(一)[J]. 印染，2016，42(24)：49-52.

[168] 肖俊江，丁坤，罗智红 . 废旧纺织品回收再利用研究进展[J]. 纺织导报，2021(07)：64-68.

[169] 董涧锟，尚玉栋，贺江平 . 废旧涤棉纺织品循环回用技术研究进展[J]. 针织工业，2022(05)：89-93.

[170] 汪少朋，吴宝宅，何洲 . 废旧纺织品回收与资源化再生利用技术进展[J]. 纺织学报，2021，42(08)：34-40.